临海市野生植物调查研究

陈献志　张芬耀　秦　玫　主编

ZHEJIANG UNIVERSITY PRESS
浙江大学出版社

图书在版编目（CIP）数据

临海市野生植物调查研究 / 陈献志，张芬耀，秦玫
主编. —— 杭州：浙江大学出版社，2025.7. —— ISBN
978-7-308-26526-3

Ⅰ. Q948.525.54

中国国家版本馆 CIP 数据核字第 2025V08L96 号

临海市野生植物调查研究

陈献志　张芬耀　秦　玫　主编

责任编辑	季　峥	
责任校对	蔡晓欢	
封面设计	十木米	
出版发行	浙江大学出版社	
	（杭州市天目山路 148 号　邮政编码 310007）	
	（网址：http://www.zjupress.com）	
排　　版	杭州星云光电图文制作有限公司	
印　　刷	杭州钱江彩色印务有限公司	
开　　本	787mm×1092mm　1/16	
印　　张	12.5	
插　　页	2	
字　　数	282 千	
版 印 次	2025 年 7 月第 1 版　2025 年 7 月第 1 次印刷	
书　　号	ISBN 978-7-308-26526-3	
定　　价	99.00 元	

花榈木

多花兰

六角莲

菜头肾

高山毛兰

华顶杜鹃

绿花斑叶兰

箭叶淫羊藿

台湾独蒜兰

蛛网萼

四叶厚朴

见血青

细叶石仙桃

狭叶重楼

三叶崖爬藤

四川石杉

榧树

水蕨

中南鱼藤

南方红豆杉

香果树

松叶蕨

银钟花

土元胡

带唇兰

白及

蜈蚣兰

荞麦叶大百合

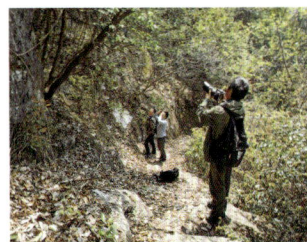

《临海市野生植物调查研究》
编委会

主　　编：陈献志　张芬耀　秦　玫

副 主 编：罗　柠　张培林　谢文远　陈　锋

编　　委（按姓氏笔画排序）：

尹茜茜　吴国庆　张芬耀　张培林

陈　锋　陈献志　林王敏　罗　柠

金　珊　钟建平　秦　玫　唐升君

唐海玲　黄青春　曾文豪　谢文远

主编单位：临海市自然资源和规划局

浙江省森林资源监测中心

前　言

植物作为地球生态系统的核心生产者,不但给人类提供粮油果蔬食品、竹木用材、茶饮药材等有形的生产和生活资料,而且发挥固碳释氧、涵养水源、保持水土、调节气候、滞尘降噪等多种生态功能,保障人类的生存安全。可以说,植物是自然生态系统中核心的绿色基石,是生物多样性和生态系统多样性的基础,是国家重要的基础战略资源,是农林业生产力发展的基础性和战略性资源,直接影响与人类生存息息相关的资源质量、环境质量、生态建设质量及生物经济时代的社会发展质量。

临海市地处我国东南沿海,位于中亚热带向北亚热带过渡的地带。在独特的地理位置与复杂的地形地貌的协同作用下,临海市孕育了丰富的生物多样性。作为长江三角洲城市群的重要生态屏障,临海市不仅承载着保障区域生态安全的重要职能,更是研究植物区系演化与生物多样性保护的关键区域。临海市历史上的植物调查工作主要集中于括苍山及其周边区域,其他区域的植物家底不清、资源不明,严重制约了全市植物资源的保护与利用工作。在当前加强生态文明建设与生物多样性保护的战略背景下,系统开展植物资源本底调查,全面厘清植物多样性组成,明确珍稀濒危物种与资源植物的种类、分布及受威胁因素,可为生物多样性研究提供基础数据,为制定区域生态保护政策与资源开发规划提供决策依据。

自 2019 年开始,在临海市委市政府的大力支持下,临海市自然资源和规划局联合浙江省森林资源监测中心,首次对临海市野生植物资源开展了全面、深入的调查,对全市维管植物资源的种类组成、区系特征、资源保护与开发利用等方面进行了系统研究。

通过历时 2 年多的艰苦努力,项目组查明临海市共有野生、归化及常见栽培植物 203 科 1029 属 2491 种(包括种下分类单位,下同),其中,蕨类植物 35

科 66 属 145 种，裸子植物 8 科 21 属 39 种，被子植物 160 科 942 属 2307 种。全市共有珍稀濒危野生植物 110 种，包括国家一级重点保护野生植物 1 种、国家二级重点保护野生植物 33 种、浙江省重点保护野生植物 23 种、其他珍稀濒危野生植物 53 种。临海市野生植物资源十分丰富，共有各类观赏植物 169 科 612 属 1217 种、药用植物 175 科 708 属 1396 种、野菜 98 科 311 属 579 种、野果 37 科 60 属 154 种、纤维植物 40 科 103 属 177 种、油脂植物 70 科 127 属 243 种、色素植物 22 科 46 属 145 种、芳香植物 36 科 88 属 187 种、鞣质植物 33 科 63 属 125 种、树脂植物 10 科 13 属 38 种。

　　本书是临海市野生植物资源调查研究项目的成果之一，是由项目组全体人员基于野外实地调查数据，结合有关文献资料，经系统性研究形成的总结成果。由于调查时间紧、任务重，涉及门类众多，加之历史资料有限等，书中难免有疏虞之处，恳请各位专家批评指正。

编者

2024 年 8 月 10 日

目　录

第一章 自然地理概况

第一节 地理位置

临海市位于浙江省东部沿海,地理坐标为 120°49′~121°41′E,28°40′~29°04′N。东临东海,南接椒江区和黄岩区,西连仙居县,北与天台县、三门县接壤。临海市东西最大横距 85km,南北最大纵距 44km,陆域面积 2251km²,海域面积 1590km²,海岸线长 260.25km。

第二节 地质地貌

临海市属华夏陆台的组成部分。境内地貌受西北部的天台山脉和西南部的括苍山脉影响,类型复杂多样,以切割破碎的丘陵和山地为主,兼有谷地、平原、江河、滩涂、岛屿,其中山地、丘陵占 2/3 以上,形成"七山一水两分田"的地貌格局。境内受自然作用影响强烈,地貌以侵蚀堆积为主。主体可分西南—西—北部山地丘陵、中部河谷平原、东部沿海平原和沿海岛屿四个类型。

临海市背山面水,地势自西向东倾斜。西部有括苍、大雷、赤峰、羊岩诸山环立,海拔 700~1400m。中部是断陷盆地,东部为滨海平原,地势平坦,河流纵横。其外缘为浅海滩涂。海域有大小岛屿 86 个。

第三节 气候

临海市处于亚热带季风气候区,温暖湿润,四季分明,日照充足,雨量充沛,丰枯水期明显,冬夏季风交替明显,气候垂直差异显著。全年平均气温 17.1℃,全年平均积温 5370℃·d,年平均无霜期 241d,年平均降水量达 2100mm,年平均蒸发量 1231.4mm;5—6 月为梅雨季节,7—9 月以晴天为主,夏秋之交台风活动较频繁。

第四节　土壤

临海市土壤共分6个土类,15个亚类,47个土属,99个土种。它们是红壤土、黄壤土、岩性土、潮土、盐土及水稻土。山地丘陵土区以自然土壤为主,分布在平缓山坡及山垄之中,间有少量农田、农地,土壤母质主要是岩石风化的原积、残积、坡积物,也有少量洪积体。河谷平原土区主要分布在永安溪、始丰溪、灵江中上游及各大溪流两岸。河口平原土区指涌泉马头山以下灵江出口的平原地带,以水田为主,部分为旱地。滨海平原土区指东部杜桥、上盘、桃渚三区,由新浅海沉积物构成,有独特的成土过程。

第五节　水系

临海市水域面积约132.6km^2,河道共计2900多条,河道总长度约3360km。临海自然水系主要属于灵江水系,小部分属于洞港和海游港。中、西部山地丘陵区域溪流众多,东部平原河网纵横交错。主要河流有灵江及其上游干流永安溪和支流始丰溪、双港溪、方溪、大田港、义城港,以及直接注入灵江和台州湾的百里大河,直接出海的桃渚平原河网。其中,灵江是浙江第三大河,自西向东横贯临海全境,境内流域面积逾2000km^2。山地面积占全境总面积的70.7%,平原面积占22.8%,水域面积占6.5%。

第二章　区系研究

第一节　种类组成

临海市植物资源考察于 2019 年 10 月—2020 年 12 月进行。通过野外调查及有关资料的收集与整理发现,临海市范围内目前共有野生及常见栽培维管植物 203 科 1029 属 2491 种(含种下分类单位,下同),详见表 2-1。科、属、种分别占全省维管植物总科、属、种数的 87.1%、70.5%、51.1%。其中,蕨类植物 35 科 66 属 145 种,裸子植物 8 科 21 属 39 种,被子植物 160 科 942 属 2307 种(双子叶植物 134 科 718 属 1808 种,单子叶植物 26 科 224 属 499 种)。由此可见,临海市是浙江省植物资源较为丰富的地区之一。

表 2-1　临海市维管植物统计[①]

类群			科			属			种		
			临海	浙江	全国	临海	浙江	全国	临海	浙江	全国
蕨类植物			35	49	63	66	116	231	145	543	2549
种子植物	裸子植物		8	9	11	21	34	41	39	59	237
	被子植物	双子叶植物	134	149	189	718	993	2439	1808	3254	22832
		单子叶植物	26	26	38	224	317	697	499	1017	5524
合计			203	233	301	1029	1460	3408	2491	4873	31142

第二节　蕨类植物区系

1　区系组成

临海市已知蕨类植物 35 科 66 属 145 种(含种下分类单位,下同),分别占浙江省蕨

[①]本书中科、属的鉴定主要参照《浙江植物志》和《中国植物志》。浙江蕨类植物科、属、种的鉴定参考《浙江植物志》,种子植物的鉴定参考《浙江种子植物检索鉴定手册》。全国蕨类植物、裸子植物、被子植物科、属、种参考《中国植物志》。

类植物总科、属、种数的 71.4%、56.9%、26.7%。其中,有 25 个科仅含 1 属,38 个属仅含
1 种,分别占临海市蕨类植物总科、属数的 71.4%、57.6%。

（1）科的组成

临海市共有蕨类植物 35 科,根据各科所包含的种类数量,划分成 5 个等级,分别是大
科(≥20 种)、较大科(15～19 种)、中等科(9～14 种)、寡种科(2～8 种)、单种科(1 种),
详见表 2-2。

表 2-2　临海市蕨类植物科的大小统计①

级别	科		属		种	
	科数	占比/%	属数	占比/%	种数	占比/%
大科(≥20 种)	1	2.9	5	7.6	34	23.4
较大科(15～19 种)	1	2.9	8	12.1	19	13.1
中等科(9～14 种)	2	5.7	15	22.7	27	18.6
寡种科(2～8 种)	14	40.0	21	31.8	48	33.1
单种科(1 种)	17	48.6	17	25.8	17	11.7
总计	35	100.0	66	100.0	145	100.0

大科仅 1 个,即鳞毛蕨科(5 属 34 种),占临海市蕨类植物总科数的 2.9%,其所含
属、种分别占临海市蕨类植物总属、种数的 7.6% 和 23.4%。较大科有 1 个,即金星蕨科
(8 属 19 种),占临海市蕨类植物总科数的 2.9%,其所含属、种分别占临海市蕨类植物总
属、种数的 12.1% 和 13.1%。中等科有 2 个,占临海市蕨类植物总科数的 5.7%,它们是
蹄盖蕨科(7 属 13 种)、水龙骨科(8 属 14 种)。上述 4 科虽只占临海市蕨类植物总科数的
11.5%,但所含属、种分别占临海市蕨类植物总属、种数的 42.4%、55.2%,是临海市蕨类植
物区系的主体成分,其中所含的种类多数是临海市森林植被草本层中常见或优势的类群。

寡种科和单种科十分丰富,分别有 14 科和 17 科,占临海市蕨类植物总科数的40.0%
和 48.6%。它们所含的属、种数亦较丰富,共有 38 属 65 种,分别占临海市蕨类植物总
属、种数的 57.6% 和 44.8%。前者常见的代表科有石杉科(1 属 2 种)、卷柏科(1 属 7
种)、碗蕨科(2 属 5 种)、里白科(2 属 2 种)、凤尾蕨科(1 属 5 种)、石松科(2 属 2 种)、中
国蕨科(3 属 4 种)、膜蕨科(1 属 2 种)、裸子蕨科(1 属 2 种)、乌毛蕨科(1 属 2 种)、瘤足
蕨科(1 属 2 种)等;后者常见的代表科有姬蕨科、肾蕨科、海金沙科、蕨科、铁线蕨科、满江
红科、三叉蕨科、紫萁科、书带蕨科、槲蕨科等。

（2）属的组成

临海市共有蕨类植物 66 属,各属所含种数详见表 2-3。所含种数较多的属(≥6 种)
有鳞毛蕨属(17 种)、铁角蕨属(8 种)、复叶耳蕨属(8 种)、卷柏属(7 种),共计 4 属 40
种,分别占临海市蕨类植物总属、种数的 6.1% 和 27.6%。含 2～5 种的属有 24 属。常见
的属有鳞盖蕨属(3 种)、瘤足蕨属(2 种)、狗脊属(2 种)、凤尾蕨属(5 种)、金星蕨属(4

_____

①本书中有关比例的数据修约间隔为 0.1%。

种)、凤丫蕨属(2 种)、假蹄盖蕨属(3 种)、毛蕨属(5 种)、针毛蕨属(3 种)、假瘤蕨属(3 种)、石杉属(2 种)、贯众属(3 种)、碎米蕨属(2 种)、瓦韦属(3 种)、短肠蕨属(4 种)、星蕨属(2 种)等,共计 67 种,分别占临海市蕨类植物总属、种数的 36.4%、46.2%。仅含1 种的属有蕨属、假双盖蕨属、紫萁属、安蕨属、卵果蕨属、石松属、菜蕨属、铁线蕨属、垂穗石松属、问荆属、槲蕨属、芒萁属、里白属、海金沙属、鳞始蕨属、线蕨属、骨牌蕨属、乌蕨属、姬蕨属、茯蕨属、假毛蕨属、肾蕨属、盾蕨属、满江红属等,共计 38 属 38 种,分别占临海市蕨类植物总属、种数的 57.6%、26.2%。

表 2-3 临海市蕨类植物属所含种数统计

序号	中文名	拉丁学名	种数	占比/%
1	石杉属	*Huperzia*	2	1.4
2	石松属	*Lycopodium*	1	0.7
3	垂穗石松属	*Palhinhaea*	1	0.7
4	卷柏属	*Selaginella*	7	4.8
5	问荆属	*Equisetum*	1	0.7
6	木贼属	*Hippochaete*	2	1.4
7	松叶蕨属	*Psilotum*	1	0.7
8	阴地蕨属	*Botrychium*	1	0.7
9	瓶尔小草属	*Ophioglossum*	1	0.7
10	紫萁属	*Osmunda*	1	0.7
11	瘤足蕨属	*Plagiogyria*	2	1.4
12	芒萁属	*Dicranopteris*	1	0.7
13	里白属	*Hicriopteris*	1	0.7
14	海金沙属	*Lygodium*	1	0.7
15	瓶蕨属	*Vandenboschia*	2	1.4
16	碗蕨属	*Dennstaedtia*	2	1.4
17	鳞盖蕨属	*Microlepia*	3	2.1
18	鳞始蕨属	*Lindsaea*	1	0.7
19	乌蕨属	*Stenoloma*	1	0.7
20	姬蕨属	*Hypolepis*	1	0.7
21	蕨属	*Pteridium*	1	0.7
22	凤尾蕨属	*Pteris*	5	3.4
23	粉背蕨属	*Aleuritopteris*	1	0.7
24	碎米蕨属	*Cheilosoria*	2	1.4
25	金粉蕨属	*Onychium*	1	0.7
26	铁线蕨属	*Adiantum*	1	0.7
27	水蕨属	*Ceratopteris*	1	0.7
28	凤丫蕨属	*Coniogramme*	2	1.4
29	书带蕨属	*Vittaria*	1	0.7
30	短肠蕨属	*Allantodia*	4	2.8

续表

序号	中文名	拉丁学名	种数	占比/%
31	安蕨属	*Anisocampium*	1	0.7
32	假蹄盖蕨属	*Athyriopsis*	3	2.1
33	蹄盖蕨属	*Athyrium*	2	1.4
34	菜蕨属	*Callipteris*	1	0.7
35	介蕨属	*Dryoathyrium*	1	0.7
36	假双盖蕨属	*Triblemma*	1	0.7
37	毛蕨属	*Cyclosorus*	5	3.4
38	圣蕨属	*Dictyocline*	1	0.7
39	茯蕨属	*Leptogramma*	1	0.7
40	针毛蕨属	*Macrothelypteris*	3	2.1
41	凸轴蕨属	*Metathelypteris*	3	2.1
42	金星蕨属	*Parathelypteris*	4	2.8
43	卵果蕨属	*Phegopteris*	1	0.7
44	假毛蕨属	*Pseudocyclosorus*	1	0.7
45	铁角蕨属	*Asplenium*	8	5.5
46	狗脊属	*Woodwardia*	2	1.4
47	复叶耳蕨属	*Arachniodes*	8	5.5
48	鞭叶蕨属	*Cyrtomidictyum*	2	1.4
49	贯众属	*Cyrtomium*	3	2.1
50	鳞毛蕨属	*Dryopteris*	17	11.7
51	耳蕨属	*Polystichum*	4	2.8
52	肋毛蕨属	*Ctenitis*	1	0.7
53	肾蕨属	*Nephrolepis*	1	0.7
54	阴石蕨属	*Humata*	1	0.7
55	线蕨属	*Colysis*	1	0.7
56	骨牌蕨属	*Lepidogrammitis*	1	0.7
57	瓦韦属	*Lepisorus*	3	2.1
58	星蕨属	*Microsorum*	2	1.4
59	盾蕨属	*Neolepisorus*	1	0.7
60	假瘤蕨属	*Phymatopteris*	3	2.1
61	水龙骨属	*Polypodiodes*	1	0.7
62	石韦属	*Pyrrosia*	2	1.4
63	槲蕨属	*Drynaria*	1	0.7
64	蘋属	*Marsilea*	1	0.7
65	槐叶蘋属	*Salvinia*	1	0.7
66	满江红属	*Azolla*	1	0.7
	合计		145	100.0

2 地理成分分析

（1）科的地理成分分析

临海市蕨类植物 35 科中,既有在系统位置上被认为较进化的科,如水龙骨科;又有一些较原始的科,如起源于古生代的卷柏科、石松科、石杉科等,起源于中生代的碗蕨科、中国蕨科、凤尾蕨科等;还有一些介于两者之间的科,如鳞始蕨科、蹄盖蕨科等。这不但显示临海市蕨类植物区系的起源较为古老,而且表明临海市蕨类植物在系统发育或进化关系上具有连贯性。

蕨类植物科的地理成分类型划分与种子植物的基本一致。临海市蕨类植物 35 个科可划分为 5 个类群(见表 2-4)。以泛热带分布科和世界广布科占绝对优势。其中,世界广布科有 16 个,占临海市蕨类植物总科数的 45.7%,代表科有满江红科、鳞毛蕨科、蘋科、石松科、紫萁科、石杉科、瓶尔小草科、中国蕨科、木贼科、蹄盖蕨科等;泛热带分布科有 16 个,占临海市蕨类植物总科数的 45.7%,代表科有书带蕨科、乌毛蕨科、裸子蕨科、瘤足蕨科、海金沙科、金星蕨科、里白科、水蕨科、姬蕨科、鳞始蕨科等。热带亚洲至热带大洋洲分布科、热带亚洲分布科、北温带分布科各有 1 个,分别是槲蕨科、骨碎补科、阴地蕨科。

表 2-4　临海市蕨类植物科、属的分布区类型

分布区类型	科		属	
	科数	占比/%	属数	占比/%
1.世界广布	16	—	17	—
2.泛热带分布	16	84.1	23	46.9
3.热带亚洲和热带美洲间断分布	—	—	1	2.0
4.旧世界热带分布	—	—	5	10.2
5.热带亚洲至热带大洋洲分布	1	5.3	2	4.1
6.热带亚洲至热带非洲分布	—	—	5	10.2
7.热带亚洲分布	1	5.3	3	6.1
8.北温带分布	1	5.3	4	8.2
14.东亚分布	—	—	6	12.2
合计	35	100.0	66	100.0

注:占比计算时不包括世界广布的科、属。

（2）属的地理成分分析

临海市蕨类植物的 66 属可划分为 9 个分布区类型。由表 2-4 可知,泛热带分布属、世界广布属及东亚分布属共同组成了临海市蕨类植物区系的主体。

世界广布属有17属,占临海市蕨类植物总属数的25.8%,包括石杉属、瓶尔小草属、石韦属、铁线蕨属、鳞毛蕨属、卷柏属、蕨属、蘋属、石松属、蹄盖蕨属、耳蕨属等。

热带分布属(类型2~7)共计39属,占临海市蕨类植物总属数(不包含世界广布属,下同)的79.6%。其中,泛热带分布属有23属,占临海市蕨类植物热带分布属的59.0%,主要有金星蕨属、海金沙属、书带蕨属、凤丫蕨属、复叶耳蕨属、肋毛蕨属、瘤足蕨属、毛蕨属、假毛蕨属、里白属、碗蕨属、碎米蕨属、姬蕨属、乌蕨属等;旧世界热带分布属有芒萁属、介蕨属、阴石蕨属、线蕨属、鳞盖蕨属5属,占临海市蕨类植物热带分布属的12.8%;热带亚洲至热带大洋洲分布属有针毛蕨属、槲蕨属2属。热带亚洲至热带非洲分布属有瓦韦属、星蕨属、茯蕨属、贯众属、盾蕨属5属,占临海市蕨类植物热带分布属的12.8%;热带亚洲分布属有安蕨属、假双盖蕨属、圣蕨属3属;热带亚洲和热带美洲间断分布属有菜蕨属1属。

温带分布属(类型8~14)共计10属,占临海市蕨类植物总属数的20.4%。其中,北温带分布属有问荆属、卵果蕨属、阴地蕨属、紫萁属4属;东亚分布属有假瘤蕨属、鞭叶蕨属、假蹄盖蕨属、骨牌蕨属、凸轴蕨属、水龙骨属6属。

临海市蕨类植物共有35科66属145种。从科和属的分布区类型上看,临海市蕨类植物以热带成分为主,这是因为我国的西南地区是亚洲乃至世界蕨类植物区系的多样性中心,蕨类植物区系具有明显的热带亲缘特点。但是,在这些热带分布的科、属中,严格限于热带分布的科、属极少,特别是在属水平上,大多数是由热带扩散到亚热带(少数可达温带)分布的属,如凤尾蕨属、碗蕨属、石韦属等;此外,在这些热带、亚热带属中,只有少数甚至个别种可分布到临海市,如海金沙属(45/10/1,世界种数/中国种数/临海市种数,下同)、碗蕨属(80/10/2)、石韦属(70/40/2)、毛蕨属(200/100/5)等。

第三节 种子植物区系

1 区系组成

临海市的种子植物共有2346种(含种下分类单位,下同),隶属于168科963属,其中,栽培种子植物105科318属497种。由于栽培植物不能反映一个地区的自然区系特征,故在分析科、属的大小统计和地理成分时均予以剔除。剔除栽培植物后,临海市共有野生种子植物148科772属1849种,其中,裸子植物5科8属12种,双子叶植物120科590属1440种,单子叶植物23科174属397种。

(1)科的组成

临海市共有野生种子植物148科,根据各科所包含的种类多少,划分成5个等级,分别是大科(≥100种)、较大科(50~99种)、中等科(20~49种)、寡种科(2~19种)、单种科(1种),详见表2-5。

表 2-5　临海市野生种子植物科的大小统计

级别	科		属		种	
	科数	占比/%	属数	占比/%	种数	占比/%
大科(≥100种)	2	1.4	137	17.7	283	15.3
较大科(50~99种)	4	2.7	100	13.0	311	16.8
中等科(20~49种)	19	12.8	215	27.8	562	30.4
寡种科(2~19种)	101	68.2	298	38.6	671	36.3
单种科(1种)	22	14.9	22	2.8	22	1.2
总计	148	100.0	772	100.0	1849	100.0

大科仅2个,占临海市野生种子植物总科数的1.4%。它们是菊科(62属140种)、禾本科(75属143种),都是世界性的大科,也是世界广布的科。较大科有4个,它们是蔷薇科(22属83种)、豆科(38属81种)、唇形科(27属60种)、莎草科(13属87种)。占临海市野生种子植物总科数的2.7%,其属、种数分别占临海市野生种子植物总属、种数的13.1%和16.8%。中等科有19科,占临海市野生种子植物总科数的12.8%,主要有樟科(7属22种)、虎耳草科(15属27种)、壳斗科(6属30种)、桑科(6属22种)、蓼科(6属40种)、毛茛科(11属28种)、大戟科(11属36种)、伞形科(18属29种)、杜鹃花科(5属20种)、玄参科(18属40种)、茜草科(21属42种)、忍冬科(6属24种)、百合科(20属46种)等。上述25科虽只占临海市野生种子植物总科数的16.9%,但所含属、种数分别占临海市野生种子植物总属、种数的58.6%、62.5%。它们是临海市森林植被的主要成分,其中一些成分是临海市森林植物群落的建群种或优势种,对临海市森林生态系统的构成和功能维持等具有十分重要的作用。

寡种科和单种科十分丰富,分别有101科和22科,分别占临海市野生种子植物总科数的68.2%和14.9%。它们所含的属、种数亦较丰富,有320属693种,分别占临海市野生种子植物总属、种数的41.5%和37.5%。前者常见的科有柿科(1属4种)、山矾科(1属14种)、安息香科(4属10种)、木犀科(6属16种)、马钱科(2属2种)、松科(1属2种)、杉科(2属3种)、柏科(2属2种)、三尖杉科(1属2种)、红豆杉科(2属3种)、小二仙草科(2属3种)、五加科(5属10种)、山茱萸科(4属5种)、报春花科(4属18种)、龙胆科(4属9种)、夹竹桃科(5属8种)、萝藦科(5属9种)、旋花科(7属13种)、百部科(2属3种)、石蒜科(3属6种)、薯蓣科(1属10种)、鸢尾科(1属3种)、姜科(2属2种);后者常见的有杨梅科、山龙眼科、铁青树科、檀香科、蛇菰科、紫茉莉科、金鱼藻科、伯乐树科、黄杨科、梧桐科、柽柳科、旌节花科、蓝果树科、菱科、桤叶树科、紫葳科、胡麻科、列当科、透骨草科、川续断科、芭蕉科、水玉簪科等。

(2)属的组成

临海市共有野生种子植物772属,根据各属所包含的种类多少,划分为5个等级,分别是大属(≥30种)、较大属(20~29种)、中等属(10~19种)、寡种属(2~9种)、单种属

(1 种),详见表 2-6。

表 2-6 临海市野生种子植物属的大小统计

级别	属		种	
	属数	占比/%	种数	占比/%
大属(≥30 种)	2	0.3	73	3.9
较大属(20~29 种)	1	0.1	22	1.2
中等属(10~19 种)	19	2.5	236	12.8
寡种属(2~9 种)	329	42.6	1097	59.3
单种属(1 种)	421	54.5	421	22.8
合计	772	100.0	1849	100.0

临海市野生种子植物属中,大属仅 2 个,占临海市野生种子植物总属数的 0.3%,即蓼属(30 种)、薹草属(43 种)。较大属有 1 属,是悬钩子属(22 种)。中等属有 19 属,共有 236 种,占临海市野生种子植物总属、种数的 2.5%、12.8%,代表属有榕属(11 种)、苎麻属(10 种)、景天属(14 种)、胡枝子属(11 种)、大戟属(14 种)、冬青属(19 种)、卫矛属(11 种)、槭属(14 种)、堇菜属(14 种)、杜鹃属(10 种)、珍珠菜属(14 种)、莎草属(11 种)、菝葜属(12 种)、薯蓣属(10 种)等。以上各属在临海市内较为常见,它们所含的种类多数为森林植被的伴生成分,只有少数种类可成为优势种,如冬青属、薹草属、山矾属、青冈属等中的一些种类。

寡种属、单种属极为丰富,分别有 329 属和 421 属,占临海市野生种子植物总属数的 42.6% 和 54.5%,两者所含的种数达 1518 种,占总种数的 82.1%。前者常见的有松属(2 种)、杉木属(2 种)、三尖杉属(2 种)、榧树属(2 种)、柳属(4 种)、鹅耳枥属(4 种)、榛属(2 种)、栗属(3 种)、青冈属(7 种)、水青冈属(2 种)、柯属(5 种)、栎属(7 种)、朴属(2 种)、榆属(2 种)、樟属(4 种)、山胡椒属(8 种)、木姜子属(4 种)、润楠属(3 种)、枫香树属(2 种)、樱属(6 种)、合欢属(2 种)、算盘子属(3 种)、柃木属(9 种)、安息香属(7 种)等。它们中的多数为临海市森林植被的常见种,一些种类则可成为森林群落的建群成分。单种属中亦不乏此类成分,如常见的杨属、杨梅属、桦木属、枫杨属、黄杞属、马鞭草属、含笑属、新木姜子属、楠属、檫木属、檵木属、臭椿属、南酸枣属、黄连木属、木荷属、蓝果树属等。

2 地理成分分析

(1)科的地理成分分析

按照吴征镒对中国种子植物科的分布区类型的划分意见,将临海市野生种子植物 148 科的地理成分划分为 12 个分布区类型,详见表 2-7。

表 2-7　临海市野生种子植物科的分布区类型

分布区类型	科数	占比/%
1.世界广布	48	—
2.泛热带分布	47	47.0
3.热带亚洲和热带美洲间断分布	10	10.0
4.旧世界热带分布	1	1.0
5.热带亚洲至热带大洋洲分布	4	4.0
6.热带亚洲至热带非洲分布	2	2.0
7.热带亚洲分布	2	2.0
8.北温带分布	22	22.0
9.东亚和北美洲间断分布	4	4.0
10.旧世界温带分布	3	3.0
13.中亚分布	1	1.0
14.东亚分布	4	4.0
合计	148	100.0

注:占比计算时不包括世界广布的科。

临海市野生种子植物中,世界广布科有48科,占临海市野生种子植物总科数的32.4%。常见科有杨梅科、榆科、桑科、蓼科、藜科、苋科、马齿苋科、石竹科、金鱼藻科、毛茛科、十字花科、景天科、虎耳草科、蔷薇科、豆科、酢浆草科、木犀科、旋花科、紫草科、唇形科、茄科、玄参科、狸藻科、车前科、茜草科、败酱科、菊科、香蒲科、眼子菜科、茨藻科、泽泻科、水鳖科、禾本科、莎草科、浮萍科等。它们所含的种类大多为草本植物,成为各类森林群落中草本层的主要成分。

临海市野生种子植物中,泛热带分布科较为丰富,共有47科,占临海市野生种子植物总科数(不含世界广布科,下同)的47.0%。主要有胡椒科、金粟兰科、荨麻科、山龙眼科、铁青树科、檀香科、马兜铃科、蛇菰科、商陆科、番杏科、防己科、樟科、白花菜科、芸香科、苦木科、楝科、大戟科、漆树科、卫矛科、无患子科、紫金牛科、山矾科、夹竹桃科、萝藦科、紫葳科、爵床科、葫芦科、天南星科、谷精草科、鸭跖草科、雨久花科、石蒜科、薯蓣科、鸢尾科等。其中有些是组成常绿阔叶林群落优势成分的科,如樟科、山茶科、山矾科等。

临海市野生种子植物中,北温带分布科共有22科,占临海市野生种子植物总科数的22.0%。它们是组成各针叶林、针阔叶混交林和常绿落叶混交林群落优势成分,如松科、柏科、杨柳科、胡桃科、桦木科、壳斗科、小檗科、罂粟科、茅膏菜科、金缕梅科槭树科、胡颓子科、山茱萸科、鹿蹄草科、列当科、忍冬科、灯心草科、百合科等。

临海市野生种子植物中,热带亚洲和热带美洲间断分布科共有10科,占临海市野生种子植物总科数的10.0%。它们是紫茉莉科、木通科、冬青科、省沽油科、杜英科、五加科、桤叶树科、安息香科、马鞭草科、苦苣苔科。

临海市野生种子植物中,东亚和北美洲间断分布科所占比例虽然不大,但其中的木兰科、蓝果树科等一些种类也是临海市森林植被的重要组成成分。

临海市野生种子植物中,其他分布区类型的科较少,如东亚分布科有三尖杉科、海桐花科、猕猴桃科、旌节花科4科;热带亚洲至热带大洋洲分布科有虎皮楠科、姜科、马钱科、百部科4科;热带亚洲分布科有伯乐树科、清风藤科2科;热带亚洲至热带非洲分布科有杜鹃花科、芭蕉科2科;旧世界温带分布科有3科,是柽柳科、菱科、川续断科;旧世界热带分布科、中亚分布科都只有1科,分别是胡麻科、八角枫科。

(2)属的地理成分分析

根据吴征镒对中国种子植物属的分布区类型的划分标准,将临海市野生种子植物772属进行分布区类型划分,结果如表2-8所示。

表2-8　临海市野生种子植物属的分布区类型

分布区类型	临海市		浙江省	
	属数	占比/%	属数	占比/%
1.世界广布	74	—	83	—
2.泛热带分布	142	20.3	198	17.0
3.热带亚洲和热带美洲间断分布	16	2.3	59	5.1
4.旧世界热带分布	42	6.0	86	7.4
5.热带亚洲至热带大洋洲分布	39	5.6	61	5.2
6.热带亚洲至热带非洲分布	19	2.7	48	4.1
7.热带亚洲分布	54	7.7	107	9.2
8.北温带分布	137	19.6	190	16.3
9.东亚和北美洲间断分布	61	8.7	97	8.3
10.旧世界温带分布	54	7.7	73	6.3
11.温带亚洲分布	10	1.4	16	1.4
12.地中海、西亚至中亚分布	2	0.3	26	2.2
13.中亚分布	—	—	2	0.2
14.东亚分布	107	15.3	157	13.4
15.中国特有分布	15	2.1	48	4.0
合计	772	100.0	1251	100.0

注:占比计算时不包括世界广布的属。

属的15个分布区类型中,除了缺乏中亚分布属外,其他14个分布区类型的属在临海市均有,临海市野生种子植物属的地理成分具有明显的多样性。这说明在属级水平上,临海市野生种子植物区系在区系地理、区系发生上与世界各地的植物区系有着广泛的、不同程度的联系。其中,北温带分布属、东亚分布属、泛热带分布属占了总属数的一半以上,与东亚和北美洲间断分布属一起构成了临海市野生种子植物属的区系主体。

临海市野生种子植物中,世界广布属共 74 属,占临海市野生种子植物总属数的 9.6%。这些属绝大多数为草本植物,常见的如金鱼藻属、拉拉藤属、变豆菜属、鬼针草属、茄属、毛茛属、远志属、藨草属、刺子莞属、繁缕属、水马齿属、老鹳草属、眼子菜属、芹属、酸模属、蓼菜属、酢浆草属、积雪草属、莎草属、珍珠菜属、黄芩属、香蒲属、浮萍属、水苏属、臭荠属、苍耳属、酸浆属、香科科属、碱蓬属、鼠尾草属、车前属、牛膝菊属、千里光属等,只有悬钩子属、鼠李属、铁线莲属、槐属等少数属为木本属。

临海市野生种子植物中,泛热带分布属有 142 属,占临海市野生种子植物总属数(不包含世界广布属,下同)的 20.3%。常见属有铁苋菜属、黑草属、鼠尾粟属、曼陀罗属、地胆草属、桂樱属、卫矛属、大戟属、茅膏菜属、番杏属、甘蔗属、狗尾草属、谷精草属、马松子属、石胡荽属、冬青属、牡荆属、决明属、粟米草属、素馨属、菝葜属、树参属、球柱草属、巴戟天属、柞木属、胡椒属、艾麻属、鳢肠属、云实属、穆属、莲子草属、叶下珠属、牛奶菜属、黄杨属、白茅属、山菅属、丁香蓼属、苎麻属、狗牙根属、水玉簪属、木防己属、马兜铃属、钩藤属、厚皮香属、母草属、紫珠属、青皮木属、虾脊兰属、砖子苗属、田菁属、雾水葛属、南蛇藤属、虎尾草属、山黄麻属、木槿属、泽兰属等。

临海市野生种子植物中,热带亚洲和热带美洲间断分布属有 16 属,占临海市野生种子植物总属数的 2.3%,如猴欢喜属、木姜子属、泡花树属、猴耳环属、裸柱菊属、无患子属、月见草属、柃木属、假卫矛属等,多为森林群落中的常见乔灌木。

临海市野生种子植物中,旧世界热带分布属有 42 属,占临海市野生种子植物总属数的 6.0%,多为灌木或草本,主要有细柄草属、五月茶属、天门冬属、楝属、爵床属、乌口树属、茜树属、海桐花属、扁担杆属、山姜属、水蛇麻属、酸藤子属、百蕊草属、楼梯草属、玉叶金花属、香茅属、蓝耳草属、野桐属、金锦香属、水竹叶属、水筛属、八角枫属、娃儿藤属、黄金茅属、蒲桃属、石龙尾属、雨久花属等。

临海市野生种子植物中,热带亚洲至热带大洋洲分布属有 39 属,占临海市野生种子植物总属数的 5.6%,主要有野扁豆属、黑莎草属、鱵茅属、岗松属、崖爬藤属、香椿属、蛇菰属、开唇兰属、荛花属、野牡丹属、新耳草属、葱叶兰属、山龙眼属、百部属、毛兰属、姜属、栝楼属、紫薇属、杜根藤属、猫乳属、白接骨属、樟属、齿果草属、小二仙草属等。

临海市野生种子植物中,热带亚洲至热带非洲分布属有 19 属,占临海市野生种子植物总属数的 2.7%,主要有观音草属、野茼蒿属、飞龙掌血属、赤飑属、荩草属、六棱菊属、类芦属、豆腐柴属、大豆属、莠竹属、葫芦属、杨桐属等。

临海市野生种子植物中,热带亚洲分布属有 54 属,占临海市野生种子植物总属数的 7.7%。这一分布类型的许多属是临海市森林植被的重要组成成分,如润楠属、葛属、细圆藤属、新木姜子属、半蒴苣苔属、假糙苏属、苦荬菜属、稗荩属、石荠苎属、槽裂木属、草珊瑚属、石椒草属、野菰属、楠属、含笑属、赤车属、毛药藤属、金橘属、钗子股属、山茶属、黄杞属、斑叶兰属、小苦荬属、蛇根草属、秤钩风属、芋属、帘子藤属、青冈属、蚊母树属、木荷属、箬竹属、飞蛾藤属、虎皮楠属等。

临海市野生种子植物中,北温带分布属有137属,占临海市野生种子植物总属数的19.6%,其中,木本植物多为落叶树种,如柳属、紫荆属、杜鹃属、椴树属、山梅花属、鹅耳枥属、栎属、杨属、桑属、榆属、杨梅属等;此外还有少量针叶树种代表,如刺柏属、红豆杉属、松属;草本植物常见属有唐松草属、紫堇属、茅属、景天属、虎耳草属、鸭儿芹属、雀麦属、拂子茅属、野青茅属、画眉草属、粟草属、天南星属、葱属、风轮菜属、风毛菊属、一枝黄花属、看麦娘属、野古草属、茼草属等。

临海市野生种子植物中,东亚和北美洲间断分布属有61属,占临海市野生种子植物总属数的8.7%。常见属有异檐花属、绣球属、珍珠花属、枫香树属、金线草属、山蚂蝗属、灯台树属、蛇床属、楤木属、络石属、爬山虎属、金缕梅属、菖蒲属、漆属、透骨草属、落新妇属、六道木属、香槐属、万寿竹属、木犀属、三白草属、木兰属、长柄山蚂蝗属、粉条儿菜属、腹水草属、十大功劳属、五味子属、石楠属、蛇葡萄属等。

临海市野生种子植物中,旧世界温带属有54属,占临海市野生种子植物总属数的7.7%,主要有菊属、稻槎菜属、窃衣属、天名精属、马甲子属、假牛鞭草属、瓦松属、鹅肠菜属、苜蓿属、桃属、角盘兰属、梨属、绵枣儿属、旋覆花属、连翘属、草木犀属、蟹甲草属、兜被兰属、野芝麻属、萱草属、瑞香属、燕麦属、莴苣属、黑麦草属、橐吾属、香薷属、益母草属等,以草本植物为主。

临海市野生种子植物中,温带亚洲分布属有狗娃花属、马兰属、虎杖属、孩儿参属、诸葛菜属、杭子梢属、锦鸡儿属、附地菜属、山牛蒡属、大油芒属10属。

临海市野生种子植物中,地中海、西亚至中亚分布属有角果藻属、黄连木属2属。

临海市野生种子植物中,东亚分布属有107属,占临海市野生种子植物总属数的15.3%。此类型集中了临海市的大部分木质藤本植物,主要有棣棠花属、败酱属、油点草属、虎刺属、麦氏草属、兔儿风属、天葵属、蜡瓣花属、冠盖藤属、石蒜属、盒子草属、翅果菊属、野木瓜属、黄鹌菜属、鸡眼草属、龙珠属、东风菜属、枫杨属、五加属、俞藤属、菰属、博落回属、泥胡菜属、檵木属、石斑木属、玉簪属、花点草属、紫苏属、金发草属、田麻属、显子草属、油芒属、蓬莱葛属、四照花属、沙苦荬属、旌节花属、假还阳参属、吊石苣苔属、半夏属、蒲儿根属、假婆婆纳属、萝藦属、白辛树属等。

临海市野生种子植物中,中国特有分布属有15属,占临海市野生种子植物总属数的2.1%,主要有髯药草属、泡果荠属、伯乐树属、栾树属、短穗竹属、皿果草属、香果树属、少穗竹属、大血藤属、盾果草属。

第四节 区系特征

1 植物种类丰富

临海市有野生种子植物148科772属1849种(含种下单位,下同),分别占浙江省野生种子植物总科、属、种数的 80.4%、57.4%、42.7%。其中,裸子植物 5 科 8 属 12 种;被子植物 143 科 764 属 1837 种(双子叶植物 120 科 590 属 1440 种;单子叶植物 23 科 174 属 397 种)。由此可以看出,临海市野生种子植物科、属数均占浙江省野生种子植物科、属数的一半以上,种数接近浙江省野生种子植物种数的一半,可见临海市植物之丰富。

2　区系起源古老,子遗植物多

自三叠纪末期以来,临海市基本保持着温暖湿润的气候,受第四纪冰川的影响不大,因而残留着一大批系统演化上原始的科、属及古老子遗植物。在现代植物区系中,属于第三纪古老植物和第三纪以前的子遗植物较多。裸子植物中属第三纪古老类群的有松科、杉科、柏科及榧树属、三尖杉属、红豆杉属等。被子植物中离生多心皮类的木兰科,是公认的最古老、最原始的类群,临海市有 5 属 8 种,其中黄山木兰等是我国特有的第三纪子遗植物,与该科接近的原始科还有木通科、防己科、小檗科、毛茛科等。被子植物中的荑荑花序类是一个比较复杂的类群,起源古老,大多数科起源于白垩纪,第三纪时植物分化较大,不少种类进化特征相当明显,如桦木科、杨柳科、榆科、胡桃科、壳斗科、桑科、三白草科等在临海市均不乏代表。其他在白垩纪已出现的科有樟科、金缕梅科、卫矛科、鼠李科等。在第三纪出现的科有八角枫科、山茶科、旌节花科、省沽油科、安息香科等,它们至近代进一步发展。一些在系统分类学上位置孤立、形态上特殊的单型属或小型属,是起源于第三纪甚至更早的古老子遗成分,如蕺菜属、青钱柳属、大血藤属、香果树属、透骨草属、青皮木属、蓝果树属、天葵属、三白草属、轮环藤属、木通属等。它们大多是第三纪古热带植物区系的残遗,其中包含的子遗植物如青钱柳、大血藤、糙叶树、蓝果树等都是起源于第三纪或更早的白垩纪的古老种类。临海市也分布着公认的单子叶植物中最原始的泽泻目、水鳖目的一些种类。以上几方面可充分证明临海市植物区系起源的古老性,也表明临海市是我国第三纪植物的"避难所"之一。

3　特有、珍稀濒危植物多

临海市植物区系中包含了不少特有类群,在属级水平上,中国特有属有 15 属。其中,单种特有属有大血藤属、香果树属、青钱柳属、七子花属等;少种特有属(2~5 种)有毛药花属、杉木属、盾果草属、栾树属等。在种级水平上,中国特有种有 431 种。其中,仅限于华东分布的特有种有浙江新木姜子、腺蜡瓣花、阔萼凤仙花、台湾赤飔、福参、天目槭、迎春樱桃、南方兔儿伞、浙皖粗筒苣苔、苏州荠苎等 58 种;仅限于浙江分布的特有种有尖萼紫茎、云和假糙苏、天台小檗、狭叶双花六道木、浙南菝葜、括苍山凤仙花、大花无柱兰等 23 种。

此外,临海市还分布较多的国家和省级重点保护野生植物,以及众多其他珍稀濒危植物,共有 110 种(详见第三章)。

4　区系成分复杂多样,具有较明显的过渡现象

临海市植物区系成分复杂多样,除缺乏中亚分布外,其余 14 个分布区类型均有代

表,说明临海市植物区系在地理、区系发生上与世界各地植物区系有着广泛的、不同程度的联系。

在科级水平上,临海市野生种子植物 148 科中,各类热带性质科(类型 2~7)共有 66 科,占临海市野生种子植物总科数(不含世界广布科,下同)的 66.0%,而各类温带性质科(类型 8~14)共有 34 科,占临海市野生种子植物总科数的 34.0%。这说明临海市种子植物科的地理成分具有较强的热带性质。此外,温带亚洲分布科与地中海、西亚至中亚分布科不见于临海市,说明临海市的植物区系在科级水平上与中亚、地中海、欧洲等地区的联系并不紧密。

在属级水平上,北温带分布、东亚分布、泛热带分布、热带亚洲分布、东亚和北美洲间断分布属一起构成了临海市植物属的区系主体,热带性质属以泛热带分布和热带亚洲分布属为主,温带性质属以北温带分布、东亚分布、东亚和北美洲间断分布属为主。热带性质属(类型 2~7)共计 312 属,占临海市野生种子植物总属数(不包括世界广布属,下同)的 44.7%。温带性质属(类型 8~14)共有 371 属,占临海市野生种子植物总属数的 53.2%。临海市种子植物温带性质属明显多于热带性质属,表现出较为明显的温带植物区系特征,同时热带性质属也占有一定的比重,这说明临海市处于温带与亚热带的交汇区,植物区系具有较明显的过渡性质。

第三章　珍稀濒危植物

第一节　国家重点保护野生植物

临海市有国家重点保护野生植物 34 种,隶属于 21 科 27 属,占临海市珍稀濒危植物种数的 30.9%,详见表 3-1。其中,国家一级重点保护野生植物有南方红豆杉 1 种,国家二级重点保护野生植物有长柄石杉、水蕨、金荞麦、短萼黄连、六角莲、蛛网萼、野大豆、花榈木、金豆、毛红椿、中华猕猴桃、华顶杜鹃、香果树、七子花、龙舌草、华重楼、金线兰、蕙兰、多花兰、春兰、台湾独蒜兰等 33 种。

临海市的国家重点保护野生植物中,列入《濒危野生动植物种国际贸易公约》(简称CITES)附录Ⅱ的有 7 种;被《中国生物多样性红色名录—高等植物卷》(简称《中国生物多样性红色名录》)评估为濒危(EN)等级的有 5 种,易危(VU)等级的有 11 种。

表 3-1　临海市国家重点保护野生植物

中文名	拉丁学名	保护级别	CITES	濒危等级
长柄石杉	*Huperzia javanica*	国家二级		濒危(EN)
四川石杉	*Huperzia sutchueniana*	国家二级		
水蕨	*Ceratopteris thalictroides*	国家二级		易危(VU)
南方红豆杉	*Taxus chinensis* var. *mairei*	国家一级	附录Ⅱ	易危(VU)
榧树	*Torreya grandis*	国家二级		
长叶榧树	*Torreya jackii*	国家二级		易危(VU)
大叶榉树	*Zelkova schneideriana*	国家二级		
金荞麦	*Fagopyrum dibotrys*	国家二级		
短萼黄连	*Coptis chinensis* var. *brevisepala*	国家二级		濒危(EN)
六角莲	*Dysosma pleiantha*	国家二级		
凹叶厚朴	*Magnolia officinalis*	国家二级		
伯乐树	*Bretschneidera sinensis*	国家二级		
蛛网萼	*Platycrater arguta*	国家二级		

续表

中文名	拉丁学名	保护级别	CITES	濒危等级
野大豆	*Glycine soja*	国家二级		
花榈木	*Ormosia henryi*	国家二级		易危(VU)
山橘	*Fortunella hindsii*	国家二级		
金豆	*Fortunella venosa*	国家二级		易危(VU)
毛红椿	*Toona ciliata* var. *pubescens*	国家二级		易危(VU)
中华猕猴桃	*Actinidia chinensis*	国家二级		
大籽猕猴桃	*Actinidia macrosperma*	国家二级		
野菱	*Trapa incisa*	国家二级		
华顶杜鹃	*Rhododendron huadingense*	国家二级		
香果树	*Emmenopterys henryi*	国家二级		
七子花	*Heptacodium miconioides*	国家二级		濒危(EN)
龙舌草	*Ottelia alismoides*	国家二级		易危(VU)
荞麦叶大百合	*Cardiocrinum cathayanum*	国家二级		
华重楼	*Paris polyphylla* var. *chinensis*	国家二级		易危(VU)
狭叶重楼	*Paris polyphylla* var. *stenophyllla*	国家二级		
金线兰	*Anoectochilus roxburghii*	国家二级	附录 II	濒危(EN)
白及	*Bletilla striata*	国家二级	附录 II	濒危(EN)
蕙兰	*Cymbidium faberi*	国家二级	附录 II	
多花兰	*Cymbidium floribundum*	国家二级	附录 II	易危(VU)
春兰	*Cymbidium goeringii*	国家二级	附录 II	易危(VU)
台湾独蒜兰	*Pleione formosana*	国家二级	附录 II	易危(VU)

第二节　浙江省重点保护野生植物

临海市有浙江省重点保护野生植物23种,隶属于17科22属,占全市珍稀濒危植物种数的20.9%。它们是松叶蕨、孩儿参、天台铁线莲、红毛七、箭叶淫羊藿、土元胡、圆叶小石积、龙须藤、中南鱼藤、贼小豆、野豇豆、全缘冬青、天目槭、三叶崖爬藤、红淡比、柃木、尖萼紫茎、银钟花、菜头肾、海岛荚蒾、薏苡、黄精叶钩吻、北重楼,详见表3-2。

临海市的浙江省重点保护野生植物中,被《中国生物多样性红色名录》评估为濒危(EN)等级的有1种,易危(VU)等级的有2种。

表 3-2 临海市浙江省重点保护野生植物

中文名	拉丁学名	濒危等级
松叶蕨	*Psilotum nudum*	易危(VU)
孩儿参	*Pseudostellaria heterophylla*	
天台铁线莲	*Clematis tientaiensis*	
红毛七	*Caulophyllum robustum*	
箭叶淫羊藿	*Epimedium sagittatum*	
土元胡	*Corydalis humosa*	易危(VU)
圆叶小石积	*Osteomeles subrotunda*	
龙须藤	*Bauhinia championii*	
中南鱼藤	*Derris fordii*	
贼小豆	*Vigna minima*	
野豇豆	*Vigna vexillata*	
全缘冬青	*Ilex integra*	
天目槭	*Acer sinopurpurascens*	
三叶崖爬藤	*Tetrastigma hemsleyanum*	
红淡比	*Cleyera japonica*	
柃木	*Eurya japonica*	
尖萼紫茎	*Stewartia acutisepala*	
银钟花	*Halesia macgregorii*	
菜头肾	*Championella sarcorrhiza*	
海岛荚蒾	*Viburnum japonicum*	
薏苡	*Coix lacryma-jobi*	
黄精叶钩吻	*Croomia japonica*	濒危(EN)
北重楼	*Paris verticillata*	

第三节 列入《中国生物多样性红色名录—高等植物卷》的濒危物种

临海市野生植物中,被《中国生物多样性红色名录》评估为易危(VU)及以上等级的物种有 41 种,其中,极危(CR)1 种,濒危(EN)11 种,易危(VU)29 种。这 41 种受威胁植物中,有 1 种为国家一级重点保护野生植物,有 15 种为国家二级重点保护野生植物,有 3 种为浙江省重点保护野生植物,有 12 种列入 CITES 附录Ⅱ。详见表 3-3。

表3-3　临海市被《中国生物多样性红色名录》评估为易危及以上等级的植物

中文名	拉丁学名	濒危等级	保护级别	CITES
长柄石杉	*Huperzia javanica*	濒危（EN）	国家二级	
松叶蕨	*Psilotum nudum*	易危（VU）	省重点	
水蕨	*Ceratopteris thalictroides*	易危（VU）	国家二级	
全缘贯众	*Cyrtomium falcatum*	易危（VU）		
南方红豆杉	*Taxus chinensis* var. *mairei*	易危（VU）	国家一级	附录Ⅱ
长叶榧树	*Torreya jackii*	易危（VU）	国家二级	
细辛	*Asarum sieboldii*	易危（VU）		
短萼黄连	*Coptis chinensis* var. *brevisepala*	濒危（EN）	国家二级	
土元胡	*Corydalis humosa*	易危（VU）	省重点	
半枫荷	*Semiliquidambar cathayensis*	易危（VU）		
黄山紫荆	*Cercis chingii*	濒危（EN）		
花榈木	*Ormosia henryi*	易危（VU）	国家二级	
金豆	*Fortunella venosa*	易危（VU）	国家二级	
毛红椿	*Toona ciliata* var. *pubescens*	易危（VU）	国家二级	
稀花槭	*Acer pauciflorum*	易危（VU）		
南京椴	*Tilia miqueliana*	易危（VU）		
小叶猕猴桃	*Actinidia lanceolata*	易危（VU）		
吴茱萸五加	*Acanthopanax evodiifolius*	易危（VU）		
天目地黄	*Rehmannia chingii*	易危（VU）		
七子花	*Heptacodium miconioides*	濒危（EN）	国家二级	
长花帚菊	*Pertya glabrescens*	濒危（EN）		
龙舌草	*Ottelia alismoides*	易危（VU）	国家二级	
多枝霉草	*Sciaphila ramosa*	濒危（EN）		
发秆薹草	*Carex capillacea*	濒危（EN）		
禾秆薹草	*Carex graminiculmis*	易危（VU）		
长苞谷精草	*Eriocaulon decemflorum*	易危（VU）		
黄精叶钩吻	*Croomia japonica*	濒危（EN）	省重点	
华重楼	*Paris polyphylla* var. *chinensis*	易危（VU）	国家二级	
稻草石蒜	*Lycoris straminea*	易危（VU）		
细柄薯蓣	*Dioscorea tenuipes*	易危（VU）		
大花无柱兰	*Amitostigma pinguiculum*	极危（CR）		附录Ⅱ

中文名	拉丁学名	濒危等级	保护级别	CITES
金线兰	*Anoectochilus roxburghii*	濒危(EN)	国家二级	附录Ⅱ
白及	*Bletilla striata*	濒危(EN)	国家二级	附录Ⅱ
多花兰	*Cymbidium floribundum*	易危(VU)	国家二级	附录Ⅱ
春兰	*Cymbidium goeringii*	易危(VU)	国家二级	附录Ⅱ
尖叶火烧兰	*Epipactis thunbergii*	易危(VU)		附录Ⅱ
十字兰	*Habenaria schindleri*	易危(VU)		附录Ⅱ
风兰	*Neofinetia falcata*	濒危(EN)		附录Ⅱ
二叶兜被兰	*Neottianthe cucullata*	易危(VU)		附录Ⅱ
大明山舌唇兰	*Platanthera damingshanica*	易危(VU)		附录Ⅱ
台湾独蒜兰	*Pleione formosana*	易危(VU)	国家二级	附录Ⅱ

第四节 列入《濒危野生动植物种国际贸易公约》附录的物种

临海市野生植物中,列入 CITES 附录Ⅱ的物种有 44 种,详见表3-4。其中,国家一级重点保护野生植物有 1 种;国家二级重点保护野生植物有 6 种;被《中国生物多样性红色名录》评估为极危(CR)的有 1 种,濒危(EN)的有 3 种,易危(VU)的有 8 种。

表3-4 临海市列入 CITES 附录的植物

中文名	拉丁学名	CITES	保护级别	濒危等级
南方红豆杉	*Taxus chinensis* var. *mairei*	附录Ⅱ	国家一级	易危(VU)
南岭黄檀	*Dalbergia balansae*	附录Ⅱ		
藤黄檀	*Dalbergia hancei*	附录Ⅱ		
黄檀	*Dalbergia hupeana*	附录Ⅱ		
香港黄檀	*Dalbergia millettii*	附录Ⅱ		
无柱兰	*Amitostigma gracile*	附录Ⅱ		
大花无柱兰	*Amitostigma pinguiculum*	附录Ⅱ		极危(CR)
金线兰	*Anoectochilus roxburghii*	附录Ⅱ	国家二级	濒危(EN)
竹叶兰	*Arundina graminifolia*	附录Ⅱ		
白及	*Bletilla striata*	附录Ⅱ	国家二级	濒危(EN)
广东石豆兰	*Bulbophyllum kwangtungense*	附录Ⅱ		
齿瓣石豆兰	*Bulbophyllum levinei*	附录Ⅱ		

续表

中文名	拉丁学名	CITES	保护级别	濒危等级
毛药卷瓣兰	*Bulbophyllum omerandrum*	附录Ⅱ		
钩距虾脊兰	*Calanthe graciliflora*	附录Ⅱ		
金兰	*Cephalanthera falcata*	附录Ⅱ		
蜈蚣兰	*Cleisostoma scolopendrifolium*	附录Ⅱ		
蕙兰	*Cymbidium faberi*	附录Ⅱ	国家二级	
多花兰	*Cymbidium floribundum*	附录Ⅱ	国家二级	易危(VU)
春兰	*Cymbidium goeringii*	附录Ⅱ	国家二级	易危(VU)
尖叶火烧兰	*Epipactis thunbergii*	附录Ⅱ		易危(VU)
高山毛兰	*Eria reptans*	附录Ⅱ		
大花斑叶兰	*Goodyera biflora*	附录Ⅱ		
斑叶兰	*Goodyera schlechtendaliana*	附录Ⅱ		
绿花斑叶兰	*Goodyera viridiflora*	附录Ⅱ		
鹅毛玉凤花	*Habenaria dentata*	附录Ⅱ		
十字兰	*Habenaria schindleri*	附录Ⅱ		易危(VU)
叉唇角盘兰	*Herminium lanceum*	附录Ⅱ		
见血青	*Liparis nervosa*	附录Ⅱ		
长唇羊耳蒜	*Liparis pauliana*	附录Ⅱ		
纤叶钗子股	*Luisia hancockii*	附录Ⅱ		
浅裂沼兰	*Malaxis acuminata*	附录Ⅱ		
小沼兰	*Malaxis microtatantha*	附录Ⅱ		
葱叶兰	*Microtis unifolia*	附录Ⅱ		
风兰	*Neofinetia falcata*	附录Ⅱ		濒危(EN)
二叶兜被兰	*Neottianthe cucullata*	附录Ⅱ		易危(VU)
长须阔蕊兰	*Peristylus calcaratus*	附录Ⅱ		
细叶石仙桃	*Pholidota cantonensis*	附录Ⅱ		
大明山舌唇兰	*Platanthera damingshanica*	附录Ⅱ		易危(VU)
小舌唇兰	*Platanthera minor*	附录Ⅱ		
台湾独蒜兰	*Pleione formosana*	附录Ⅱ	国家二级	易危(VU)
香港绶草	*Spiranthes hongkongensis*	附录Ⅱ		
绶草	*Spiranthes sinensis*	附录Ⅱ		
带唇兰	*Tainia dunnii*	附录Ⅱ		
小花蜻蜓兰	*Tulotis ussuriensis*	附录Ⅱ		

第四章　资源植物

第一节　观赏植物

观赏植物是指适用于城市绿化、美化环境,有观赏价值的植物,也包括能工巧匠精心选育、加工修剪及雕琢而成的,具有观叶、观茎、观果功能,奇形异态的植物。

临海市的野生观赏植物资源丰富,经调查统计,具有较高观赏价值的野生植物共1217种(含种下等级,下同),隶属于169科612属。这些野生观赏植物具有广泛的园林用途。临海市野生观赏植物根据其在园林中的用途及主要方式分类,分成行道树、庭荫树、园景树、绿篱植物、垂直绿化植物、盆栽和盆景植物、花坛和花境植物、地被植物共8大类。结果见表4-1。

表 4-1　临海市观赏植物分类统计

类别	行道树	庭荫树	园景树	绿篱植物	垂直绿化植物	盆栽和盆景植物	花坛和花境植物	地被植物	合计
种数	33	62	137	35	140	306	378	126	1217
占比/%	2.7	5.1	11.3	2.9	11.5	25.1	31.1	10.4	100.0

（1）行道树

行道树是种植在路侧及分车带的树木的总称。行道树通常树姿优美,枝叶茂盛,树性健壮,性耐修剪,主要作用是为车辆和行人遮阴,减少路面辐射和反光,降温,防风,滞尘,减噪,美化街景。临海市共有33种,主要有木荷、冬青、响叶杨、南岭黄檀、山槐、乌桕、木油桐、银叶柳、山乌桕、白花泡桐、油桐、建始槭、化香树、合欢、楝、亮叶猴耳环、小叶白辛树、全缘叶栾树、木犀等。

（2）庭荫树

庭荫树又称绿荫树,冠大荫浓、树形挺拔,可植于庭院或公园中,以取其荫、为人遮阴纳凉的树种。临海市共有62种,主要有硬壳柯、青榨槭、栲、笔罗子、垂珠花、毛红椿、杨梅、紫弹树、木姜叶柯、浙江柿、钩锥、苦槠、日本杜英、米槠、铁冬青、木蜡树、甜槠、山胡椒、白栎、异色泡花树、朴树、石楠、云山青冈、大叶桂樱、红柴枝、垂枝泡花树、紫楠、茅栗、罗浮锥、构树、猴欢喜、柞木、天仙果、灯台树、肥皂荚、凹叶厚朴、野鸦椿等。

（3）园景树

园景树指具有较高观赏价值,在园林绿地中能独自构成景致的树木,具有树形优美、花多或大而美丽、叶形秀丽、叶色美丽、果实鲜艳等特征。临海市共有137种,主要有光叶石楠、刺楸、中国绣球、水榆花楸、黄山松、白杜、桑、浙江樟、毛叶山樱花、南岭山矾、柏木、云锦杜鹃、玉兰、红果山胡椒、粗榧、灰叶杉木、长叶榧树、湖北海棠、苦竹、尖叶梣、毛山荆子、七子花、矮冬青、红毒茴、花榈木、野山楂、糙叶树、豹皮樟、马醉木、杭州榆、大叶冬青、白花苦灯笼、山樱花、毛山鸡椒、山矾、臭辣吴萸、大青、海州常山、密花山矾、灯笼树、华桑等。

（4）绿篱植物

绿篱植物指利用树木密植代替篱笆、栏杆和围墙的绿化植物,主要起隔离、围护和装饰作用。理想的绿篱应是萌发力强,耐修剪且愈伤力强,耐粗放管理,病虫害少,若有美丽之彩叶或花果则更佳。临海市共有35种,主要有钩刺雀梅藤、胡颓子、金樱子、木半夏、窄基红褐柃、刺藤子、雀梅藤、小蜡、毛柄连蕊茶、杜鹃、醉鱼草、黄杨、白马骨、梗花雀梅藤、细齿叶柃、格药柃、紫麻、牛奶子、小果蔷薇、栀子等。

（5）垂直绿化植物

垂直绿化植物指茎蔓细长、不能直立生长、攀附支持物向上生长的植物。此类植物在美化建筑立面、高架桥、棚架等方面有其独特之处。临海市共有140种,主要有牯岭蛇葡萄、赣皖乌头、牯牛铁线莲、过山枫、短梗南蛇藤、薯蓣、大花忍冬、紫藤、栝楼、中南鱼藤、萝藦、木通、光叶蛇葡萄、白背爬藤榕、毛葡萄、华东菝葜、忍冬、海金沙、清风藤、蓬莱葛、女菱、尖叶清风藤、金线吊乌龟、王瓜、蒌蒿、千金藤、细梗络石、流苏子、黄独、贵州娃儿藤、白毛乌蔹莓、玉叶金花、白蔹、野大豆、薜荔、暗色菝葜、大血藤、毛花猕猴桃、细圆藤等。

（6）盆栽和盆景植物

盆栽和盆景植物包括可用花盆栽培观赏、制作树桩盆景及用于盆景点缀的野生植物。盆栽植物以耐阴的多年生草本和灌木为主。树桩盆景材料主要选用生长缓慢、枝密叶小、干形古朴苍劲、耐修剪、易造型的树木。盆栽草本点缀植物则选用适应性强、生长期长、植矮叶细及姿态优美者。临海市共有306种,主要有伏地卷柏、庐山香科科、垂盆草、大落新妇、林下凸轴蕨、疏羽凸轴蕨、四川石杉、附地菜、浙江獐牙菜、锈毛莓、垂序商陆、华南铁角蕨、尖叶长柄山蚂蝗、缩茎韩信草、对马耳蕨、红凉伞、长苞谷精草、落箦叶下珠、三角叶风毛菊、中华金星蕨、布朗卷柏、刺齿半边旗、狭翅铁角蕨、叶下珠、刺子莞、天门冬、蒲儿根、同形鳞毛蕨等。

（7）花坛和花境植物

花坛植物指植株低矮、花色艳丽、枝叶茂盛、生长健壮、易于露地栽培、整体观赏效果佳的草花;花境植物通常指具有较高观赏价值的宿根、球根花卉或小型灌木等。临海市共有 378 种,如南紫薇、金锦香、天蓝苜蓿、香茶菜、紫花香薷、水烛、苘麻、马兰、长圆叶艾纳香、狼尾草、鸭舌草、类头状花序藨草、藿香蓟、无梗越橘、山梗菜、金腺荚蒾、百部、粉被薹草、邻近风轮菜、窄叶泽泻、田野水苏、轮叶蒲桃、挖耳草、庐山楼梯草、多型马兰、尖齿臭茉莉、金豆、两歧飘拂草、小野芝麻、百球藨草、菹草、光叶蝴蝶草、苦蘵等。

（8）地被植物

地被植物指可用于草坪、路侧、林下、公园坡地、岩园及墙面等处绿化美化的植物。根据植物习性不同,可分为木本地被和草本地被。临海市共有 126 种,主要有巴东过路黄、天胡荽、瓶蕨、柔毛堇菜、红马蹄草、赤车、柔枝莠竹、积雪草、麦冬、金鸡脚假瘤蕨、地茶、过路黄、山椒草、皱果蛇莓、小叶茯蕨、阔叶山麦冬、禾叶山麦冬、肾蕨、垂穗石松、常春藤等。

第二节　药用植物

临海市拥有十分丰富的野生药用植物资源,据调查统计,共有 175 科 708 属 1396 种（含种下等级,下同）药用植物,占临海市野生及常见栽培植物总种数的 56.0%。它包括常用的中药材原植物和具一定药用功效的民间中草药。其中,《中华人民共和国药典（2020 年版）》所收录的原植物有 199 种,隶属于 82 科 162 属,主要有野菊、天门冬、天葵、积雪草、樟、轮叶沙参、萹蓄、谷精草、阴行草、青花椒、夏天无、穿龙薯蓣、白及、虎杖、粉背薯蓣、苦枥木、地肤、紫金牛、风龙、鸭跖草、苘麻、百合、半边莲、飞扬草、灯心草、野老鹳草、牡荆、腺梗豨莶、栝楼、羊踯躅、野胡萝卜、大血藤、土茯苓、龙胆、菰腺忍冬、金荞麦、庐山石韦、朱砂根、凹叶厚朴、菟丝子、芫花、络石、半枝莲、牵牛、大戟、决明、五加、盐肤木、薯蓣等。

根据药用植物有关文献,结合民间常用中草药的特性,将临海市 1396 种野生药用植物归为解表药、清热药、泻下药、祛风除湿药、利水渗湿药、温里药、理气药、消导药、止血药、安神药、活血化瘀药、解毒杀虫止痒药等共 19 类（见表 4-2）。

表 4-2　临海市药用植物分类统计

类型	种数	占比/%	类型	种数	占比/%
解表药	44	3.2	止血药	110	7.9
清热药	386	27.7	活血化瘀药	213	15.3
泻下药	10	0.7	化痰止咳平喘药	89	6.4
祛风除湿药	130	9.3	安神药	11	0.8
利水渗湿药	82	5.9	平肝息风药	11	0.8
温里药	7	0.5	开窍药	3	0.2
理气药	52	3.7	补益药	86	6.2
消导药	51	3.7	收涩药	37	2.7
驱虫药	7	0.5	解毒杀虫止痒药	62	4.4
芳香化湿药	5	0.4	合计	1396	100.0

（1）解表药

凡以发散表邪、解除表证为主要作用的药物,称解表药。本类药物多辛散发表,有促使肌体发汗或微发汗、使表邪随汗出而解的作用。临海市本类植物共计44种,如荚蒾、异叶茴芹、菰腺忍冬、金鸡脚假瘤蕨、水蛇麻、秋鼠麹草、十字薹草、杜茎山、狗尾草、粗毛鳞盖蕨、紫花香薷、细辛、滴水珠、加拿大一枝黄花、薄荷、杭子梢、小花莛苎、浙皖粗筒苣苔、山牛蒡、小槐花、大叶冬青、短毛独活等。

（2）清热药

凡药性寒凉、以清解里热为主要作用、主治里热证的药物,称清热药。本类植物是临海市药用植物中资源最为丰富的一类,共有386种,主要有金挖耳、箬竹、狼杷草、金盏银盘、朝天委陵菜、中华水芹、南山堇菜、乳儿绳、密花树、棕鳞耳蕨、厚壳树、球序卷耳、显脉香茶菜、囊颖草、假双盖蕨、赤胫散、华东蹄盖蕨、飞扬草、爵床、芦竹、龙胆、菟丝子、画眉草、柳叶菜、两歧飘拂草、匍匐南芥、黑莎草、铺地黍、松蒿、尖叶唐松草、水苏、皱果苋、假福王草、戟叶蓼、点地梅、少花黄猄草、竹叶兰、百球藨草、冻绿、红鳞扁莎、鼠尾粟、绿穗苋、土牛膝、麻叶绣线菊、金色狗尾草、粟米草、野豇豆、陀螺紫菀、髭脉桤叶树、长喙紫茎、青蒿、马银花、桤叶黄花稔、铁冬青、大萼香茶菜、大丁草等。

（3）泻下药

凡能引起腹泻,或润滑大肠、促进排便的药物,称为泻下药。临海市本类植物共有10种,如山乌桕、光叶毛果枳椇、皱叶鼠李、圆叶牵牛、金兰、决明、毛臂形草、垂序商陆、白木乌桕、商陆。

（4）祛风除湿药

凡能祛除风湿、以治疗风湿痹证为主要功效的药物,称为祛风除湿药。本类药物能祛除留着于肌肉、经络、筋骨的风湿,有些药兼有散寒、活血、通经、舒筋、止痛或补肝肾、强筋骨等作用,适用于治疗风湿痹证的肢体疼痛、关节不利、筋脉拘挛等症。本类植物数量在临海市药用植物中占第3位,计130种,如红毒茴、小叶葡萄、碎米莎草、藁本、海桐、纤细薯蓣、六月雪、盐肤木、黑壳楠、豨莶、香槐、老鼠矢、小花扁担杆、赛山梅、海州常山、土茯苓、威灵仙、冠盖藤、芙蓉菊、少叶黄杞、旱柳、珠芽艾麻、八角枫、秀丽槭、橘草、小果蔷薇、老鹳草、树参、庭藤、小花鸢尾、丝穗金粟兰、尖叶长柄山蚂蝗、豆腐柴、石胡荽、中华绣线菊、宁波木犀、三角槭、鹰爪枫、柃木等。

（5）利水渗湿药

凡以渗利水湿、通利小便为主要功效的药物,称利水渗湿药。本类药物适用于治疗水湿停蓄体内所致的水肿、胀满、小便不利,以及湿邪为患或湿热所致的淋浊、湿痹、湿温、腹泻、黄疸、痰饮、疮疹等。临海市本类植物共计82种,如萹蓄、过路黄、耳基水苋、石韦、剑叶凤尾蕨、匙叶茅膏菜、桑、丁香蓼、套鞘薹草、旋花、刺蓼、矮蒿、短梗胡枝子、稀花蓼、华千金榆、鸡眼草、海金子、光叶石楠、紫萍、庐山瓦韦、雾水葛、北美独行菜、乌桕、牛筋草等。

（6）温里药

凡以温里祛寒、治疗里寒证为主要作用的药物,称为温里药。本类药物具有温里散寒、回阳救逆、温经止痛等作用,主要适用于治疗脘腹冷痛、呕吐泄泻、舌淡苔白、畏寒肢冷、汗出神疲和四肢厥逆等。临海市本类植物共计 7 种,如香果树、水蓼、巴东胡颓子、琴叶紫菀、马鞍树、附地菜、华南桂。

（7）理气药

凡以疏理气机、治疗气滞或气逆为主要作用的药物,称理气药。本类药物由于性能不同,有理气健脾、疏肝解郁、理气宽胸等功效,分别适用于治疗脾胃气滞证、肝气郁滞证及肺气壅滞证,部分药物还有燥湿化痰、温肾散寒等功效,多用于治疗咳嗽痰多、肾阳不足、下元虚冷之症。临海市本类植物共计 52 种,如浙江樟、榄绿粗叶木、百齿卫矛、宽叶下田菊、山姜、裸柱菊、管花马兜铃、紫苏、灰毛泡、粗齿冷水花、地桃花、白檀、浙江新木姜子、棘茎楤木、豹皮樟、爬藤榕、窄叶南蛇藤、薤白、甜槠等。

（8）消导药

凡以消食导滞、促进消化、治疗饮食积滞为主要作用的药物,称为消导药。本类药物除能消化饮食、导行积滞、行气消胀外,兼有健运脾胃、增进食欲之功效,主要适用于治疗脘腹胀满、嗳腐吞酸、恶心呕吐、不思饮食、大便失常、脾胃虚弱、纳谷不佳、消化不良等。临海市本类植物共计 51 种,主要有胡颓子、短柄枹栎、刺毛越橘、叶下珠、渐尖毛蕨、蜜甘草、猴欢喜、水青冈、星花灯心草、中华猕猴桃、刺葡萄、赤楠、白花龙、女菱、条叶榕、蝴蝶戏珠花、毛鸡矢藤、青榨槭、鸡矢藤、尖连蕊茶等。

（9）驱虫药

凡以驱除或杀灭人体寄生虫为主要作用的药物,称为驱虫药。本类药物对人体内的寄生虫,特别是肠道寄生虫虫体有杀灭或麻痹作用,再促使其排出体外,用于治疗蛔虫病、蛲虫病、绦虫病、钩虫病、姜片虫病等多种肠道寄生虫病。临海市本类植物共计 7 种,如山麻杆、皂荚、南方红豆杉、云实、镰羽贯众、同形鳞毛蕨、阔鳞鳞毛蕨。

（10）芳香化湿药

凡气味芳香、以化湿运脾为主要作用的药物,称为芳香化湿药。本类药物主要适用于治疗湿浊内阻、脾虚湿困、运化失常所致的呕吐泛酸、大便溏薄、食少体倦、舌苔白腻等。临海市本类植物共有 5 种,有香薷、石香薷、粉团蔷薇、白头婆、星宿菜。

（11）止血药

凡以制止体内外出血为主要作用的药物,称为止血药。本类药物根据性有寒、温、散、敛之异,分别具有凉血止血、温经止血、化瘀止血、收敛止血之功效,故可分为凉血止血药、温经止血药、化瘀止血药、收敛止血药四类,主要适用于治疗内外出血病症,如咯血、衄血、吐血、便血、尿血、崩漏、紫癜以及外伤出血等。临海市本类植物共计 110 种,如千根草、荔枝草、茅、盐角草、蓟、笔管草、单花狗、蓼子草、斑地锦、金爪儿、无柱兰、见血青、小苦荬、六棱菊、小巢菜、双蝴蝶、兰香草、野漆、萱草、网脉葡萄、婆婆纳、牛奶子、蘡薁、长柄石杉、支柱蓼、华紫珠、牯岭蛇葡萄、榔榆、四川石杉、陌上菜、刺儿菜、山矾、长江蹄盖蕨、贴毛苎麻等。

（12）活血化瘀药

凡以通畅血行、消除瘀血为主要作用的药物，称活血化瘀药。本类药物通过活血化瘀作用，又分别具有行血、散瘀、通经、活络、续伤、利痹、定痛、消肿散结、破血消癥等功效，可分为活血止痛药、活血调经药、活血疗伤药和破血消癥药四类。本类药物应用范围很广，适用于治疗一切瘀血阻滞之症，如胸、腹、头痛，半身不遂、肢体麻木，关节痹痛日久，跌打损伤、瘀肿疼痛、痈肿疮疡等。本类植物为临海市第二大类药用植物，计213种，如石松、缺萼枫香树、阴行草、钩距虾脊兰、伯乐树、秤钩风、绣球绣线菊、刺藤子、柳叶箬、马甲子、丛枝蓼、绵枣儿、华东菝葜、尾叶那藤、假升麻、密花山矾、江南越橘、木莓、柱果铁线莲、光萼茅膏菜、线蕨、落新妇、铁马鞭、单瓣李叶绣线菊、油芒、天目槭、中华杜英、南岭黄檀、南紫薇、及已、山桐子、圆锥绣球、短梗南蛇藤、杨梅叶蚊母树、白背牛尾菜、狗舌草、纤叶钗子股、多脉鹅耳枥、木蜡树、狗骨柴等。

（13）化痰止咳平喘药

凡以祛痰或消痰为主要作用的药物，称化痰药；以制止或减轻咳嗽和喘息为主要作用的药物，称止咳平喘药。由于化痰药多兼能止咳，而止咳平喘药也多兼有化痰作用，故将它们合为一类，即化痰止咳平喘药。本类药物主要用于治疗痰多、咳嗽、气喘之症，如气喘咳嗽、呼吸困难、咳痰不爽、痰饮眩悸等。临海市本类植物共计89种，如垂珠花、蛇含委陵菜、满山红、石蒜、常山、短叶水蜈蚣、檵木、七层楼、苏门白酒草、伏地卷柏、虎杖、北京铁角蕨、高大翅果菊、雀梅藤、一把伞南星、无心菜、九管血、天胡荽、棣棠花、宝铎草、萝藦、日本蛇根草、吊石苣苔、微糙三脉紫菀、苦竹、六角莲、马庞儿等。

（14）安神药

凡以安定神志为主要作用、用于治疗神志失常的药物，称安神药。本类药物主要用于治疗心神不宁、失眠多梦、惊风、癫痫、目赤肿痛、头晕目眩等。临海市本类植物共计11种，如夜香牛、粉条儿菜、类头状花序滨草、野灯心草、狭叶香港远志、蕨、合欢、山槐、瓜子金、弯曲碎米荠、蜡瓣花。

（15）平肝息风药

凡以平肝潜阳、息风止痉为主要作用，主治肝阳上亢或肝风内动病症的药物，称平肝息风药。本类药物主要用于治疗心神不宁、失眠多梦、惊风、癫痫、目赤肿痛、头晕目眩等。临海市本类植物共有11种，如长叶榧树、箬姑草、金疮小草、钩藤、畦畔莎草、薄叶山矾、阴地蕨、田麻、虎尾铁角蕨、老鸦柿、火炭母。

（16）开窍药

凡以开窍醒神为主要作用、主要用于治疗闭证神昏的药物，称开窍药。本类药物具开启闭塞之窍机、通关开窍、启闭回苏、醒脑复神、开窍醒神之效,用于治中风昏厥、惊风、癫痫、中恶、中暑等窍闭神昏之患。临海市本类植物有金钱蒲、斑茅、石菖蒲3种。

(17)补益药

凡能补充人体气血、改善脏腑功能、增强体质、提高抗病能力、消除虚证的药物,称为补益药。本类药物能补虚扶弱、扶正祛邪,根据各种药物的功效及主治证候的不同,可分为补气药、补阳药、补血药及补阴药四类,主治神疲乏力、少气懒言、饮食减少等众多虚证。临海市本类植物共计86种,如野大豆、假地蓝、孩儿参、茜草、鹿蹄草、剪股颖、插田泡、茅莓、多花兰、禾叶山麦冬、中华沙参、川续断、绒毛胡枝子、药百合、南方菟丝子、小金梅草、日本薯蓣、硕苞蔷薇、多花黄精、毛药藤、五加、阔叶山麦冬、天目地黄、常春油麻藤、薯蓣等。

(18)收涩药

凡以收涩为主要作用的药物,称为收涩药。本类药物根据功效不同,可分为固表止汗药、敛肺止咳药、涩肠止泻药、涩精止遗药和固崩止带药,分别具有固表止汗、敛肺止咳、涩肠止泻、固精缩尿、固崩止带等收敛固脱作用,适用于治疗久病体虚、正气不固、脏腑功能衰退所致的自汗、盗汗、久咳虚喘、久痢久泻、遗精、滑精、遗尿、尿频、崩带不止等滑脱不禁之症。临海市本类植物共计37种,如冬青、掌叶复盆子、铁苋菜、鸭脚茶、密腺小连翘、槲栎、悬铃叶苎麻、阔叶瓦韦、扁担杆、浙江红山茶、毛叶老鸦糊、铁角蕨、愉悦蓼、软条七蔷薇等。

(19)解毒杀虫止痒药

凡以解毒疗疮、攻毒杀虫、燥湿止痒为主要作用的药物,称为解毒杀虫止痒药。本类药物以外用为主,兼可内服,主要适用于治疗疥癣、湿疹、痈疮疔毒、麻风、梅毒、毒蛇咬伤等。临海市本类植物共计62种,有狗脊、中国石蒜、獐耳细辛、木犀、木油桐、天名精、春兰、石荠苎、流苏子、苦树、长叶冻绿、野胡萝卜、马醉木、柳杉、黄堇、楝、青花椒、银叶柳、蕙兰、藜、圆叶鼠李、油桐、羊蹄、蜈蚣草等。

第三节　野菜

野菜是我国饮食文化的重要组成部分,且营养学研究表明,野菜中维生素成分多、营养价值高,因此日益受到人们的青睐。临海市野菜资源较丰富,共98科311属579种(含种下等级,下同),拥有一年四季均可采收和食用的种质资源。根据食用部位不同,野菜可分为叶菜类、茎菜类、花菜类、果菜类、根菜类五类,详见表4-3。

表4-3　临海市野菜分类统计

类别	叶菜类	茎菜类	花菜类	果菜类	根菜类	合计
种数	330	121	55	27	46	579
占比/%	57.0	20.9	9.5	4.7	7.9	100.0

（1）叶菜类

叶菜类指主要以带叶幼芽、幼苗、嫩叶、叶柄作菜供食用的种类。临海市此类野菜种类最多，共有330种，占临海市野菜总数的57.0%，采集季节多为春季。此类野菜主要有星宿菜、晚红瓦松、戟叶堇菜、小藜、山鸡椒、刺楸、窄头橐吾、隔山香、鸭舌草、弹刀子菜、灰绿藜、水蓼、长萼瞿麦、宽叶鼠麴草、墓头回、鬼针草、直刺变豆菜、石龙芮、藜、短毛独活、腺梗豨莶、马兰、福参、费菜、褐冠小苦荬、三角叶风毛菊、裸花水竹叶、异叶茴芹、序叶苎麻、大果落新妇、冬青、杠板归、猪毛蒿、白花菜、白苞蒿、豆茶决明、高大翅果菊、簇生卷耳等。

（2）茎菜类

茎菜类指主要以地上嫩茎作菜供食用的种类。此类野菜临海市共有121种，占临海市野菜总数的20.9%，主要有婆婆纳、瞿麦、盐地碱蓬、阔萼凤仙花、番杏、碱蓬、大序绿穗苋、扯根菜、春蓼、庐山楼梯草、油点草、阔叶四叶葎、拟漆姑、酸模、峨参、南牡蒿、四叶葎、匍茎通泉草、水鳖、斑茅、南方碱蓬、刺苋、菹草、青蒿、佛甲草、水田碎米荠、夏威夷紫菀、茵陈蒿、丝穗金粟兰等。

（3）花菜类

花菜类指主要以花瓣、花朵或花序作菜供食用的种类。此类野菜临海市共有55种，占临海市野菜总数的9.5%，主要有粉团蔷薇、美丽胡枝子、马银花、菰腺忍冬、灰毡毛忍冬、光叶蔷薇、合欢、荞麦叶大百合、木犀、紫藤、浙江木蓝、大叶胡枝子、野百合、淡红忍冬、宁波木蓝、锦鸡儿、杜鹃、卷丹、南方菟丝子、襄荷、凌霄、小果蔷薇等。

（4）果菜类

果菜类指主要以果实、肉质果序梗或种子作菜供食用的种类。此类野菜临海市有27种，占临海市野菜总数的4.7%，主要有枸杞、挂金灯、锥栗、柘、野菱、米槠、白栎、茅栗、金樱子、杭州榆、甜槠、中华猕猴桃、野花椒、刺榆、假酸浆、水青冈、桑、栲等。

（5）根菜类

根菜类指主要以地下部分，如根皮、块根、肉质根、块茎、鳞茎、球茎及根状茎等作菜供食用的种类。此类野菜临海市有46种，占临海市野菜总数的7.9%，主要有水烛、苎麻、石菖蒲、阔叶山麦冬、天目地黄、多花黄精、川续断、条叶榕、中华沙参、薯蓣、山麦冬、棘茎楤木、打碗花、虎刺、宝铎草、荻、蜗儿菜、禾叶山麦冬、羊乳、土圞儿、野慈姑、折冠牛皮消、羊齿天门冬等。

不少野菜可有2种以上器官可供食用。如棘茎楤木的根皮与嫩芽均可食用；长梗黄精既可食用嫩苗，也可食用幼嫩根状茎；蕺菜可食用肉质根、嫩茎及叶等。

第四节　野果

野生果树的果实营养丰富,风味独特,除鲜食外,还可速冻或制成果汁、果酱、果脯等。临海市蕴藏的野生果树资源十分丰富,据调查统计达154种(含种下等级,下同)之多,隶属于37科60属。现按果实类型不同,列举主要种类。

(1)聚花果类

临海市有构棘、柘、天仙果、构树、鸡桑、秀丽四照花、桑、异叶榕、珍珠莲、四照花等。

(2)聚合果类

临海市有小果蔷薇、山莓、灰毛泡、弓茎悬钩子、翼梗五味子、光叶蔷薇、软条七蔷薇、华中五味子、东南悬钩子、湖南悬钩子、高粱泡、盾叶莓、太平莓、蓬蘽、硕苞蔷薇、周毛悬钩子、武夷悬钩子、寒莓、锈毛莓、光滑悬钩子、空心泡等。

(3)核果类

临海市有紫弹树、钩刺雀梅藤、胡颓子、杨梅、桃、南岭山矾、大叶胡颓子、中华杜英、日本五月茶、浙闽樱桃、茶荚蒾、山樱花、朴树、刺藤子、牛奶子、蓝果树、日本杜英、木半夏、吕宋荚蒾、巴东胡颓子、梗花雀梅藤、南酸枣、钟花樱桃、雀梅藤等。

(4)浆果类

临海市有南烛、小叶猕猴桃、木通、绿花茶藨子、无梗越橘、小果拔葜、短尾越橘、中华猕猴桃、尾叶那藤、光序刺毛越橘、异色猕猴桃、刺毛越橘、罗浮柿、菱叶葡萄、浙江柿、蘡薁、鹰爪枫、毛花猕猴桃、野柿、黄背越橘、挂金灯、毛葡萄、小叶葡萄、钝药野木瓜、葛藟葡萄等。

(5)梨果类

临海市有湖北海棠、绒毛石楠、毛山荆子、小叶石楠、石斑木、伞花石楠、野山楂、厚叶石斑木、光萼林檎、圆叶小石积、中华石楠、水榆花楸、东亚唐棣等。

(6)坚果类

临海市有罗浮锥、水青冈、钩锥、米槠、茅栗、短柄川榛、苦槠、川榛、锥栗、栗、栲等。

(7)其他

临海市有三尖杉、紫麻、榧树、杠板归、光叶毛果枳椇、梧桐、栝楼、马㼎儿、南方红豆杉等。

在上述野果资源中,可直接食用的有悬钩子属、猕猴桃属、葡萄属、越橘属、木通科等科、属植物,它们大多具有较高的开发价值。

第五节　其他资源植物

（1）纤维植物

纤维植物是指含有大量纤维组织的一类植物。纤维广泛存在于维管植物中,一般木本植物的纤维含量可占 40% ~55% ,禾本科植物茎秆的纤维含量在 35% 左右,有些种类的纤维含量可为 50% 以上。纤维或纤维植物可直接利用,如编织绳索、草帽、麻袋、草席、筐、箩等等;植物的茎和木材,可用于建筑房屋、架桥、家具;纤维也可作为纺织和造纸的原材料。

临海市重要的纤维植物有 177 种。从种类上看,以禾本科、壳斗科、榆科、桑科、荨麻科、豆科、大戟科居多。主要的乔木种类有华东椴、黄山松、樟、野桐、响叶杨、铁冬青、油桐、糙叶树、朴树等;竹类和棕榈类有毛竹、台湾桂竹、淡竹、棕榈等;灌木和亚灌木有宜昌荚蒾、条叶榕、台湾榕、扁担杆、北江荛花、细叶水团花等;木质藤本有蔓胡颓子、毛花猕猴桃、灰毡毛忍冬、紫花络石、翼梗五味子、窄叶南蛇藤、木防己等;草本有水蛇麻、五节芒、山姜、芦苇、珠芽艾麻、狗尾草、狼尾草等。

（2）油脂植物

油脂植物的果实、种子或块根中含有丰富的油脂,可食用或供工业用。

临海市油脂植物有 243 种,主要集中在松科、榆科、木兰科、樟科、芸香科、卫矛科、大戟科、漆树科、山茶科、唇形科、菊科等科。常见的山胡椒、南五味子、华南桂、苍耳、白背叶、乌桕等乔灌木的种子含油量可为 30% 以上;益母草、紫苏、苍耳、鬼针草等草本植物的种子含油量在 20% ~40% ;马尾松、黄山松、刺柏等裸子植物的种子含油量也可为 20% 以上。

（3）色素植物

色素作为染料广泛用于纺织、印染、橡胶、塑料、食品、饮料等行业。在相当长的一段时间里,化工合成染料由于原料易得,生产成本低廉,品种众多,所以一直占据主要位置。近年来,大量的研究证明,很多合成染料有致癌作用,对人体危害巨大。植物色素是天然染料的来源,如叶绿素、花青素、类胡萝卜素等,具有许多优点,不污染环境,对人体无害,属安全食用色素。

临海市重要的色素植物有 145 种,如葛芝、柘、杨梅、金樱子、江南越橘、短尾越橘、栀子、野菊、东南葡萄、刺葡萄、网脉葡萄、中华石楠、光叶石楠、荚蒾、茶荚蒾、东南茜草等。其中,葛芝、柘、金樱子、杨梅、中华石楠、光叶石楠、荚蒾等果均具有红色素,可作食用色素;江南越橘、短尾越橘等植物果中含蔓越橘色素,可用于饮料、酒的着色;栀子的果、野菊的花、黄芩属植物的根都含有黄色素,是天然的食品添加剂;葡萄属植物的果含有葡萄紫色素;东南茜草的根含有黄红色素,用铝盐作媒染剂可染成红色。

（4）芳香植物

芳香植物是一类含有挥发性香味物质的植物。这类香味物质常以"油"的状态存在于植物的油腺或腺毛中,通称为芳香油。有的芳香油存在于芳香植物的各个部分,也有只存在于植物的茎皮、枝、叶、花、果、种子及根部的,通常含量较低,常在1%以下。

临海市重要的芳香植物有187种,主要集中在樟科、芸香科、伞形科、唇形科、百合科、菊科等。常见的种类有长圆叶艾纳香、蕙兰、丁香杜鹃、柏木、小窃衣、杠香藤、三角叶风毛菊、香槐、牡蒿、银钟花、襄荷、隔山香、对萼猕猴桃、小果蔷薇、樟、蜡瓣花、福参、卷丹、茵芋、三脉紫菀、杏香兔儿风、红足蒿、野百合、竹叶花椒、山姜、红楠、臭辣吴萸、异叶茴芹、云锦杜鹃、白苞芹、毛山鸡椒、栓叶安息香、紫花前胡、显脉香茶菜、水栀子、中华猕猴桃、香薷等。

芳香植物具有多种多样的用途。如芳香植物挥发出来的苯甲醇、芳樟醇等物质,能杀死有害微生物,净化空气;芳香类物质能通过人的嗅觉通路作用于中枢神经系统,调控和平衡自主神经系统,从而产生镇定、放松、愉悦或高兴的效果;芳香植物能增加空气中的负氧离子含量。

（5）鞣质植物

鞣质也称单宁,广泛存在于植物中,是植物细胞液的主要组成成分之一。鞣质在印染、纺织、制革等工业中应用广泛。种子植物普遍含有鞣质,不少科、属的植物鞣质含量丰富,是提取鞣质的重要原料来源。

临海市鞣质植物有125种,主要有短梗冬青、铁冬青、齿叶冬青、地榆、乌冈栎、杨梅叶蚊母树、笔罗子、厚皮香、矮冬青、山荸薢、毡毛泡花树、甜槠、小果蔷薇、刺楸、多脉鹅耳枥、全缘叶栾树、小果冬青、薯莨、纤细薯蓣、野山楂、化香树、穿龙薯蓣、细柄薯蓣、油桐等。

（6）树脂植物

树脂是植物体内含有的一种胶体状物质,是由高分子化合物组成的复杂混合物。它常存在于植物的根、茎、叶、果实、种子的树脂细胞、树脂道、乳管、瘤及其他储藏器官中,在经受人为或自然机械损伤后,便会从体内分泌出来。树脂广泛用于造纸、纺织、酿造、制漆、皮革、橡胶、医药、食品工业等,是一种重要的植物资源。

临海市树脂植物主要有山槐、野蔷薇、黄山松、刨花润楠、紫花络石、黄丹木姜子、枫香树、缺萼枫香树、薄叶润楠、灰叶安息香、马尾松等38种。其中,马尾松、黄山松是我国采脂、提炼松香和松节油的重要树种之一;薄叶润楠树皮含树脂约20.41%,可提取楠木脂;枫香树、缺萼枫香树的树干含枫香树脂、类苏合香脂,可代替苏合香用;紫花络石藤枝含树脂约8.6%,茎皮含树脂约21.1%,叶含树脂约13.8%。

第五章　资源的保护与开发利用

20 世纪至今是人类社会发展最快的时期,同时也发生了全球人口膨胀、粮食短缺、能源消耗、资源枯竭、环境退化、生态平衡失调等危机。这些危机的发生,归根结底,无一不与植物资源的合理开发和保护有着密切的联系。

植物资源是人类发展中不可缺少的重要资源。植物作为生态系统的主体,对改善生态环境、维持生态平衡起着重要的作用。植物资源能够按物种自身的繁育特点和生长速率源源不断地进行自我更新和繁殖扩大,成为取之不尽、用之不竭的自然资源。植物资源虽然具有再生性的特点,但是如果利用过度,将导致资源的不可逆消耗,因此只有正确处理野生植物资源保护与合理利用的关系,才能实现野生植物资源的可持续发展。野生植物资源的开发利用必须围绕"保护"这个主题,即通过科学合理利用植物资源,带动地区的经济发展,提高居民的生活水平,从而降低保护压力。根据临海市植物资源现状,对资源的利用提出以下几点建议。

(1)以保护为基础,科学利用

保护好资源是开发利用的根本,而永续利用是资源保护的目的。在保护好资源的前提下,科学合理地进行开发,方能达到自然资源充分为人类服务的目的。在开发利用的过程中,建议尽量少或不直接采挖野生植物资源,可通过采集种子或插条,就近选择适宜的立地条件进行人工繁殖,如在括苍山、大雷山等地建立乡土树种繁育基地。

资源植物常常具有多种用途。如野百合,既可供观赏,又可供食用和药用;乌冈栎既可作为园林观赏植物,也是能源植物和淀粉植物。因此,充分挖掘和利用资源植物的用途广泛的特点,提高资源植物开发利用的效益和减少资源植物的消耗。

(2)建立繁育基地,形成特色产业

开发植物资源不能追求数量,必须因地制宜,综合规划,力求高质量并创出特色,从而达到经济效益、社会效益和生态效益的统一,实现可持续发展。选择合适的位置建立珍贵树木、野菜、乡土树种等繁育基地,以繁育珍贵苗木和野菜为主要特色。栽培时尽量采用生态立体配置,乔灌草搭配,以充分有效利用土地资源;种类可选择口感优良的或有地方特色的植物,如狭叶双花六道木、华顶杜鹃、伯乐树、香果树、三脉紫菀、大青等。开发利用应当以市场为导向,只有资源与市场紧密结合,资源优势才能转化为经济优势。因此,应经常进行珍贵树木、野菜的国内外市场的调查,并建立预测数据库,对市场的需求进行科学预测,指导资源的开发利用。

（3）积极宣传，普及资源保护意识

各级各部门要充分利用各种宣传工具和宣传形式，大力宣传保护野生植物的重要性和紧迫性，使广大干部群众真正懂得林业与国家、林业与环境、林业与农业的密切关系，理解野生植物保护工作的意义和目的，明确任务、目标和各自承担的责任。树立信心，克服畏难情绪，从人民整体利益出发，从改善生态环境、保护珍稀物种、发展林业经济的战略高度出发，真正下决心把保护工作抓紧抓好。

（4）建立野生植物保护信息系统

在开展野生植物资源调查的基础上，建立濒危物种信息系统、遗传资源信息系统、生态信息系统、分类标本收藏信息系统。以地理信息系统（GIS）数据为基础，建立物种、生境、生态系统和景观状况等相关基础数据与图像数据库，为野生植物资源的保护和开发利用提供决策信息，实现保护与开发的动态管理。

第六章　植物多样性编目

本编目中,蕨类植物的科按秦仁昌(1978 年)系统排序,裸子植物的科按郑万均(1975 年)系统排序,被子植物的科按恩格勒(1964 年)系统排序,少数类群按最新研究成果稍作调整;属、种按拉丁字母顺序排列。

第一节　蕨类植物 PTERIDOPHYTA

(一)石杉科 Huperziaceae

石杉属 *Huperzia* Bernh.

长柄石杉(蛇足草) *Huperzia javanica* (Sw.) C. Y. Yang

多年生草本。生于阔叶林或针阔叶混交林下阴湿之处。产于括苍。

四川石杉 *Huperzia sutchueniana* (Herter) Ching

多年生草本。生于海拔 785m 的山坡灌草丛中或苔藓层中。产于括苍。

(二)石松科 Lycopodiaceae

石松属 *Lycopodium* L.

石松 *Lycopodium japonicum* Thunb.

草质藤本。生于灌草丛中或林间湿地。产于江南、括苍。

垂穗石松属 *Palhinhaea* Franco et Vasc. ex Vasc. et Franco.

垂穗石松(灯笼草) *Palhinhaea cernua* (L.) Franco et Vasc.

多年生草本。生于海拔 411m 以下的林下、林缘及灌丛下阴湿处或岩石上。产于古城、大洋、江南、邵家渡、汛桥、小芝、杜桥、尤溪、括苍。

(三)卷柏科 Selaginellaceae

卷柏属 *Selaginella* P. Beauv.

布朗卷柏 *Selaginella braunii* Baker

多年生草本。生于低山的石缝中。产于江南、邵家渡、括苍、白水洋。

深绿卷柏 *Selaginella doederleinii* Hieron.

多年生草本。生于海拔 10～264m 的低山林缘阴湿地或灌丛中。产于古城、江南、邵家渡、汛桥、小芝、杜桥、尤溪、沿江、括苍。

异穗卷柏 *Selaginella heterostachys* Baker

多年生草本。生于低海拔山坡林下岩石及湿地。产于大田、邵家渡、小芝。

江南卷柏 *Selaginella moellendorffii* Hieron.

多年生草本。生于海拔 0～521m 的林下、林缘、农田边。产于古城、大洋、江南、大田、邵家渡、汛桥、东塍、小芝、桃渚、杜桥、涌泉、尤溪、河头、沿江、括苍、永丰、汇溪、白水洋。

伏地卷柏 *Selaginella nipponica* Franch. et Sav.

多年生草本。生于海拔 0～264m 的

草地或岩石上。产于古城、大洋、江南、大田、邵家渡、汛桥、小芝、杜桥、涌泉、尤溪、河头、括苍、汇溪、白水洋。

卷柏（还魂草） *Selaginella tamariscina* (P. Beauv.) Spring

多年生草本。生于海拔 36～312m 的岩石上。产于江南、邵家渡、桃渚、上盘、沿江、括苍、白水洋。

翠云草 *Selaginella uncinata* (Desv. ex Poir.) Spring

多年生草本。生于海拔 14～358m 的林下、农田、林缘。产于古城、大洋、江南、大田、邵家渡、汛桥、涌泉、尤溪、沿江、括苍、永丰。

（四）木贼科 Equisetaceae

问荆属 *Equisetum* L.

问荆 *Equisetum arvense* L.

多年生草本。生于湿润的田边、沙地。产于江南。

木贼属 *Hippochaete* Milde

节节草 *Hippochaete ramosissimum* Desf.

多年生草本。生于海拔 0～65m 的湿润的田边、沙地、山涧。产于古城、汛桥、桃渚、涌泉、河头、括苍、永丰、白水洋。

笔管草 *Hippochaete ramosissimum* Desf. subsp. *debile* (Roxb. ex Vauch.) Hauke

多年生草本。生于林缘、草地。产于邵家渡。

（五）松叶蕨科 Psilotaceae

松叶蕨属 *Psilotum* Sw.

松叶蕨（松叶兰） *Psilotum nudum* (L.) Beauv.

多年生草本。生于海拔 114m 的岩石缝隙或毛竹林下。产于大田。

（六）阴地蕨科 Botrychiaceae

阴地蕨属 *Botrychium* Sw.

阴地蕨 *Botrychium ternatum* (Thunb.) Sw.

多年生草本。生于林下阴湿处。产于邵家渡。

（七）瓶尔小草科 Ophioglossaceae

瓶尔小草属 *Ophioglossum* L.

瓶尔小草 *Ophioglossum vulgatum* L.

陆生小型草本。生于海拔 389m 的林下、林缘。产于白水洋。

（八）紫萁科 Osmundaceae

紫萁属 *Osmunda* L.

紫萁 *Osmunda japonica* Thunb.

多年生草本。生于海拔 1200m 以下的林缘或林下阴湿处。产于古城、大洋、江南、大田、邵家渡、汛桥、东塍、小芝、桃渚、杜桥、涌泉、尤溪、河头、括苍、汇溪、白水洋。

（九）瘤足蕨科 Plagiogyriaceae

瘤足蕨属 *Plagiogyria* Mett.

瘤足蕨 *Plagiogyria adnata* (Bl.) Bedd.

多年生草本。生于海拔 264m 的林下。产于尤溪。

倒叶瘤足蕨 *Plagiogyria dunnii* Copel.

多年生草本。生于林下、林缘。产于括苍。

（十）里白科 Gleicheniaceae

芒萁属 *Dicranopteris* Bernh.

芒萁 *Dicranopteris dichotoma* (Thunb.) Bernh. [*D. pedata* (Houtt.) Nakaike]

多年生草本。生于海拔 5～512m 的酸性土的荒坡或林缘。产于古城、大洋、江南、大田、邵家渡、汛桥、东塍、小芝、桃渚、上盘、杜桥、涌泉、尤溪、河头、沿江、括苍、永丰、汇溪、白水洋。

里白属 *Hicriopteris* Presl

里白 *Hicriopteris glauca*（Thunb. ex Houtt.）Ching

多年生草本。生于海拔 57~494m 的林下或灌丛中。产于古城、大洋、江南、大田、邵家渡、汛桥、杜桥、涌泉、尤溪、沿江、括苍、白水洋。

（十一）海金沙科 Lygodiaceae

海金沙属 *Lygodium* Sw.

海金沙 *Lygodium japonicum*（Thunb.）Sw.

草质藤本。生于海拔 0~448m 的林下、林缘、田边、灌丛中。产于古城、大洋、江南、大田、邵家渡、汛桥、东塍、小芝、桃渚、上盘、杜桥、涌泉、尤溪、河头、沿江、括苍、永丰、汇溪、白水洋。

（十二）膜蕨科 Hymenophyllaceae

瓶蕨属 *Vandenboschia* Cop.

瓶蕨 *Vandenboschia auriculata*（Blume）Copel.［*Trichomanes auriculatum* Bl.］

陆生小型草本。生于海拔353m的溪边树干或阴湿岩石上。产于古城。

管苞瓶蕨 *Vandenboschia kalamocarpa*（Bedd.）Ching

陆生小型草本。生于阴湿岩石上。产于尤溪、括苍。

（十三）碗蕨科 Dennstaedtiaceae

碗蕨属 *Dennstaedtia* Bernh.

细毛碗蕨 *Dennstaedtia pilosella*（Hook.）Ching

多年生草本。生于山地阴处石缝中或林缘。产于括苍。

光叶碗蕨 *Dennstaedtia scabra*（Wall.）Moore var. *glabrescens*（Ching）C. Chr.

多年生草本。生于海拔92~1095m的林下阴湿处或溪边。产于大洋、江南、邵家渡、东塍、白水洋。

鳞盖蕨属 *Microlepia* Presl

二回鳞盖蕨 *Microlepia marginata*（Houtt.）C. Chr. var. *bipinnata* Makino

多年生草本。生于海拔 85~194m 的溪边林下。产于大洋、江南、邵家渡、小芝。

边缘鳞盖蕨 *Microlepia marginata*（Panz.）C. Chr.

多年生草本。生于海拔 4~918m 的林下、林缘。产于古城、大洋、江南、大田、邵家渡、汛桥、东塍、小芝、桃渚、杜桥、涌泉、尤溪、沿江、括苍、汇溪、白水洋。

粗毛鳞盖蕨 *Microlepia strigosa*（Thunb.）C. Presl

多年生草本。生于海拔 24~355m 的林下或灌丛中。产于邵家渡、杜桥、涌泉、白水洋。

（十四）鳞始蕨科 Lindsaeaceae

鳞始蕨属 *Lindsaea* Dry.

团叶鳞始蕨 *Lindsaea orbiculata*（Lam.）Mett. ex Kuhn

多年生草本。生于海拔118m的林缘。产于古城、邵家渡、括苍。

乌蕨属 *Stenoloma* Fée

乌蕨 *Stenoloma chusanum* Ching［*Sphenomeris chinensis*（L.）Maxon］

多年生草本。生于海拔 0~512m 的林下或灌丛阴湿地。产于古城、大洋、江南、大田、邵家渡、汛桥、东塍、小芝、桃渚、上盘、杜桥、涌泉、尤溪、河头、沿江、括苍、

第六章　植物多样性编目

永丰、汇溪、白水洋。

（十五）姬蕨科 Hypolepidaceae

姬蕨属 Hypolepis Bernh.

姬蕨 Hypolepis punctata（Thunb.）Mett.

多年生草本。生于海拔 4 ~ 425m 的溪边或林下阴湿处。产于古城、大洋、江南、大田、邵家渡、汛桥、桃渚、杜桥、涌泉、尤溪、河头、沿江、括苍、永丰、白水洋。

（十六）蕨科 Pteridiaceae

蕨属 Pteridium Scopoli

蕨 Pteridium aquilinum（L.）Kuhn var. latiusculum（Desv.）Underw. ex Heller

多年生草本。生于海拔 5 ~ 487m 的荒坡或林缘。产于古城、大洋、江南、大田、邵家渡、汛桥、东塍、小芝、桃渚、上盘、杜桥、涌泉、尤溪、河头、沿江、括苍、永丰、汇溪、白水洋。

（十七）凤尾蕨科 Pteridaceae

凤尾蕨属 Pteris L.

凤尾蕨 Pteris cretica L. var. nervosa（Thunb.）Ching et S. H. Wu

多年生草本。生于海拔 3m 的林下、林缘、石隙。产于上盘。

刺齿半边旗（刺齿凤尾蕨）Pteris dispar Kze.

多年生草本。生于海拔 0 ~ 408m 的林下、林缘、石隙。产于古城、大洋、江南、大田、邵家渡、汛桥、东塍、小芝、桃渚、上盘、杜桥、涌泉、尤溪、河头、括苍、永丰、汇溪、白水洋。

剑叶凤尾蕨 Pteris ensiformis Burm.

多年生草本。生于海拔 26 ~ 146m 的林下或潮湿的酸性土壤上。产于古城、江南、大田、杜桥、涌泉、尤溪、白水洋。

井栏边草（凤尾草）Pteris multifida Poir.

多年生草本。生于海拔 6 ~ 425m 的墙壁、井边或林下。产于古城、大洋、江南、大田、邵家渡、汛桥、东塍、小芝、桃渚、上盘、杜桥、涌泉、尤溪、河头、沿江、括苍、永丰、汇溪、白水洋。

蜈蚣草 Pteris vittata L.

多年生草本。生于海拔 4 ~ 245m 的钙质土或石灰岩上，也生于林下。产于古城、大洋、大田、邵家渡、汛桥、涌泉、沿江、括苍、白水洋。

（十八）中国蕨科 Sinopteridaceae

粉背蕨属 Aleuritopteris Fée

银粉背蕨 Aleuritopteris argentea（S. G. Gmel.）Fée

多年生草本。生于海拔 16m 的墙缝中。产于江南。

碎米蕨属 Cheilosoria Trev.

毛轴碎米蕨 Cheilosoria chusana（Hook.）Ching et K. H. Shing

多年生草本。生于海拔 0 ~ 296m 的路边、林下或溪边石缝中。产于江南、大田、汛桥、河头、括苍、白水洋。

薄叶碎米蕨 Cheilosoria tenuifolia（Burm. f.）Trev.

多年生草本。生于海拔 147m 的草丛中。产于白水洋。

金粉蕨属 Onychium Kaulf.

野雉尾金粉蕨（野雉尾）Onychium japonicum（Thunb.）Kunze

多年生草本。生于海拔 0 ~ 353m 的林缘、路边山坡。产于古城、大洋、江南、大田、邵家渡、汛桥、上盘、杜桥、涌泉、河头、沿江、括苍、汇溪、白水洋。

（十九）铁线蕨科 Adiantaceae

铁线蕨属 Adiantum L.

扇叶铁线蕨 Adiantum flabellulatum L.

多年生草本。生于海拔 0 ~ 188m 的疏林下或林缘灌丛中。产于古城、大洋、江南、邵家渡、上盘、括苍、汇溪、白水洋。

（二十）水蕨科 Parkeriaceae

水蕨属 Ceratopteris Brongn.

水蕨 Ceratopteris thalictroides (L.) Brongn.

多年生草本。生于海拔 14 ~ 111m 的田边淤泥中。产于古城、大田。

（二十一）裸子蕨科 Hemionitidaceae

凤丫蕨属 Coniogramme Fée

南岳凤丫蕨 Coniogramme centrochinensis Ching

多年生草本。生于海拔 175m 的林下阴湿处。产于江南。

凤丫蕨 Coniogramme japonica (Thunb.) Diels

多年生草本。生于海拔 76 ~ 364m 的林下阴湿处。产于古城、大洋、大田、邵家渡、汛桥、小芝、杜桥、涌泉、括苍、白水洋。

（二十二）书带蕨科 Vittariaceae

书带蕨属 Vittaria Sm.

书带蕨 Vittaria flexuosa Fée

多年生草本。生于树干或岩石上。产于括苍。

（二十三）蹄盖蕨科 Athyriaceae

短肠蕨属 Allantodia R. Br. emend. Ching

江南短肠蕨 Allantodia metteniana (Miq.) Ching

多年生草本。生于海拔 150 ~ 242m 的山谷林下阴湿处。产于江南、邵家渡。

鳞柄短肠蕨 Allantodia squamigera (Mett.) Ching

多年生草本。生于山地阔叶林下。产于括苍。

淡绿短肠蕨 Allantodia virescens (Kunze) Ching

多年生草本。生于海拔 62 ~ 287m 的山地林下。产于杜桥、尤溪。

耳羽短肠蕨 Allantodia wichurae (Mett.) Ching

多年生草本。生于溪边岩石旁。产于大田。

安蕨属 Anisocampium Presl

华东安蕨 Anisocampium sheareri (Baker) Ching

多年生草本。生于海拔 100 ~ 200m 的林下溪边或阴湿山坡上。产于大洋、邵家渡、尤溪、括苍。

假蹄盖蕨属 Athyriopsis Ching

钝羽假蹄盖蕨 Athyriopsis conilii (Franch. et Sav.) Ching

多年生草本。生于海拔 26 ~ 152m 的林下阴湿处。产于大田、涌泉、尤溪、永丰、白水洋。

假蹄盖蕨 Athyriopsis japonica (Thunb.) Ching

多年生草本。生于海拔 0 ~ 364m 的林下湿地及山谷溪沟边。产于古城、大洋、江南、大田、邵家渡、东塍、小芝、杜桥、涌泉、尤溪、河头、沿江、括苍、永丰、白水洋。

毛轴假蹄盖蕨 Athyriopsis petersenii (Kunze) Ching

多年生草本。生于海拔 4 ~ 373m 的林下阴湿处、沟边。产于古城、大洋、江南、大田、邵家渡、汛桥、东塍、小芝、涌泉、尤溪、括苍、永丰、汇溪、白水洋。

蹄盖蕨属 *Athyrium* Roth

长江蹄盖蕨 *Athyrium iseanum* Rosenst.

多年生草本。生于海拔 364m 的林下阴湿处。产于大洋、括苍。

华东蹄盖蕨 *Athyrium niponicum*（Mett.）Hance

多年生草本。生于海拔 26～918m 的林下、溪边、阴湿山坡、灌丛或草地上。产于大洋、江南、大田、汛桥、沿江、括苍。

菜蕨属 *Callipteris* Bory

菜蕨 *Callipteris esculenta*（Retz.）J. Sm. ex T. Moore et Houlston

多年生草本。生于海拔 35～125m 的湿地或沟边。产于大洋、大田、邵家渡、汛桥、河头、白水洋。

介蕨属 *Dryoathyrium* Ching

华中介蕨 *Dryoathyrium okuboanum*（Makino）Ching

多年生草本。生于山谷林下、林缘或沟边阴湿处。产于大田。

假双盖蕨属 *Triblemma*（J. Sm.）Ching

假双盖蕨（单叶双盖蕨）*Triblemma lancea*（Thunb.）Ching

多年生草本。生于海拔 0～448m 的林缘或林下溪沟边。产于古城、大洋、江南、大田、邵家渡、汛桥、东塍、小芝、杜桥、涌泉、尤溪、沿江、括苍、永丰、白水洋。

（二十四）金星蕨科 **Thelypteridaceae**

毛蕨属 *Cyclosorus* Link

渐尖毛蕨 *Cyclosorus acuminatus*（Houtt.）Nakai

多年生草本。生于海拔 1000m 以下的林下、路边。产于古城、大洋、江南、大田、邵家渡、汛桥、东塍、小芝、上盘、杜桥、涌泉、尤溪、河头、括苍、永丰、汇溪、白水洋。

干旱毛蕨 *Cyclosorus aridus*（Don）Tagawa

多年生草本。生于沟边林下。产于江南。

细柄毛蕨 *Cyclosorus kuliangensis*（Ching）Shing [*C. acuminatus* Nakai var. *kuliangensis* Ching]

多年生草本。生于林下阴湿处。产于永丰。

华南毛蕨 *Cyclosorus parasiticus*（L.）Farwell.

多年生草本。生于海拔 6～142m 的林下、林缘。产于大洋、江南、大田、邵家渡、汛桥、上盘、杜桥、涌泉、括苍、白水洋。

短尖毛蕨 *Cyclosorus subacutus* Ching

多年生草本。生于海拔 23～93m 的林下。产于尤溪、永丰。

圣蕨属 *Dictyocline* T. Moore

羽裂圣蕨 *Dictyocline wilfordii*（HK.）J. Sm.

多年生草本。生于林下阴湿处。产于江南。

茯蕨属 *Leptogramma* J. Sm.

小叶茯蕨 *Leptogramma tottoides* H. Itô

多年生草本。生于海拔 658m 的林下阴湿处或石隙。产于白水洋。

针毛蕨属 *Macrothelypteris*（H. Itô）Ching

雅致针毛蕨 *Macrothelypteris oligophlebia*（Bak.）Ching var. *elegans*（Koidz.）Ching

多年生草本。生于海拔 25～422m 的沟边或林缘阴湿处。产于古城、大洋、江南、大田、邵家渡、汛桥、小芝、尤溪、河头、沿江、括苍、白水洋。

普通针毛蕨 *Macrothelypteris torresiana* (Gaud.) Ching

多年生草本。生于海拔93m的林下阴湿处或林缘。产于永丰。

翠绿针毛蕨 *Macrothelypteris viridifrons* (Tagawa) Ching

多年生草本。生于林下阴湿处。产于括苍。

凸轴蕨属 *Metathelypteris*（H. Itô）Ching

林下凸轴蕨 *Metathelypteris hattorii*（H. Itô）Ching

多年生草本。生于山谷林下。产于江南、大田、括苍。

疏羽凸轴蕨 *Metathelypteris laxa*（Franch. et Sav.）Ching

多年生草本。生于海拔14~817m的林下。产于大洋、大田、邵家渡、汛桥、东塍、杜桥、尤溪、沿江、括苍、永丰、汇溪。

武夷山凸轴蕨 *Metathelypteris wuyishanensis* Ching

多年生草本。生于海拔4~422m的灌丛或岩隙阴湿处。产于古城、大洋、江南、大田、东塍、涌泉、白水洋。

金星蕨属 *Parathelypteris*（H. Itô）Ching

狭叶金星蕨 *Parathelypteris angustifrons*（Miq.）Ching

多年生草本。生于海拔176m的林下、草丛或水边。产于邵家渡。

中华金星蕨 *Parathelypteris chinensis* Ching ex Shing

多年生草本。生于海拔363~918m的疏林阴湿处。产于河头、括苍。

金星蕨 *Parathelypteris glanduligera*（Kze.）Ching

多年生草本。生于海拔13~807m的

疏林下。产于古城、大洋、江南、大田、邵家渡、汛桥、东塍、小芝、杜桥、涌泉、尤溪、河头、沿江、括苍、永丰、汇溪、白水洋。

光脚金星蕨（日本金星蕨） *Parathelypteris japonica*（Bak.）Ching

多年生草本。生于海拔159~186m的林下阴湿处或林缘。产于大洋、大田、邵家渡、括苍。

卵果蕨属 *Phegopteris* Fée

延羽卵果蕨 *Phegopteris decursive-pinnata*（van Hall）Fée

多年生草本。生于海拔0~364m的路边、林下。产于大洋、江南、大田、邵家渡、汛桥、东塍、涌泉、尤溪、河头、沿江、括苍、白水洋。

假毛蕨属 *Pseudocyclosorus* Ching

镰片假毛蕨 *Pseudocyclosorus falcilobus*（Hook.）Ching

多年生草本。生于海拔49~287m的沟边。产于邵家渡。

（二十五）铁角蕨科 Aspleniaceae

铁角蕨属 *Asplenium* L.

华南铁角蕨 *Asplenium austro-chinense* Ching

多年生草本。生于海拔297m的墙壁上。产于涌泉、括苍。

虎尾铁角蕨 *Asplenium incisum* Thunb.

多年生草本。生于海拔4~398m的林下或墙壁上。产于大洋、江南、大田、邵家渡、汛桥、涌泉、河头、括苍、白水洋。

倒挂铁角蕨 *Asplenium normale* Don

多年生草本。生于山坡和林缘阴湿处。产于古城。

北京铁角蕨 *Asplenium pekinense* Hance

多年生草本。生于海拔1~353m的

石缝、墙壁中。产于古城、江南、邵家渡、汛桥、河头、括苍、汇溪。

长生铁角蕨 *Asplenium prolongatum* Hook.

多年生草本。生于海拔165～290m的林中树干上或潮湿岩石上。产于大洋、邵家渡。

华中铁角蕨 *Asplenium sarelii* Hook.

多年生草本。生于潮湿岩壁上或石缝中。产于括苍。

铁角蕨 *Asplenium trichomanes* L.

多年生草本。生于海拔404m以下的林下岩石、墙壁或石缝中。产于杜桥、括苍。

狭翅铁角蕨 *Asplenium wrightii* Eaton ex Hook.

多年生草本。生于林下溪边岩石上。产于括苍山。

（二十六）乌毛蕨科 Blechnaceae

狗脊属 *Woodwardia* Smith

狗脊 *Woodwardia japonica* (L. f.) Sm.

多年生草本。生于海拔10～909m的林下、林缘。产于古城、大洋、江南、大田、邵家渡、汛桥、东塍、小芝、杜桥、涌泉、尤溪、河头、沿江、括苍、永丰、汇溪、白水洋。

珠芽狗脊（胎生狗脊） *Woodwardia prolifera* Hook. et Arn. [*W. prolifera* var. *formosana* (Rosenst.) Ching]

多年生草本。生于海拔4～448m的山坡疏林阴湿处或沟谷。产于大洋、江南、大田、邵家渡、汛桥、小芝、杜桥、涌泉、尤溪、沿江、括苍、汇溪、白水洋。

（二十七）鳞毛蕨科 Dryopteridaceae

复叶耳蕨属 *Arachniodes* Blume

中华复叶耳蕨 *Arachniodes chinensis* (Rosenst.) Ching

多年生草本。生于海拔141m的林下、林缘。产于江南。

刺头复叶耳蕨 *Arachniodes exilis* (Hance) Ching

多年生草本。生于海拔26～205m的林下或岩隙。产于邵家渡、汛桥、杜桥、涌泉、尤溪。

华南复叶耳蕨 *Arachniodes festina* (Hance) Ching

多年生草本。生于海拔约126m的沟边或常绿阔叶林下。产于涌泉。

假长尾复叶耳蕨 *Arachniodes pseudo-simplicior* Ching

多年生草本。生于海拔约180m的落叶林下。产于邵家渡。

斜方复叶耳蕨 *Arachniodes rhomboidea* (Schott) Ching

多年生草本。生于海拔142～364m的林下。产于大洋、大田、汛桥、杜桥、尤溪、括苍、白水洋。

异羽复叶耳蕨 *Arachniodes simplicior* (Makino) Ohwi

多年生草本。生于海拔27～189m的林下。产于江南、大田、邵家渡、汛桥。

美丽复叶耳蕨 *Arachniodes speciosa* (D. Don) Ching

多年生草本。生于林下。产于大洋、涌泉。

天童复叶耳蕨 *Arachniodes tiendongensis* Ching et C. F. Zhang

多年生草本。生于林下。产于江南。

鞭叶蕨属 *Cyrtomidictyum* Ching

阔镰鞭叶蕨 *Cyrtomidictyum faberi* (Baker) Ching

多年生草本。生于海拔110m左右的林下、沟边。产于大田、邵家渡、尤溪。

鞭叶蕨 *Cyrtomidictyum lepidocaulon* (Hook.) Ching

多年生草本。生于海拔约126m的林下或林缘。产于汇溪。

贯众属 *Cyrtomium* Presl

镰羽贯众 *Cyrtomium balansae* (H. Christ) C. Chr.

多年生草本。生于海拔109～290m的林下。产于古城、大洋、江南、邵家渡、尤溪、括苍。

全缘贯众 *Cyrtomium falcatum* (L. f.) C. Presl

多年生草本。生于林下阴湿处或沟边。产于上盘。

贯众 *Cyrtomium fortunei* J. Sm.

多年生草本。生于海拔1～353m的岩缝或林下。产于古城、大洋、江南、大田、邵家渡、汛桥、杜桥、涌泉、尤溪、括苍、白水洋。

鳞毛蕨属 *Dryopteris* Adanson

阔鳞鳞毛蕨 *Dryopteris championii* (Benth.) C. Chr. ex Ching

多年生草本。生于海拔4～448m的林下。产于古城、大洋、江南、大田、邵家渡、汛桥、东塍、小芝、杜桥、涌泉、尤溪、沿江、括苍、永丰、汇溪、白水洋。

杪椤鳞毛蕨 *Dryopteris cycadina* (Franch. et Sav.) C. Chr.

多年生草本。生于林下。产于汛桥。

迷人鳞毛蕨 *Dryopteris decipiens* (Hook.) Kuntze

多年生草本。生于海拔154～494m的林下。产于江南、大田、汛桥、小芝、尤溪、括苍。

深裂迷人鳞毛蕨 *Dryopteris decipiens* (Hook.) Kuntze var. *diplazioides* (H. Christ) Ching

多年生草本。生于海拔67～411m的

林下。产于古城、大洋、江南、邵家渡、杜桥、涌泉、尤溪、河头、沿江、白水洋。

德化鳞毛蕨 *Dryopteris dehuaensis* Ching et K. H. Shing

多年生草本。生于海拔119～252m的林下。产于大洋、邵家渡、尤溪。

红盖鳞毛蕨 *Dryopteris erythrosora* (D. C. Eaton) Kuntze

多年生草本。生于海拔1～448m的林下。产于古城、大洋、江南、大田、汛桥、东塍、上盘、杜桥、尤溪、河头、沿江、括苍、汇溪。

黑足鳞毛蕨 *Dryopteris fuscipes* C. Chr.

多年生草本。生于海拔10～909m的林下。产于古城、大洋、江南、大田、邵家渡、汛桥、东塍、小芝、上盘、杜桥、涌泉、尤溪、河头、括苍、永丰、汇溪、白水洋。

裸果鳞毛蕨 *Dryopteris gymnosora* (Makino) C. Chr.

多年生草本。生于海拔约264m的林下。产于古城、尤溪。

假异鳞毛蕨 *Dryopteris immixta* Ching

多年生草本。生于海拔约45m的林下。产于邵家渡、桃渚、上盘、括苍。

京鹤鳞毛蕨 *Dryopteris kinkiensis* Koidz. ex Tagawa

多年生草本。生于海拔10～203m的林下。产于大洋、汛桥、杜桥、括苍、白水洋。

黑鳞远轴鳞毛蕨 *Dryopteris namegatae* (Sa. Kurata) Sa. Kurata

多年生草本。生于海拔约154m的林下。产于邵家渡。

太平鳞毛蕨 *Dryopteris pacifica* (Nakai) Tagawa

多年生草本。生于海拔42～255m的

林下。产于江南、大田、邵家渡、上盘、杜桥、尤溪、白水洋。

两色鳞毛蕨 *Dryopteris setosa* (Thunb.) Akas. [*D. bissetiana* (Bak.) C. Chr.]

多年生草本。生于林下。产于括苍。

稀羽鳞毛蕨 *Dryopteris sparsa* (D. Don) Kuntze

多年生草本。生于海拔 4～454m 的林下、林缘、沟边。产于古城、大洋、江南、大田、邵家渡、汛桥、东塍、小芝、杜桥、涌泉、尤溪、河头、沿江、括苍、永丰、汇溪、白水洋。

无柄鳞毛蕨 *Dryopteris submarginata* Rosenst.

多年生草本。生于海拔 13～142m 的林下。产于上盘、杜桥、涌泉。

同形鳞毛蕨 *Dryopteris uniformis* (Makino) Makino

多年生草本。生于海拔 258m 的常绿阔叶林下。产于江南、括苍。

变异鳞毛蕨 *Dryopteris varia* (L.) Kuntze

多年生草本。生于海拔 4～521m 的林下。产于古城、大洋、江南、大田、邵家渡、汛桥、东塍、小芝、上盘、杜桥、涌泉、尤溪、沿江、括苍、汇溪、白水洋。

耳蕨属 *Polystichum* Roth

鞭叶耳蕨 *Polystichum craspedosorum* (Maxim.) Diels

多年生草本。生于林下岩石上。产于尤溪。

黑鳞耳蕨 *Polystichum makinoi* (Tagawa) Tagawa

多年生草本。生于林下阴湿处。产于括苍。

棕鳞耳蕨 *Polystichum polyblepharum* (Roem. ex Kunze) C. Presl

多年生草本。生于海拔 364m 的林下。产于大洋、括苍。

对马耳蕨 *Polystichum tsus-simense* (Hook.) J. Sm.

多年生草本。生于阔叶林下。产于括苍。

(二十八) 三叉蕨科 Aspidiaceae

肋毛蕨属 *Ctenitis* (C. Chr.) C. Chr.

异鳞肋毛蕨 *Ctenitis heterolaena* (C. Chr.) Ching

多年生草本。生于林下阴湿处。产于桃渚、上盘。

(二十九) 肾蕨科 Nephrolepidaceae

肾蕨属 *Nephrolepis* Schott

肾蕨 *Nephrolepis auriculata* (L.) Trimen

多年生草本。生于海拔 1～72m 的田边、林缘、路边山坡。产于古城、汇溪。

(三十) 骨碎补科 Davalliaceae

阴石蕨属 *Humata* Cav.

圆盖阴石蕨 *Humata tyermanni* T. Moore

多年生草本。生于海拔 0～348m 的树干或石上。产于古城、大洋、江南、大田、邵家渡、汛桥、小芝、上盘、杜桥、涌泉、尤溪、汇溪、白水洋。

(三十一) 水龙骨科 Polypodiaceae

线蕨属 *Colysis* C. Presl

线蕨 *Colysis elliptica* (Thunb.) Ching

多年生草本。生于海拔 165～404m 的林下或溪边岩石上。产于大洋、邵家渡、杜桥。

骨牌蕨属 *Lepidogrammitis* Ching

抱石莲 *Lepidogrammitis drymoglossoides* (Baker) Ching

多年生草本。生于海拔 10～404m 的树干和岩石上。产于大洋、江南、大田、邵家渡、汛桥、杜桥、括苍、白水洋。

瓦韦属 *Lepisorus* (J. Sm.) Ching

庐山瓦韦 *Lepisorus lewissi* (Baker) Ching

多年生草本。生于海拔 468m 的树干和岩石上。产于括苍、白水洋。

瓦韦 *Lepisorus thunbergianus* (Kaulf.) Ching

多年生草本。生于树干和岩石上。产于邵家渡、桃渚、上盘、括苍。

阔叶瓦韦 *Lepisorus tosaensis* (Makino) H. Itô

多年生草本。生于海拔 1 ~ 905m 的树干和岩石上。产于古城、大洋、江南、大田、邵家渡、汛桥、小芝、上盘、涌泉、尤溪、括苍、汇溪、白水洋。

星蕨属 *Microsorum* Link

江南星蕨 *Microsorum fortunei* (T. Moore) Ching [*M. henyi* (Christ) Kuo]

多年生草本。生于海拔 10 ~ 309m 的林下溪边岩石上或树干上。产于古城、江南、大田、邵家渡、汛桥、涌泉、尤溪、括苍。

表面星蕨 *Microsorum superficiale* (Blume) Ching

多年生草本。生于海拔 101 ~ 290m 的树干或岩石上。产于古城、大洋、江南、邵家渡。

盾蕨属 *Neolepisorus* Ching

盾蕨 *Neolepisorus ovatus* Ching

多年生草本。生于海拔 10 ~ 186m 的林下阴湿处。产于大洋、大田、汛桥、尤溪、括苍。

假瘤蕨属 *Phymatopteris* Pic. Serm.

恩氏假瘤蕨 *Phymatopteris engleri* (Luerss.) Pic. Serm.

多年生草本。生于海拔 175 ~ 305m 的树干上或石上。产于江南、邵家渡、白水洋。

金鸡脚假瘤蕨 *Phymatopteris hastata* (Thunb.) Pic. Serm.

多年生草本。生于海拔 103 ~ 227m 的林缘岩石上。产于大田、邵家渡、括苍、白水洋。

屋久假瘤蕨 *Phymatopteris yakushimensis* (Makino) Pic. Serm.

多年生草本。生于林缘岩石上。产于括苍。

水龙骨属 *Polypodiodes* Ching

日本水龙骨 *Polypodiodes niponica* (Mett.) Ching

多年生草本。生于海拔 156 ~ 353m 的树干或石上。产于江南、邵家渡、尤溪、括苍、白水洋。

石韦属 *Pyrrosia* Mirbel

石韦 *Pyrrosia lingua* (Thunb.) Farw.

多年生草本。生于海拔 29 ~ 468m 的树干或岩石上。产于古城、大洋、江南、大田、邵家渡、汛桥、杜桥、涌泉、尤溪、河头、括苍、汇溪、白水洋。

庐山石韦 *Pyrrosia sheareri* (Baker) Ching

多年生草本。生于林下树干或岩石上。产于括苍山、大雷山。

(三十二) 槲蕨科 **Drynariaceae**

槲蕨属 *Drynaria* (Bory) J. Sm.

槲蕨 *Drynaria roosii* Nakaike [*D. fortunei* (Kunzc) J. Smith]

多年生草本。生于海拔 0 ~ 246m 的树干或石上,也生于墙缝。产于古城、大洋、江南、大田、邵家渡、汛桥、杜桥、涌泉、尤溪、括苍、白水洋。

(三十三) 蘋科 **Marsileaceae**

蘋属 *Marsilea* L.

蘋 *Marsilea quadrifolia* L.

多年生草本。生于水田或沟塘中。产

于邵家渡。

（三十四）槐叶蘋科 Salviniaceae

槐叶蘋属 *Salvinia* Ség.

槐叶蘋 *Salvinia natans* (L.) All.

多年生草本。生于水塘中。产于邵家渡、桃渚。

（三十五）满江红科 Azollaceae

满江红属 *Azolla* Lam.

满江红 *Azolla imbricata* (Roxb. ex Griff.) Nakai

多年生草本。生于海拔 29～107m 的水田和静水沟塘中。产于大洋、江南、大田、邵家渡、桃渚、河头。

第二节　裸子植物 GYMNOSPERMAE

（一）苏铁科 Cycadaceae

苏铁属 *Cycas* L.

苏铁（铁树） *Cycas revoluta* Thunb.

常绿乔木或灌木。江南、大田、邵家渡、桃渚、河头、沿江、括苍、汇溪等地有栽培。

（二）银杏科 Ginkgoaceae

银杏属 *Ginkgo* Linn

银杏（白果树） *Ginkgo biloba* L.

落叶乔木。古城、大田、邵家渡、汛桥、东塍、涌泉、河头、沿江、括苍等地有栽培。

（三）松科 Pinaceae

冷杉属 *Abies* Mill

日本冷杉 *Abies firma* Sieb. et Zucc.

常绿乔木。括苍有栽培。

雪松属 *Cedrus* Trew

雪松 *Cedrus deodara* (Roxb. ex Lamb.) G. Don

常绿乔木。邵家渡有栽培。

松属 *Pinus* Linn

湿地松 *Pinus elliottii* Engelm.

常绿乔木。大洋、江南、大田、桃渚、上盘、白水洋等地有栽培。

马尾松 *Pinus massoniana* Lamb.

常绿乔木。多生于海拔 700m 以下的山坡。产于古城、大洋、江南、大田、邵家渡、汛桥、东塍、小芝、桃渚、上盘、杜桥、涌泉、尤溪、河头、沿江、括苍、永丰、汇溪、白水洋。

日本五针松 *Pinus parviflora* Sieb. et Zucc.

常绿乔木。各地广泛有栽培。

火炬松 *Pinus taeda* L.

常绿乔木。上盘、括苍有栽培。

黄山松 *Pinus taiwanensis* Hayata

常绿乔木。生于海拔 817～1061m 的山坡。产于括苍、白水洋。

黑松 *Pinus thunbergii* Parl.

常绿乔木。邵家渡、桃渚、上盘等地有栽培。

金钱松属 *Pseudolarix* Gord.

金钱松 *Pseudolarix amabilis* (J. Nelson) Rehder

落叶乔木。邵家渡、括苍、白水洋等地有栽培。

（四）杉科 Taxodiaceae

柳杉属 *Cryptomeria* D. Don

柳杉 *Cryptomeria fortunei* Hooibr. ex Otto et Dietrich

常绿乔木。生于海拔 4～918m 的山

坡。产于古城、大洋、江南、大田、邵家渡、汛桥、涌泉、尤溪、括苍、汇溪、白水洋。

日本柳杉 *Cryptomeria japonica* (Thunb. ex L. f.) D. Don

常绿乔木。括苍有栽培。

杉木属 *Cunninghamia* R. Br. ex A. Rich.

杉木 *Cunninghamia lanceolata* (Lamb.) Hook.

常绿乔木。生于海拔 0 ~ 918m 的山坡。产于古城、大洋、江南、大田、邵家渡、汛桥、东塍、小芝、桃渚、上盘、杜桥、涌泉、尤溪、河头、沿江、括苍、永丰、汇溪、白水洋。

灰叶杉木 *Cunninghamia lanceolata* (Lamb.) Hook. 'Glauca'

常绿乔木。生于山坡。产于括苍山、大雷山。

水杉属 *Metasequoia* Miki ex Hu et Cheng

水杉 *Metasequoia glyptostroboides* Hu et W. C. Cheng

落叶乔木。大洋、江南、大田、邵家渡、汛桥、桃渚、上盘、涌泉、尤溪、河头、沿江、白水洋等地有栽培。

台湾杉属 *Taiwania* Hayata

秃杉 *Taiwania flousiana* Gaussen

常绿乔木。括苍有栽培。

落羽杉属 *Taxodium* Rich.

池杉 *Taxodium ascendens* Brongn.

落叶乔木。邵家渡、涌泉、括苍、永丰等地有栽培。

落羽杉 *Taxodium distichum* (L.) Rich.

落叶乔木。大田、邵家渡、小芝、涌泉等地有栽培。

（五）柏科 Cupressaceae

扁柏属 *Chamaecyparis* Spach

日本扁柏 *Chamaecyparis obtusa* (Sieb. et Zucc.) Endl.

常绿乔木。邵家渡、括苍有栽培。

日本花柏 *Chamaecyparis pisifera* (Sieb. et Zucc.) Endl.

常绿乔木。江南、邵家渡、括苍、白水洋等地有栽培。

柏木属 *Cupressus* L.

柏木 *Cupressus funebris* Endl.

常绿乔木。生于海拔 4 ~ 360m 的石灰岩山地上。产于古城、大洋、江南、大田、邵家渡、汛桥、东塍、小芝、桃渚、上盘、杜桥、涌泉、尤溪、河头、沿江、括苍、永丰、白水洋。

刺柏属 *Juniperus* L.

刺柏 *Juniperus formosana* Hayata

常绿乔木。生于海拔 96m 的林下、林缘。产于杜桥、括苍。

侧柏属 *Platycladus* Spach

侧柏 *Platycladus orientalis* (L.) Franco

常绿乔木。大洋、涌泉、沿江等地有栽培。

千头柏 *Platycladus orientalis* (L.) Franco 'Sieboldii'

常绿灌木。桃渚有栽培。

圆柏属 *Sabina* Mill.

龙柏 *Sabina chinensis* (L.) Ant. 'Kaizuca'

常绿乔木。邵家渡有栽培。

圆柏 *Sabina chinensis* (L.) Antoine

常绿乔木。大洋、邵家渡、涌泉、河头、汇溪等地有栽培。

北美圆柏 *Sabina virginiana* (L.) Antoine

常绿乔木。城区有栽培。

崖柏属 *Thuja* L.

北美香柏 *Thuja occidentalis* L.

常绿乔木。桃渚、上盘有栽培。

（六）罗汉松科 **Podocarpaceae**

罗汉松属 *Podocarpus* L. Her. ex Persoon

罗汉松 *Podocarpus macrophyllus* (Thunb.) Sweet

常绿乔木。江南、大田、邵家渡、汛桥、杜桥、涌泉、河头、沿江、括苍、永丰、汇溪、白水洋等地有栽培。

短叶罗汉松 *Podocarpus macrophyllus* (Thunb.) Sweet var. *maki* Sieb. et Zucc.

常绿乔木。古城有栽培。

竹柏 *Podocarpus nagi* (Thunb.) Zoll. et Mor. ex Zoll.

常绿乔木。大洋、小芝、白水洋等地有栽培。

百日青 *Podocarpus neriifolius* D. Don

常绿乔木。古城有栽培。

（七）三尖杉科 **Cephalotaxaceae**

三尖杉属 *Cephalotaxus* Sieb. et Zucc. ex Endl.

三尖杉 *Cephalotaxus fortunei* Hook. f.

常绿乔木。生于海拔 114~285m 的林中、林缘、山坡。产于古城、江南、大田、邵家渡、杜桥、涌泉、括苍。

粗榧 *Cephalotaxus sinensis* (Rehder et E. H. Wilson) H. L. Li

常绿乔木。生于海拔 503~940m 的林中。产于括苍、白水洋。

（八）红豆杉科 **Taxaceae**

红豆杉属 *Taxus* L.

南方红豆杉 *Taxus chinensis* (Pilg.) Rehder var. *mairei* (Lemée et H. Lév.) W. C. Cheng et L. K. Fu

常绿乔木。生于海拔 0~330m 的林中、林缘。产于古城、江南、大田、邵家渡、汛桥、东塍、小芝、涌泉、河头、沿江、括苍、白水洋。

榧树属 *Torreya* Arn.

榧树 *Torreya grandis* Fortune ex Lindl.

常绿乔木。生于海拔 400~543m 的林中。产于括苍。

香榧 *Torreya grandis* Fortune ex Lindl. 'Merrillii'

常绿乔木。邵家渡有栽培。

长叶榧树 *Torreya jackii* Chun

常绿乔木。生于林中。《台州乡土树种识别与应用》记载有分布。

第三节　被子植物 ANGIOSPERMAE

（一）木麻黄科 **Casuarinaceae**

木麻黄属 *Casuarina* Adans.

细枝木麻黄 *Casuarina cunninghamiana* Miq.

常绿乔木。桃渚、上盘有栽培。

木麻黄 *Casuarina equisetifolia* J. R. Forst. et G. Forst.

常绿乔木。桃渚、上盘、涌泉有栽培。

粗枝木麻黄 *Casuarina glauca* Sieber ex Spreng.

常绿乔木。桃渚、上盘有栽培。

（二）三白草科 Saururaceae

蕺菜属 *Houttuynia* Thunb.

蕺菜 *Houttuynia cordata* Thunb.

多年生草本。生于海拔 6 ~ 846m 的沟边、溪边或林下阴湿处。产于古城、大洋、江南、大田、邵家渡、汛桥、东塍、小芝、涌泉、尤溪、河头、沿江、括苍、永丰、汇溪、白水洋。

三白草属 *Saururus* L.

三白草 *Saururus chinensis* (Lour.) Baill.

多年生草本。生于水边。产于括苍。

（三）胡椒科 Piperaceae

草胡椒属 *Peperomia* Ruiz et Pavon

草胡椒 *Peperomia pellucida* (L.) Kunth

一年生草本。生于林下阴湿处、石缝或沟边。产于古城、江南、大田。

胡椒属 *Piper* L.

山蒟 *Piper hancei* Maxim.

木质藤本。生于海拔 4 ~ 403m 的树上或石上。产于大洋、江南、大田、邵家渡、汛桥、小芝、杜桥、涌泉、尤溪、沿江、括苍、汇溪、白水洋。

（四）金粟兰科 Chloranthaceae

金粟兰属 *Chloranthus* Swartz

丝穗金粟兰 *Chloranthus fortunei* (A. Gray) Solms

多年生草本。生于山坡、林下或草丛中。产于邵家渡、桃渚、上盘、括苍。

宽叶金粟兰 *Chloranthus henryi* Hemsl.

多年生草本。生于海拔 468m 的山坡林下阴湿处或路边灌丛中。产于邵家渡、括苍、白水洋。

及已 *Chloranthus serratus* (Thunb.) Roem. et Schult.

多年生草本。生于海拔 1029m 的林下阴湿处。产于白水洋。

金粟兰 *Chloranthus spicatus* (Thunb.) Makino

多年生草本。城区有栽培。

草珊瑚属 *Sarcandra* Gardn.

草珊瑚 *Sarcandra glabra* (Thunb.) Nakai

常绿灌木。生于海拔 106 ~ 501m 的山坡、沟谷林下阴湿处。产于大洋、江南、尤溪。

（五）杨柳科 Salicaceae

杨属 *Populus* L.

加杨 *Populus × canadensis* Moench

落叶乔木。各地广泛栽培。

响叶杨 *Populus adenopoda* Maxim.

落叶乔木。生于海拔 103m 的灌丛或林中。产于白水洋。

柳属 *Salix* L.

垂柳 *Salix babylonica* L.

落叶乔木。邵家渡、沿江有栽培。

银叶柳 *Salix chienii* W. C. Cheng

落叶小乔木。生于海拔 0 ~ 748m 的溪流两岸。产于古城、大洋、江南、大田、邵家渡、汛桥、涌泉、括苍、白水洋。

长梗柳 *Salix dunnii* C. K. Schneid.

落叶灌木或乔木。生于海拔 0 ~ 203m 的溪流旁。产于邵家渡、小芝、白水洋。

花叶杞柳 *Salix integra* Thunb. 'Hakuro Nishiki'

落叶灌木。城区有栽培。

旱柳 *Salix matsudana* Koidz.

落叶乔木。生于海拔 6 ~ 92m 的路边。产于大洋、桃渚、上盘、涌泉。

南川柳 *Salix rosthornii* Seemen

落叶乔木。生于海拔 0～194m 的溪流边。产于大洋、邵家渡、涌泉。

（六）杨梅科 Myricaceae

杨梅属 *Myrica* L.

杨梅 *Myrica rubra* (Lour.) Sieb. et Zucc.

常绿乔木。生于海拔 5～512m 的山坡或山谷林中。产于古城、大洋、江南、大田、邵家渡、汛桥、东塍、小芝、桃渚、上盘、杜桥、涌泉、尤溪、河头、沿江、括苍、永丰、汇溪、白水洋。

临海早大梅 *Myrica rubra* (Lour.) Sieb. et Zucc. 'Zaodamei'

常绿乔木。各地广泛栽培。

（七）胡桃科 Juglandaceae

青钱柳属 *Cyclocarya* Iljinsk.

青钱柳 *Cyclocarya paliurus* (Batal.) Iljinsk.

落叶乔木。生于林中。产于括苍。

黄杞属 *Engelhardia* Lesch. ex Blume

少叶黄杞 *Engelhardia fenzelii* Merr.

常绿乔木。生于海拔 43～360m 的山地、山谷阔叶林中或林缘。产于古城、大洋、江南、邵家渡、汛桥、杜桥、涌泉、沿江、括苍。

胡桃属 *Juglans* L.

胡桃 *Juglans regia* L.

落叶乔木。栽培。

化香树属 *Platycarya* Sieb. et Zucc.

化香树 *Platycarya strobilacea* Sieb. et Zucc.

落叶乔木。生于海拔 13～394m 的林中。产于古城、大洋、江南、大田、邵家渡、桃渚、上盘、杜桥、涌泉、河头、括苍、汇溪、白水洋。

枫杨属 *Pterocarya* Kunth

枫杨 *Pterocarya stenoptera* C. DC.

落叶乔木。生于海拔 10～175m 的沟边。产于古城、大洋、江南、大田、邵家渡、小芝、杜桥、尤溪、河头、沿江、括苍、永丰、白水洋。

（八）桦木科 Betulaceae

桤木属 *Alnus* Mill.

桤木 *Alnus cremastogyne* Burkill

落叶乔木。括苍有栽培。

桦木属 *Betula* L.

亮叶桦 *Betula luminifera* H. Winkl.

落叶乔木。生于海拔 394m 的路边、林下。产于大洋、邵家渡、括苍。

鹅耳枥属 *Carpinus* L.

华千金榆 *Carpinus cordata* Bl. var. *chinensis* Franch.

落叶乔木。生于山坡或林中。产于括苍。

短尾鹅耳枥 *Carpinus londoniana* H. Winkl.

落叶乔木。生于林中。产于括苍。

多脉鹅耳枥 *Carpinus polyneura* Franch.

落叶乔木。生于海拔 170m 的林中。产于江南。

雷公鹅耳枥 *Carpinus viminea* Lindl.

落叶乔木。生于山坡杂木林中。产于括苍。

榛属 *Corylus* L.

川榛 *Corylus heterophylla* Fisch. var. *sutchuenensis* Franch.

落叶灌木。生于沟边。产于括苍山。

短柄川榛 *Corylus kweichowensis* Hu var. *brevipes* W. J. Liang

落叶灌木。生于沟边。产于括苍。

（九）壳斗科 **Fagaceae**

栗属 *Castanea* Mill.

锥栗 *Castanea henryi*（Skan）Rehd. et E. H. Wils.

落叶乔木。生于落叶或常绿的混交林中。产于括苍。

栗 *Castanea mollissima* Bl.

落叶乔木。生于海拔 5 ~ 741m 的落叶或常绿的混交林中。产于古城、大洋、江南、大田、邵家渡、汛桥、东塍、小芝、涌泉、尤溪、河头、括苍、永丰、白水洋。

茅栗 *Castanea seguinii* Dode

落叶乔木。生于山坡灌木丛中，常与阔叶常绿或落叶树混生。产于括苍。

锥属 *Castanopsis*（D. Don）Spach

米槠 *Castanopsis carlesii*（Hemsl.）Hayata

常绿乔木。生于阔叶混交林中。产于括苍山。

甜槠 *Castanopsis eyrei*（Champ. ex Benth.）Tutcher

常绿乔木。生于海拔 431 ~ 620m 的林中。产于邵家渡、括苍、白水洋。

罗浮锥 *Castanopsis fabri* Hance

常绿乔木。生于林中。《台州乡土树种识别与应用》记载有分布。

栲 *Castanopsis fargesii* Franch.

常绿乔木。生于山坡或山脊杂木林中，有时成小片纯林。产于邵家渡。

苦槠 *Castanopsis sclerophylla*（Lindl.）Schottky

常绿乔木。生于海拔 5 ~ 494m 的丘陵或山坡密林中。产于古城、大洋、江南、大田、邵家渡、汛桥、东塍、小芝、上盘、杜桥、涌泉、尤溪、河头、括苍、白水洋。

钩锥 *Castanopsis tibetana* Hance

常绿乔木。生于山坡林中。产于邵家渡。

青冈属 *Cyclobalanopsis* Oerst.

青冈 *Cyclobalanopsis glauca*（Thunb.）Oerst.

常绿乔木。生于海拔 6 ~ 448m 的山坡或沟谷。产于古城、大洋、江南、大田、邵家渡、汛桥、东塍、小芝、桃渚、上盘、杜桥、涌泉、尤溪、河头、沿江、括苍、汇溪、白水洋。

细叶青冈 *Cyclobalanopsis gracilis*（Rehd. et E. H. Wils.）W. C. Cheng et T. Hong

常绿乔木。生于海拔 620 ~ 920m 的山地林中。产于括苍、白水洋。

大叶青冈 *Cyclobalanopsis jenseniana*（Hand.-Mazz.）W. C. Cheng et T. Hong ex Q. F. Zheng

常绿乔木。生于山坡、山谷、沟边杂木林中。产于括苍山。

多脉青冈 *Cyclobalanopsis multinervis* Cheng et T. Hong

常绿乔木。生于山坡林中。产于括苍山。

小叶青冈 *Cyclobalanopsis myrsinifolia*（Bl.）Oerst.

常绿乔木。生于海拔 74m 的山谷、林中。产于邵家渡。

云山青冈 *Cyclobalanopsis sessilifolia*（Bl.）Schottky

常绿乔木。生于海拔 970 ~ 986m 的山地林中。产于括苍、白水洋。

褐叶青冈 *Cyclobalanopsis stewardiana*（A. Camus）Hsu et Jen

常绿乔木。生于山顶、山坡林中。产于括苍。

水青冈属 *Fagus* L.

水青冈 *Fagus longipetiolata* Seemen

落叶乔木。生于山坡。产于括苍。

光叶水青冈 *Fagus lucida* Rehd. et E. H. Wils.

落叶乔木。生于高海拔山地林中。产于括苍。

柯属 *Lithocarpus* Bl.

短尾柯 *Lithocarpus brevicaudatus*（Skan）Hayata［*L. harlandii*（Hance）Rehd.］

常绿乔木。生于海拔334～858m的山地林中。产于江南、邵家渡、括苍、白水洋。

柯 *Lithocarpus glaber*（Thunb.）Nakai

常绿乔木。生于海拔10～444m的山坡林中。产于古城、大洋、江南、大田、邵家渡、汛桥、小芝、杜桥、涌泉、尤溪、河头、沿江、括苍、永丰、汇溪、白水洋。

硬壳柯 *Lithocarpus hancei*（Benth.）Rehd.

常绿乔木。生于山坡林中。产于括苍山。

木姜叶柯 *Lithocarpus litseifolius*（Hance）Chun

常绿乔木。生于海拔116m的山地林下。产于杜桥。

菱果柯 *Lithocarpus taitoensis*（Hayata）Hayata

常绿乔木。生于山地林中。产于括苍山。

栎属 *Quercus* L.

麻栎 *Quercus acutissima* Carruth.

落叶乔木。生于海拔5～137m的山地林中。产于古城、邵家渡、汛桥、小芝、桃渚、上盘、括苍、永丰、白水洋。

槲栎 *Quercus aliena* Bl.

落叶乔木。生于海拔10m的向阳山坡。产于汛桥。

小叶栎 *Quercus chenii* Nakai

落叶乔木。生于山坡林中。产于邵家渡。

白栎 *Quercus fabri* Hance

落叶乔木。生于海拔4～448m的丘陵、山地林中。产于古城、大洋、江南、大田、邵家渡、汛桥、小芝、桃渚、杜桥、涌泉、尤溪、河头、沿江、括苍、永丰、汇溪、白水洋。

乌冈栎 *Quercus phillyraeoides* A. Gray

常绿乔木。生于山坡、山顶和山谷密林中。产于括苍山。

短柄枹栎 *Quercus serrata* Thunb. var. *brevipetiolata*（A. DC.）Nakai［*Q. glandulifera* Blume var. *brevipetiolata*（DC.）Nakai］

落叶乔木。生于海拔53～360m的山地或沟谷林中。产于大洋、邵家渡、尤溪、括苍。

栓皮栎 *Quercus variabilis* Bl.

落叶乔木。生于海拔45m的山坡。产于尤溪。

（十）榆科 Ulmaceae

糙叶树属 *Aphananthe* Planch., nom. gen. cons.

糙叶树 *Aphananthe aspera*（Thunb.）Planch.

落叶乔木。生于海拔24～88m的沟边。产于江南、邵家渡、小芝、河头。

朴属 *Celtis* L.

紫弹树 *Celtis biondii* Pamp.

落叶乔木。生于海拔140～194m的山地灌丛或林中。产于江南、邵家渡、括苍、白水洋。

朴树 *Celtis sinensis* Pers.［*C. tetrandra* Roxb. subsp. *sinensis*（Pers.）Y. C. Tang］

落叶乔木。生于海拔4～425m的路旁、山坡、林缘。产于古城、大洋、大田、邵家渡、汛桥、小芝、桃渚、上盘、杜桥、涌泉、河头、括苍、永丰、汇溪、白水洋。

刺榆属 *Hemiptelea* Planch.

刺榆 *Hemiptelea davidii*（Hance）Planch.

落叶乔木。生于海拔62m的山坡。产于杜桥。

山黄麻属 *Trema* Lour.

山油麻 *Trema cannabina* Lour. var. *dielsiana* (Hand. -Mazz.) C. J. Chen

落叶灌木。生于海拔 51～373m 的河边、旷野或山坡疏林、灌丛中较向阳、湿润的土地。产于古城、大洋、江南、大田、邵家渡、杜桥、涌泉、沿江、括苍、汇溪、白水洋。

榆属 *Ulmus* L.

杭州榆 *Ulmus changii* W. C. Cheng

落叶乔木。生于海拔 34～348m 的山坡、谷地及溪旁的阔叶林中。产于江南、邵家渡、汛桥、小芝、涌泉、尤溪、括苍、汇溪、白水洋。

榔榆 *Ulmus parvifolia* Jacq.

落叶乔木。生于海拔 4～350m 的平原、丘陵的路边、水边等。产于古城、大洋、江南、大田、邵家渡、汛桥、桃渚、上盘、杜桥、涌泉、河头、括苍、汇溪、白水洋。

榆树 *Ulmus pumila* L.

落叶乔木。桃渚、上盘有栽培。

榉属 *Zelkova* Spach，nom. gen. cons.

大叶榉树 *Zelkova schneideriana* Hand. -Mazz.

落叶乔木。生于溪间水旁或山坡土层较厚的疏林中。产于古城、永丰。

光叶榉 *Zelkova serrata* (Thunb.) Makino

落叶乔木。生于沟谷、溪边疏林中。产于括苍山、大雷山。

（十一）桑科 Moraceae

构属 *Broussonetia* L'Hert. ex Vent.

藤葡蟠 Broussonetia kaempferi Siebold var. *australis* T. Suzuki[*B. kaempferi* Sieb.]

木质藤本。生于海拔 4～909m 的山谷灌丛中或沟边山坡路旁。产于古城、大洋、江南、大田、邵家渡、汛桥、小芝、杜桥、涌泉、尤溪、河头、沿江、括苍、汇溪、白水洋。

小构树 *Broussonetia kazinoki* Siebold

落叶灌木。生于海拔 6～918m 的山坡林缘、沟边、田边。产于大洋、江南、大田、邵家渡、汛桥、东塍、小芝、涌泉、尤溪、河头、沿江、括苍、永丰、汇溪、白水洋。

构树 *Broussonetia papyrifera* (L.) L'Hér. ex Vent.

落叶乔木。生于海拔 4～43m 的山坡林缘、沟边、田边。产于古城、大洋、大田、邵家渡、桃渚、上盘、涌泉、河头、括苍、白水洋。

柘属 *Cudrania* Trec.

构棘 *Cudrania cochinchinensis* (Lour.) Yakuro Kudo et Masam.

木质藤本。生于海拔 45～357m 的山坡溪边灌丛中或山谷湿润林下。产于古城、江南、大田、邵家渡、桃渚、上盘、杜桥、涌泉、尤溪、沿江、括苍、白水洋。

柘 *Cudrania tricuspidata* (Carrière) Bureau ex Lavalle

落叶乔木。生于海拔 918m 以下的山坡或林缘。产于古城、大洋、江南、大田、邵家渡、东塍、小芝、上盘、杜桥、尤溪、括苍、白水洋。

水蛇麻属 *Fatoua* Gaud.

水蛇麻（桑草） *Fatoua villosa* (Thunb.) Nakai [*F. pilosa* Gaud.]

一年生草本。生于海拔 10～273m 的

荒地、路边或灌丛中。产于古城、大田、邵家渡、汛桥、杜桥、括苍、汇溪。

榕属 Ficus L.

无花果 Ficus carica L.

落叶灌木。大洋、大田、涌泉等地有栽培。

近无柄雅榕 Ficus concinna (Miq.) Miq. var. subsessilis Corner

常绿乔木。江南有栽培。

天仙果 Ficus erecta Thunb. var. beecheyana (Hook. et Arn.) King

落叶灌木或小乔木。生于海拔448m以下的沟边、林下。产于古城、大洋、江南、大田、邵家渡、汛桥、东塍、小芝、桃渚、上盘、杜桥、涌泉、尤溪、河头、沿江、括苍、永丰、汇溪、白水洋。

台湾榕 Ficus formosana Maxim.

落叶灌木。生于海拔43~203m的溪沟旁湿润处。产于古城、江南、邵家渡、小芝。

细叶台湾榕 Ficus formosana Maxim. f. shimadai Hayata

落叶灌木。生于海拔82m的溪沟旁湿润处。产于邵家渡。

异叶榕 Ficus heteromorpha Hemsl.

落叶灌木。生于山谷、山坡及林中。产于括苍。

榕树 Ficus microcarpa L. f.

常绿乔木。市区偶见栽培。

条叶榕 Ficus pandurata Hance var. angustifolia Cheng

落叶灌木。生于海拔26~353m的山坡灌丛中。产于江南、涌泉、括苍。

全叶榕 Ficus pandurata Hance var. holophylla Migo

落叶灌木。生于海拔8~192m的山坡灌丛中。产于江南、大田、邵家渡、汛桥、涌泉、尤溪、括苍。

薜荔 Ficus pumila L.

木质藤本。生于海拔448m以下的山坡、山麓及山谷溪边,树上、墙上或岩石上。产于古城、大洋、江南、大田、邵家渡、汛桥、东塍、小芝、桃渚、上盘、杜桥、涌泉、尤溪、河头、沿江、括苍、永丰、汇溪、白水洋。

爱玉子 Ficus pumila L. var. awkeotsang (Makino) Corner

木质藤本。生于山谷溪边,墙上或岩石上。产于邵家渡。

珍珠莲 Ficus sarmentosa Buch.-Ham. ex J. E. Sm. var. henryi (King ex Oliv.) Corner

木质藤本。生于海拔10~407m的山坡、山麓及山谷溪边,树上、墙上或岩石上。产于古城、大洋、江南、大田、邵家渡、汛桥、小芝、桃渚、上盘、杜桥、涌泉、尤溪、括苍、白水洋。

爬藤榕 Ficus sarmentosa Buch.-Ham. ex J. E. Sm. var. impressa (Champ.) Corner

木质藤本。生于海拔53~388m的山坡、山麓及山谷溪边,树上、墙上或岩石上。产于大洋、江南、邵家渡、小芝、括苍、白水洋。

白背爬藤榕 Ficus sarmentosa Buch.-Ham. ex J. E. Sm. var. nipponica (Fr. et Sav.) King

木质藤本。生于山坡、山麓及山谷溪边,树上、墙上或岩石上。产于括苍。

葎草属 Humulus L.

葎草 Humulus scandens (Lour.) Merr.

草质藤本。生于海拔328m以下的沟边、荒地、废墟、林缘。产于古城、大洋、大田、邵家渡、汛桥、东塍、小芝、桃渚、上盘、杜桥、涌泉、尤溪、河头、沿江、括苍、永丰、汇溪、白水洋。

桑属 Morus L.

桑 Morus alba L.

落叶乔木。生于海拔 1～302m 的村旁、田间、路边、滩地或山坡上。产于大洋、大田、邵家渡、汛桥、桃渚、上盘、涌泉、河头、沿江、永丰、白水洋。

鸡桑 Morus australis Poir.

落叶乔木。生于海拔 65m 的山坡、林缘或荒地。产于江南、上盘、括苍。

华桑 Morus cathayana Hemsl.

落叶乔木。生于山坡或沟谷。产于括苍。

八丈桑 Morus kagayamae Koidz

落叶灌木或小乔木。生于海边路边、山坡。产于大田、涌泉。

（十二）荨麻科 Urticaceae

苎麻属 Boehmeria Jacq.

序叶苎麻 Boehmeria clidemioides Miq. var. diffusa (Wedd.) Hand. -Mazz.

多年生草本。生于海拔 328m 的林中或林缘。产于大田。

海岛苎麻 Boehmeria formosana Hayata

多年生草本。生于海拔 16～299m 的山坡疏林、灌丛或沟边。产于江南、大田、汛桥、涌泉、尤溪。

细野麻 Boehmeria gracilis C. H. Wright

多年生草本。生于山坡疏林、灌丛或沟边。产于括苍。

大叶苎麻 Boehmeria longispica Steud.

多年生草本。生于海拔 4～446m 的山坡疏林、灌丛或沟边。产于古城、大洋、江南、大田、邵家渡、汛桥、小芝、上盘、杜桥、涌泉、尤溪、沿江、括苍、永丰、汇溪、白水洋。

洞头水苎麻 Boehmeria macrophylla Hornem. var. dongtouensis W. T. Wang

多年生草本。生于海拔 5～61m 的山坡、平地或路边。产于上盘。

苎麻 Boehmeria nivea (L.) Gaudich.

多年生草本。生于海拔 355m 以下的林缘、路边。产于古城、大洋、江南、大田、邵家渡、汛桥、东塍、小芝、上盘、杜桥、涌泉、尤溪、河头、括苍、永丰、汇溪、白水洋。

贴毛苎麻 Boehmeria nivea (L.) Gaudich. var. nipononivea (Koidz.) W. T. Wang

多年生草本。生于海拔 398m 以下的林缘、路边。产于古城、大洋、江南、大田、邵家渡、汛桥、东塍、小芝、上盘、杜桥、涌泉、尤溪、沿江、括苍、永丰、汇溪、白水洋。

青叶苎麻 Boehmeria nivea (L.) Gaudich. var. tenacissima (Gaudich.) Miq. [B. nivea var. candicans Wedd.]

多年生草本。生于海拔 175～205m 的林缘、路边。产于邵家渡、桃渚、上盘、尤溪。

小赤麻 Boehmeria spicata (Thunb.) Thunb.

多年生草本。生于山沟溪旁湿处。产于括苍。

悬铃叶苎麻 Boehmeria tricuspis (Hance) Makino [B. platanifolia Franch. et Sav.]

多年生草本。生于海拔 38～795m 的沟边或田边。产于江南、邵家渡、汛桥、东塍、河头、括苍、白水洋。

楼梯草属 Elatostema J. R. et G. Forst.

庐山楼梯草 Elatostema stewardii Merr.

多年生草本。生于海拔 358m 的山谷沟边或林下。产于括苍。

糯米团属 *Gonostegia* Turcz.

糯米团 *Gonostegia hirta* (Bl.) Miq.

多年生草本。生于海拔918m以下的山坡、溪旁或林下阴湿处。产于古城、大洋、江南、大田、邵家渡、汛桥、东塍、小芝、杜桥、涌泉、尤溪、河头、沿江、括苍、汇溪、白水洋。

艾麻属 *Laportea* Gaudich., nom. cons.

珠芽艾麻 *Laportea bulbifera* (Sieb. et Zucc.) Wedd.

多年生草本。生于海拔159m的山坡林缘或林下阴湿处。产于大田。

花点草属 *Nanocnide* Bl.

花点草 *Nanocnide japonica* Bl.

多年生草本。生于海拔124m的林下或石缝阴湿处。产于邵家渡、括苍。

毛花点草 *Nanocnide lobata* Wedd.

多年生草本。生于海拔4～411m的林下、石缝阴湿处或路旁。产于江南、大田、邵家渡、汛桥、小芝、涌泉、尤溪、河头、括苍、白水洋。

紫麻属 *Oreocnide* Miq.

紫麻 *Oreocnide frutescens* (Thunb.) Miq.

落叶灌木。生于海拔42～412m的溪边或林缘半阴湿处或石缝中。产于古城、大洋、江南、大田、邵家渡、汛桥、东塍、杜桥、涌泉、尤溪、河头、沿江、括苍、汇溪、白水洋。

赤车属 *Pellionia* Gaudich.

短叶赤车 *Pellionia brevifolia* Benth. [*P. minima* Makino]

多年生草本。生于海拔14～74m的山地林中、山谷溪边或石边。产于邵家渡、沿江。

赤车 *Pellionia radicans* (Sieb. et Zucc.) Wedd.

多年生草本。生于海拔49～364m的山地林中、山谷溪边或石边。产于古城、大洋、江南、大田、邵家渡、汛桥、小芝、杜桥、尤溪、沿江、括苍、白水洋。

蔓赤车 *Pellionia scabra* Benth.

半灌木。生于海拔4～309m的山谷溪边或林中。产于古城、大洋、江南、大田、邵家渡、汛桥、杜桥、涌泉、尤溪、沿江、白水洋。

山椒草 *Peperomia nakaharae* Hayata

多年生草本。生于海拔161～807m的山谷溪边或林中。产于大洋、邵家渡、尤溪、括苍。

冷水花属 *Pilea* Lindl.

京都冷水花 *Pilea kiotensis* Ohwi

多年生草本。生于山谷溪边或林中。产于括苍山。

小叶冷水花 *Pilea microphylla* (L.) Liebm.

一年生草本。生于海拔2～353m的路边石缝或墙上阴湿处。产于古城、大田、邵家渡、汛桥、涌泉、括苍、白水洋。

冷水花 *Pilea notata* C. H. Wright

多年生草本。生于海拔72～134m的山谷、溪旁或林下阴湿处。产于邵家渡、杜桥。

齿叶矮冷水花 *Pilea peploides* (Gaudich.) Hook. et Arn. var. *major* Wedd.

一年生草本。生于海拔35～362m的山坡阴湿处。产于江南、邵家渡、桃渚、上盘、涌泉、括苍、白水洋。

透茎冷水花 *Pilea pumila* (L.) A. Gray

一年生草本。生于海拔86～422m的

山坡林下或石下阴湿处。产于江南、白水洋。

粗齿冷水花 *Pilea sinofasciata* C. J. Chen

一年生草本。生于海拔 159m 的林下阴湿处。产于大田、括苍。

三角叶冷水花 *Pilea swinglei* Merr.

一年生草本。生于海拔 145～404m 的山谷溪边和石上阴湿处。产于邵家渡、杜桥、白水洋。

雾水葛属 *Pouzolzia* Gaudich.

雾水葛 *Pouzolzia zeylanica* (L.) Benn.

多年生草本。生于海拔 0～188m 的田边、沟边、灌丛或疏林中。产于古城、大洋、江南、大田、邵家渡、小芝、杜桥、涌泉、尤溪、沿江、永丰、白水洋。

（十三）山龙眼科 Proteaceae

山龙眼属 *Helicia* Lour.

小果山龙眼 *Helicia cochinchinensis* Lour.

常绿乔木。生于海拔 135～355m 的常绿阔叶林下。产于大洋、江南、邵家渡、杜桥、涌泉。

（十四）铁青树科 Olacaceae

青皮木属 *Schoepfia* Schreb.

青 皮 木 *Schoepfia jasminodora* Sieb. et Zucc.

落叶乔木。生于海拔 555m 的林中。产于邵家渡、括苍、白水洋。

（十五）檀香科 Santalaceae

百蕊草属 *Thesium* L.

百蕊草 *Thesium chinense* Turcz.

一年生草本。生于海拔 36～555m 的路边。产于邵家渡、上盘、白水洋。

（十六）马兜铃科 Aristolochiaceae

马兜铃属 *Aristolochia* L.

马兜铃 *Aristolochia debilis* Sieb. et Zucc.

草质藤本。生于沟边、路旁阴湿处或山坡灌丛中。产于邵家渡、桃渚、上盘、括苍。

宝兴马兜铃 *Aristolochia moupinensis* Franch.

木质藤本。生于林中、沟边、灌丛中。《台州乡土树种识别与应用》记载有分布。

管花马兜铃 *Aristolochia tubiflora* Dunn

草质藤本。生于林下阴湿处。产于括苍。

细辛属 *Asarum* L.

尾花细辛 *Asarum caudigerum* Hance

多年生草本。生于海拔 82m 的林下、溪边和路旁阴湿地。产于邵家渡。

小叶马蹄香 *Asarum ichangense* C. Y. Cheng et C. S. Yang

多年生草本。生于海拔 76～179m 的林下草丛或溪旁阴湿地。产于古城、江南、邵家渡、括苍。

细辛 *Asarum sieboldii* Miq.

多年生草本。生于林下阴湿处。产于括苍山。

（十七）蛇菰科 Balanophoraceae

蛇菰属 *Balanophora* Forst. et Forst. f.

杯茎蛇菰 *Balanophora subcupularis* P. C. Tam

多年生草本。生于林下阴湿处。产于括苍。

（十八）蓼科 Polygonaceae

金线草属 *Antenoron* Rafin.

短毛金线草 *Antenoron filiforme* (Thunb.) Rob. et Vaut. var. *neofiliforme* (Nakai) A. J. Li〔*A. neofiliforme* (Nakai) Hara〕

多年生草本。生于海拔 0～178m 的

山坡林缘、路旁。产于江南。

金线草 *Antenoron filiforme* (Thunb.) Roberty et Vautier

多年生草本。生于海拔 30～337m 的山坡林缘、路旁。产于古城、大洋、江南、大田、邵家渡、小芝、尤溪、括苍、白水洋。

荞麦属 *Fagopyrum* Mill.

金荞麦 *Fagopyrum dibotrys* (D. Don) H. Hara

多年生草本。生于海拔 14～543m 的沟边、溪流边。产于古城、江南、邵家渡、涌泉、尤溪、沿江、括苍、永丰、汇溪、白水洋。

荞麦 *Fagopyrum esculentum* Moench

一年生草本。栽培。

何首乌属 *Fallopia* Adans.

何首乌 *Fallopia multiflora* (Thunb.) Haraldson

草质藤本。生于海拔 4～412m 的山谷灌丛、山坡林下、沟边石隙。产于大洋、江南、大田、邵家渡、汛桥、上盘、杜桥、涌泉、尤溪、河头、沿江、括苍、汇溪、白水洋。

蓼属 *Polygonum* L.

萹蓄 *Polygonum aviculare* L.

一年生草本。生于海拔 105m 以下的田边、沟边湿地、路边、草坪上。产于大田、邵家渡、桃渚、上盘、涌泉、沿江、括苍、汇溪。

火炭母 *Polygonum chinense* L.

多年生草本。生于海拔 411m 以下的山谷湿地、山坡草地。产于东塍、小芝、上盘、杜桥、涌泉、沿江。

蓼子草 *Polygonum criopolitanum* Hance

一年生草本。生于荒地草丛中。产于杜桥、小芝。

稀花蓼 *Polygonum dissitiflorum* Hemsl.

一年生草本。生于海拔 108m 的河边湿地、山谷草丛中。产于大田、邵家渡。

长箭叶蓼 *Polygonum hastato-sagittatum* Mak.

一年生草本。生于河边湿地、山谷草丛中。产于江南、大田、邵家渡。

水蓼(辣蓼) *Polygonum hydropiper* L.

一年生草本。生于海拔 28～314m 的河滩、水沟边。产于大田、邵家渡、汛桥、小芝、桃渚、河头、沿江、括苍、白水洋。

蚕茧草 *Polygonum japonicum* Meisn.

多年生草本。生于低海拔的路边湿地、水边及山谷草地。产于古城、江南、邵家渡、汛桥、涌泉、沿江、括苍。

愉悦蓼 *Polygonum jucundum* Meisn.

一年生草本。生于海拔 164m 的草地、山谷路旁及沟边湿地。产于邵家渡、汛桥、小芝。

酸模叶蓼 *Polygonum lapathifolium* L.

一年生草本。生于海拔 10～364m 的田边、路旁、水边、荒地或沟边湿地。产于大洋、江南、大田、涌泉、括苍、汇溪。

绵毛酸模叶蓼 *Polygonum lapathifolium* L. var. *salicifolium* Sibth.

一年生草本。生于海拔 0～132m 的田边、路旁、水边、荒地或沟边湿地。产于古城、大田、邵家渡、汛桥、小芝、上盘、杜桥、涌泉、括苍、永丰、白水洋。

长鬃蓼 *Polygonum longisetum* Bruijn

一年生草本。生于海拔 1～299m 的水边、河边、路旁。产于古城、大洋、江南、大田、邵家渡、东塍、小芝、上盘、杜桥、涌泉、尤溪、沿江、括苍、永丰、汇溪、白水洋。

圆基长鬃蓼 *Polygonum longisetum* Bruijn var. *rotundatum* A. J. Li

一年生草本。生于水边、河边、路旁。

《浙江植物志》记载临海有分布。

长戟叶蓼 *Polygonum maackianum* Regel

一年生草本。生于海拔26～56m的水边、河边、路旁。产于杜桥、涌泉。

小蓼花 *Polygonum muricatum* Meisn.

一年生草本。生于海拔0～487m的水边、河边、路旁。产于古城、大洋、大田、邵家渡、东塍、杜桥、涌泉、尤溪、河头、沿江、括苍、永丰、白水洋。

尼泊尔蓼 *Polygonum nepalense* Meisn.

一年生草本。生于水边、河边、路旁。产于括苍。

红蓼 *Polygonum orientale* L.

一年生草本。大洋、江南、邵家渡等地有栽培。

杠板归 *Polygonum perfoliatum* (L.) L.

一年生草本。生于海拔1～487m的水边、河边、路旁。产于古城、大洋、江南、大田、邵家渡、汛桥、东塍、杜桥、涌泉、尤溪、河头、沿江、括苍、永丰、汇溪、白水洋。

春蓼 *Polygonum persicaria* L.

一年生草本。生于海拔353m的沟边、路旁。产于桃渚、括苍。

习见蓼 *Polygonum plebeium* R. Br.

一年生草本。生于海拔6～146m的田边、路旁、水边湿地。产于大田、永丰。

丛枝蓼 *Polygonum posumbu* Buch.-Ham. ex D. Don

一年生草本。生于海拔0～454m的林下、路边、沟边。产于大洋、江南、大田、邵家渡、东塍、桃渚、上盘、涌泉、尤溪、河头、沿江、括苍、永丰、汇溪、白水洋。

疏蓼 *Polygonum praetermissum* Hook. f.

一年生草本。生于海拔45m的林下、路边、沟边。产于邵家渡。

伏毛蓼（无辣蓼） *Polygonum pubescens* Blume

一年生草本。生于海拔0～970m的沟边、水旁、田边湿润处。产于古城、大洋、江南、大田、邵家渡、汛桥、东塍、小芝、桃渚、上盘、涌泉、尤溪、河头、沿江、括苍、永丰、汇溪、白水洋。

赤胫散 *Polygonum runcinatum* Buch.-Ham. ex D. Don var. *sinense* Hemsl.

多年生草本。生于海拔138～174m的山坡草地、山谷路旁。产于邵家渡、括苍。

刺蓼 *Polygonum senticosum* (Meisn.) Franch. et Sav.

草质藤本。生于海拔0～353m的山坡、山谷及林下。产于古城、大洋、江南、大田、邵家渡、东塍、上盘、杜桥、河头、沿江、括苍、汇溪、白水洋。

箭叶蓼 *Polygonum sieboldii* Meisn.

一年生草本。生于山谷、沟旁、水边。产于邵家渡。

中华蓼 *Polygonum sinicum* (Migo) Y. Y. Fang et C. Z. Cheng

一年生草本。生于溪流边、沟边。产于桃渚。

支柱蓼 *Polygonum suffultum* Maxim.

多年生草本。生于山坡路旁、林下湿地及沟边。产于括苍山。

细叶蓼 *Polygonum taquetii* H. Lév.

一年生草本。生于山谷湿地、沟边、水边。产于白水洋。

戟叶蓼 *Polygonum thunbergii* Sieb. et Zucc.

一年生草本。生于海拔5～299m的山谷湿地、山坡草丛中。产于古城、江南、邵家渡、汛桥、小芝、涌泉、括苍、白水洋。

粘蓼 *Polygonum viscoferum* Makino [*P. viscoferum* Makino var. *robustum* Makino]

一年生草本。生于海拔83m的路旁

湿地、山谷水边、山坡阴湿处。产于括苍、汇溪。

粘毛蓼 *Polygonum viscosum* Buch.-Ham. ex D. Don

一年生草本。生于路旁湿地、沟边草丛中。产于邵家渡。

虎杖属 *Reynoutria* Houtt.

虎杖 *Reynoutria japonica* Houtt.［*P. cuspidata* Sieb. et Zucc.］

多年生草本。生于海拔 14～918m 的山坡灌丛、路旁、田边湿地。产于古城、大田、邵家渡、小芝、杜桥、涌泉、沿江、括苍、永丰、汇溪、白水洋。

酸模属 *Rumex* L.

酸模 *Rumex acetosa* L.

多年生草本。生于海拔 4～355m 的山坡、林缘、沟边、路旁。产于古城、江南、邵家渡、小芝、杜桥、涌泉、河头、括苍、白水洋。

齿果酸模 *Rumex dentatus* L.

多年生草本。生于海拔 116m 以下的沟边湿地、山坡路旁。产于江南、邵家渡、汛桥、上盘、涌泉、河头、括苍。

羊蹄 *Rumex japonicus* Houtt.

多年生草本。生于海拔 0～262m 的路旁、河滩、沟边湿地、荒地。产于古城、江南、大田、邵家渡、汛桥、小芝、桃渚、上盘、杜桥、涌泉、河头、沿江、括苍、汇溪、白水洋。

钝叶酸模 *Rumex obtusifolius* L.

多年生草本。生于海拔 748～1300m 的路旁、河滩、沟边湿地、荒地。产于括苍、白水洋。

长刺酸模 *Rumex trisetifer* Stokes

多年生草本。生于海拔 13～28m 的路旁、河滩、沟边湿地、荒地。产于江南、上盘、杜桥、白水洋。

（十九）藜科 Chenopodiaceae

甜菜属 *Beta* L.

厚皮菜 *Beta vulgaris* L. var. *cicla* L.

二年生草本。各地广泛栽培。

藜属 *Chenopodium* L.

藜 *Chenopodium album* L.

一年生草本。生于海拔 6～472m 的路旁、荒地及田间。产于古城、大洋、大田、邵家渡、桃渚、上盘、河头、括苍、白水洋。

红心藜 *Chenopodium album* L. var. *centrorubrum* Makino

一年生草本。生于路边。产于大田、永丰。

土荆芥 *Chenopodium ambrosioides* L.

一年生草本。生于海拔 337m 以下的路边、河边等处。产于大洋、大田、邵家渡、桃渚、上盘、杜桥、涌泉、括苍、永丰。

灰绿藜 *Chenopodium glaucum* L.

一年生草本。生于河滩等有轻度盐碱的土壤上。产于桃渚。

小藜 *Chenopodium serotinum* L.

一年生草本。生于海拔 69m 以下的荒地、道旁、田间等。产于大洋、江南、邵家渡、上盘、涌泉、河头、沿江、括苍、白水洋。

地肤属 *Kochia* Roth

地肤 *Kochia scoparia* (L.) Schrad.

一年生草本。生于海拔 7～518m 的田边、路旁、荒地等处。产于大田、邵家渡、汛桥、括苍。

盐角草属 *Salicornia* L.

盐角草 *Salicornia europaea* L.

一年生草本。生于滩涂盐碱地。产于上盘。

菠菜属 *Spinacia* L.

菠菜 *Spinacia oleracea* L.

一年生草本。各地广泛栽培。

碱蓬属 *Suaeda* Forsk. ex Scop.

南方碱蓬 *Suaeda australis*（R. Br.）Moq.

一年生草本。生于海拔 8m 的海滩沙地等。产于上盘。

碱蓬 *Suaeda glauca*（Bunge）Bunge

常绿灌木。生于海拔 15m 的海滩沙地等。产于上盘。

盐地碱蓬 *Suaeda salsa*（L.）Pall.

一年生草本。生于海拔 15m 的海滩沙地等。产于上盘。

（二十）苋科 **Amaranthaceae**

牛膝属 *Achyranthes* L.

土牛膝 *Achyranthes aspera* L.

多年生草本。生于山坡疏林或村庄边。产于上盘。

牛膝 *Achyranthes bidentata* Blume

多年生草本。生于海拔 454m 以下的山坡林下、路旁、沟边。产于古城、大洋、江南、大田、邵家渡、汛桥、东塍、小芝、桃渚、上盘、杜桥、涌泉、尤溪、河头、沿江、括苍、永丰、汇溪、白水洋。

红叶牛膝 *Achyranthes bidentata* Blume f. *rubra* Ho

多年生草本。生于田边、路旁。产于括苍。

柳叶牛膝 *Achyranthes longifolia*（Makino）Makino

多年生草本。生于海拔 105m 的山坡、路旁。产于邵家渡、括苍、白水洋。

红柳叶牛膝 *Achyranthes longifolia*（Makino）Makino f. *rubra* Ho

多年生草本。生于海拔 335m 的山坡、路旁。产于括苍、汇溪。

莲子草属 *Alternanthera* Forsk.

喜旱莲子草 *Alternanthera philoxeroides*（Mart.）Griseb.

多年生草本。生于海拔 353m 以下的水边、水沟内。产于古城、大洋、江南、大田、邵家渡、汛桥、小芝、桃渚、上盘、杜桥、涌泉、尤溪、河头、沿江、括苍、永丰、汇溪、白水洋。

莲子草 *Alternanthera sessilis*（L.）R. Br. ex DC

一年生草本。生于海拔 0～318m 的在村庄附近的草坡、水沟、田边或沼泽、海边潮湿处。产于古城、大洋、大田、汛桥、小芝、涌泉、沿江、括苍、永丰、白水洋。

苋属 *Amaranthus* L.

假刺苋 *Amaranthus dubius* Mart. ex Thell.

一年生草本。生于田边、路旁。产于永丰。

绿穗苋 *Amaranthus hybridus* L.

一年生草本。生于海拔 4～11m 的田边、荒地或山坡。产于杜桥、涌泉。

凹头苋 *Amaranthus lividus* L.

一年生草本。生于海拔 1～472m 的田边、荒地或山坡。产于大田、邵家渡、汛桥、涌泉、沿江、括苍。

繁穗苋 *Amaranthus paniculatus* L.

一年生草本。生于海拔 65～194m 的田边、荒地或山坡。产于大洋、汇溪。

大序绿穗苋 *Amaranthus patulus* Bertol.

一年生草本。生于田边、荒地或山坡。产于桃渚、上盘。

刺苋 *Amaranthus spinosus* L.

一年生草本。生于海拔 0～188m 的田边、荒地或山坡。产于古城、大洋、大田、邵家渡、汛桥、桃渚、上盘、杜桥、涌泉、尤溪、括苍、永丰、汇溪、白水洋。

苋 *Amaranthus tricolor* L.

一年生草本。各地广泛栽培。

皱果苋 *Amaranthus viridis* L.

一年生草本。生于海拔 2～134m 的田边、荒地或山坡。产于古城、邵家渡、小芝、桃渚、上盘、杜桥、永丰。

青葙属 *Celosia* L.

青葙 *Celosia argentea* L.

一年生草本。生于海拔 58～353m 的河滩。产于大洋、邵家渡、桃渚、上盘、括苍、白水洋。

鸡冠花 *Celosia cristata* L.

一年生草本。各地广泛栽培。

千日红属 *Gomphrena* L.

千日红 *Gomphrena globosa* L.

一年生草本。各地广泛栽培。

(二十一)紫茉莉科 **Nyctaginaceae**

叶子花属 *Bougainvillea* Comm. ex Juss.

光叶子花 *Bougainvillea glabra* Choisy

藤状灌木。古城、沿江、永丰等地有栽培。

叶子花 *Bougainvillea spectabilis* Willd.

藤状灌木。古城有栽培。

紫茉莉属 *Mirabilis* L.

紫茉莉 *Mirabilis jalapa* L.

一年生草本。生于海拔 6～353m 的路旁。产于古城、大洋、大田、汛桥、桃渚、上盘、涌泉、括苍、白水洋。

(二十二)商陆科 **Phytolaccaceae**

商陆属 *Phytolacca* L.

商陆 *Phytolacca acinosa* Roxb.

多年生草本。生于路旁、沟边、山坡林下。产于邵家渡。

垂序商陆 *Phytolacca americana* L.

多年生草本。生于海拔 353m 以下的路旁、沟边、林缘。产于古城、大洋、江南、大田、邵家渡、汛桥、桃渚、上盘、杜桥、涌泉、河头、沿江、括苍、永丰、汇溪、白水洋。

(二十三)番杏科 **Aizoaceae**

粟米草属 *Mollugo* L.

粟米草 *Mollugo stricta* L.［*M. pentaphylla* L.］

一年生草本。生于海拔 1～353m 的荒地、田间和沙地。产于古城、大洋、江南、大田、邵家渡、小芝、杜桥、涌泉、沿江、括苍、永丰、汇溪、白水洋。

番杏属 *Tetragonia* L.

番杏 *Tetragonia tetragonioides* (Pall.) Kuntze

一年生草本。生于海滩沙地。产于桃渚。

(二十四)马齿苋科 **Portulacaceae**

马齿苋属 *Portulaca* L.

大花马齿苋 *Portulaca grandiflora* Hook.

一年生草本。上盘、桃渚有栽培。

马齿苋 *Portulaca oleracea* L.

一年生草本。生于海拔 1～130m 的田间。产于古城、大洋、大田、邵家渡、汛桥、桃渚、上盘、涌泉、沿江、括苍、白水洋。

土人参属 *Talinum* Adans.

土人参 *Talinum paniculatum* (Jacq.) Gaertn.

多年生草本。生于海拔 4 ~ 353m 的石隙、路边。产于古城、大洋、江南、大田、汛桥、尤溪、括苍、永丰、白水洋。

(二十五)落葵科 Basellaceae

落葵薯属 *Anredera* Juss.

落葵薯 *Anredera cordifolia* (Tenore) Steenis

草质藤本。上盘、古城、桃渚、汇溪等地有栽培或逸为野生。

落葵属 *Basella* L.

落葵 *Basella alba* L.

草质藤本。大田、桃渚、上盘、沿江、白水洋等地有栽培。

(二十六)石竹科 Caryophyllaceae

无心菜属 *Arenaria* L.

无心菜 *Arenaria serpyllifolia* L.

一年生草本。生于海拔 32 ~ 142m 的荒地、田间、路旁。产于江南、大田、邵家渡、桃渚、河头、括苍、白水洋。

卷耳属 *Cerastium* L.

簇生卷耳 *Cerastium fontanum* Baumg. subsp. *triviale* (E. H. L. Krause) Jalas

一年生草本。生于荒地、田间、路旁。产于括苍。

球序卷耳 *Cerastium glomeratum* Thuill.

一年生草本。生于海拔 0 ~ 630m 的荒地、田间、路旁。产于古城、大洋、江南、大田、邵家渡、汛桥、桃渚、上盘、杜桥、涌泉、尤溪、河头、沿江、括苍、永丰、白水洋。

石竹属 *Dianthus* L.

香石竹 *Dianthus caryophyllus* L.

多年生草本。古城、大田有栽培。

石竹 *Dianthus chinensis* L.

多年生草本。生于山坡。产于大盘。

长萼瞿麦 *Dianthus longicalyx* Miq.

多年生草本。生于山坡林下。产于桃渚、上盘。

瞿麦 *Dianthus superbus* L.

多年生草本。生于海拔 127m 的山坡疏林下、林缘。产于上盘。

剪秋罗属 *Lychnis* L.

剪春罗 *Lychnis coronata* Thunb.

多年生草本。生于疏林下或灌丛草地。产于括苍山。

剪红纱花 *Lychnis senno* Sieb. et Zucc.

多年生草本。生于疏林下或灌丛中。产于括苍山。

鹅肠菜属 *Myosoton* Moench

鹅肠菜 *Myosoton aquaticum* (L.) Moench

多年生草本。生于海拔 0 ~ 364m 的林缘、沟边、田间。产于古城、大洋、江南、大田、邵家渡、汛桥、小芝、桃渚、杜桥、涌泉、尤溪、河头、沿江、括苍、永丰、白水洋。

孩儿参属 *Pseudostellaria* Pax

孩儿参 *Pseudostellaria heterophylla* (Miq.) Pax

多年生草本。生于海拔 879 ~ 1025m 的山谷林下阴湿处。产于括苍、白水洋。

漆姑草属 *Sagina* L.

漆姑草 *Sagina japonica* (Sw.) Ohwi

一年生草本。生于海拔 175m 以下的路旁、石隙。产于古城、江南、邵家渡、上盘、括苍、永丰、白水洋。

蝇子草属 *Silene* L.

女娄菜 *Silene aprica* Turcz.

一年生草本。生于山坡、路旁。产于

括苍。

麦瓶草 *Silene conoidea* L.

一年生草本。生于荒地、路旁及田野中。产于古城。

坚硬女娄菜 *Silene firma* Sieb. et Zucc.

一年生草本。生于山坡、路旁灌丛中。产于汇溪。

鹤草 *Silene fortunei* Vis.

多年生草本。生于海拔162～404m的荒地、山坡或灌丛草地。产于邵家渡、桃渚、上盘、杜桥、括苍、汇溪。

拟漆姑属 *Spergularia* (Pers.) J. et C. Presl

拟漆姑 *Spergularia salina* J. Presl et C. Presl

一年生草本。生于海拔6m的滩涂盐碱地。产于上盘。

繁缕属 *Stellaria* L.

无瓣繁缕 *Stellaria apetala* Ucria ex Roem.

一年生草本。生于海拔6～137m的田间、路旁。产于古城、大洋、江南、小芝、涌泉、永丰、白水洋。

中国繁缕 *Stellaria chinensis* Regel

多年生草本。生于灌丛或林下。产于括苍山。

繁缕 *Stellaria media* (L.) Cirillo

一年生草本。生于海拔1～264m的田间、路旁。产于江南、大田、邵家渡、汛桥、小芝、桃渚、上盘、杜桥、尤溪、沿江、括苍。

鸡肠繁缕 *Stellaria neglecta* Weihe

一年生草本。生于海拔6～253m的林下。产于邵家渡、汛桥、小芝、涌泉、白水洋。

雀舌草 *Stellaria uliginosa* Murray

一年生草本。生于海拔0～846m的田间、路旁、沟边。产于古城、大洋、江南、大田、邵家渡、汛桥、小芝、桃渚、杜桥、涌泉、尤溪、河头、沿江、括苍、永丰、汇溪、白水洋。

箐姑草 *Stellaria vestita* Kurz

多年生草本。生于山坡草地或灌丛中。产于括苍。

麦蓝菜属 *Vaccaria* Medic.

麦蓝菜 *Vaccaria segetalis* (Neck.) Garcke ex Asch.

一年生草本。城区有栽培。

(二十七)睡莲科 Nymphaeaceae

莲属 *Nelumbo* Adans.

莲 *Nelumbo nucifera* Gaertn.

多年生草本。各地普遍栽培。

萍蓬草属 *Nuphar* J. E. Smith

萍蓬草 *Nuphar pumilum* (Hoffm.) DC.

多年生草本。城区有栽培。

中华萍蓬草 *Nuphar sinensis* Hand.-Mazz.

多年生草本。城区有栽培。

睡莲属 *Nymphaea* L.

白睡莲 *Nymphaea alba* L.

多年生草本。城区有栽培。

红睡莲 *Nymphaea alba* L. var. *rubra* Lonnr.

多年生草本。城区有栽培。

黄睡莲 *Nymphaea mexicana* Zucc.

多年生草本。城区有栽培。

(二十八)金鱼藻科 Ceratophyllaceae

金鱼藻属 *Ceratophyllum* L.

金鱼藻 *Ceratophyllum demersum* L.

多年生草本。生于池塘、河沟。产于大洋。

（二十九）毛茛科 Ranunculaceae

乌头属 Aconitum L.

乌头 *Aconitum carmichaeli* Debeaux

多年生草本。生于山坡林下或林缘。产于括苍。

展毛乌头 *Aconitum carmichaeli* Debeaux var. *truppelianum* (Ulbr.) W. T. Wang et P. G. Xiao

多年生草本。生于山坡林下或林缘。产于括苍山。

赣皖乌头 *Aconitum finetianum* Hand.-Mazz.

多年生草本。生于山地阴湿处。产于括苍山。

银莲花属 Anemone L.

秋牡丹 *Anemone hupehensis* (Lemoine) Lemoine var. *japonica* (Thunb.) Bowles et Stearn

多年生草本。生于草坡或沟边。产于括苍山。

楼斗菜属 Aquilegia L.

楼斗菜 *Aquilegia viridiflora* Pall.

多年生草本。城区有栽培。

驴蹄草属 Caltha L.

驴蹄草 *Caltha palustris* L.

多年生草本。生于山谷溪边或林下较阴湿处。产于括苍山。

升麻属 Cimicifuga L.

小升麻 *Cimicifuga acerina* (Prantl) Tanaka

多年生草本。生于山坡林下或林缘。产于括苍山。

铁线莲属 Clematis L.

女萎 *Clematis apiifolia* DC.

木质藤本。生于海拔 0～386m 的林缘、沟边、田间。产于古城、大洋、江南、大田、邵家渡、汛桥、小芝、杜桥、涌泉、尤溪、河头、沿江、括苍、汇溪、白水洋。

威灵仙 *Clematis chinensis* Osbeck

木质藤本。生于山坡、灌丛或沟边。产于邵家渡。

山木通 *Clematis finetiana* H. Lév. et Vaniot

木质藤本。生于海拔 74～386m 的山坡疏林、溪边、路旁灌丛中或山谷石缝中。产于古城、大洋、江南、邵家渡、涌泉、括苍、白水洋。

牯牛铁线莲 *Clematis guniuensis* W. Y. Ni, R. B. Wang et S. B. Zhou

木质藤本。生于山坡林缘。产于尤溪。

单叶铁线莲 *Clematis henryi* Oliv.

木质藤本。生于海拔 192m 的溪边、山谷、山坡阴湿处、林下及灌丛中。产于古城、江南。

绣球藤 *Clematis montana* Buch.-Ham. ex DC.

木质藤本。生于山坡灌丛中、林边或沟边。产于括苍。

天台铁线莲 *Clematis tientaiensis* (M. Y. Fang) W. T. Wang

木质藤本。生于海拔 899m 的山坡草丛及灌丛中。产于括苍、白水洋。

圆锥铁线莲 *Clematis terniflora* DC.

木质藤本。生于海拔 4～51m 的山坡、林缘或路旁草丛中。产于大洋、江南、汛桥、杜桥、涌泉、括苍。

柱果铁线莲 *Clematis uncinata* Champ. ex Benth.

木质藤本。生于海拔 4～764m 的山坡、林缘或路旁草丛中。产于古城、大洋、江南、大田、邵家渡、汛桥、桃渚、上盘、杜桥、涌泉、尤溪、河头、沿江、括苍、白水洋。

黄连属 *Coptis* Salisb.

短萼黄连 *Coptis chinensis* Franch. var. *brevisepala* W. T. Wang et P. G. Xiao

多年生草本。生于海拔878m的林下、林缘或路旁草丛中。产于邵家渡、括苍。

翠雀属 *Delphinium* L.

还亮草 *Delphinium anthriscifolium* Hance

一年生草本。生于海拔28～135m的林缘或路旁草丛中。产于邵家渡、河头、白水洋。

獐耳细辛属 *Hepatica* Mill

獐耳细辛 *Hepatica nobilis* Mill. var. *asiatica* (Nakai) H. Hara

多年生草本。生于山地林缘或灌丛中。产于括苍。

芍药属 *Paeonia* L.

芍药 *Paeonia lactiflora* Pall.

多年生草本。河头有栽培。

牡丹 *Paeonia suffruticosa* Andrews

落叶灌木。古城有栽培。

毛茛属 *Ranunculus* L.

花毛茛 *Ranunculus asiaticus* L.

多年生草本。古城有栽培。

禺毛茛 *Ranunculus cantoniensis* DC.

多年生草本。生于海拔6～299m的平地、田边、沟旁湿地。产于古城、大洋、江南、大田、邵家渡、杜桥、涌泉、尤溪、括苍、永丰、汇溪、白水洋。

毛茛 *Ranunculus japonicus* Thunb.

多年生草本。生于海拔4～370m的田边、路旁或林缘。产于大洋、江南、大田、

邵家渡、汛桥、小芝、桃渚、上盘、涌泉、河头、沿江、括苍、白水洋。

刺果毛茛 *Ranunculus muricatus* L.

一年生草本。生于海拔43m的路旁的杂草丛中。产于邵家渡、桃渚、上盘。

石龙芮 *Ranunculus sceleratus* L.

一年生草本。生于海拔1～100m的河沟边及平原湿地。产于古城、大洋、邵家渡、汛桥、小芝、杜桥、涌泉、沿江、括苍、白水洋。

扬子毛茛 *Ranunculus sieboldii* Miq.

多年生草本。生于海拔20～314m的山坡林缘及平原湿地。产于邵家渡、汛桥、小芝、河头、沿江、括苍、白水洋。

猫爪草 *Ranunculus ternatus* Thunb.

一年生草本。生于平原湿草地或田边荒地。产于邵家渡。

天葵属 *Semiaquilegia* Makino

天葵 *Semiaquilegia adoxoides* (DC.) Makino

多年生草本。生于海拔6～348m的林下、路旁或山谷地的较阴处。产于古城、大洋、江南、大田、邵家渡、汛桥、桃渚、上盘、杜桥、涌泉、河头、沿江、括苍、白水洋。

唐松草属 *Thalictrum* L.

尖叶唐松草 *Thalictrum acutifolium* (Hand.-Mazz.) B. Boivin

多年生草本。生于海拔129～169m的山坡或林边湿润处。产于江南、邵家渡、括苍。

大叶唐松草 *Thalictrum faberi* Ulbr.

多年生草本。生于海拔1008m的山坡林下。产于括苍、白水洋。

华东唐松草 *Thalictrum fortunei* S. Moore

多年生草本。生于山坡或林下阴湿处。产于邵家渡、括苍。

（三十）木通科 Lardizabalaceae

木通属 *Akebia* Decne.

木通 *Akebia quinata* (Houtt.) Decne.

木质藤本。生于海拔 4～353m 的灌丛、林缘或沟谷中。产于古城、大洋、江南、大田、邵家渡、汛桥、小芝、桃渚、上盘、杜桥、涌泉、尤溪、河头、括苍、永丰、汇溪、白水洋。

三叶木通 *Akebia trifoliata* (Thunb.) Koidz.

木质藤本。生于海拔 24～865m 的灌丛、林缘或沟谷中。产于江南、大田、邵家渡、汛桥、涌泉、尤溪、河头、沿江、括苍、白水洋。

八月瓜属 *Holboellia* Wall.

鹰爪枫 *Holboellia coriacea* Diels

木质藤本。生于海拔 865m 的灌丛、林缘或沟谷中。产于括苍、白水洋。

大血藤属 *Sargentodoxa* Rehd. et Wils.

大血藤 *Sargentodoxa cuneata* (Oliv.) Rehd. et Wils.

木质藤本。生于海拔 133～984m 的灌丛、林缘或沟谷中。产于江南、邵家渡、小芝、括苍、白水洋。

野木瓜属 *Stauntonia* DC.

钝药野木瓜 *Stauntonia leucantha* Diels ex Y. C. Wu

木质藤本。生于海拔 67～769m 的山坡林下、山谷溪边或林缘。产于大洋、江南、大田、邵家渡、杜桥、尤溪、沿江、括苍、白水洋。

尾叶那藤 *Stauntonia obovatifoliola* Hayata subsp. *urophylla* (Hand.-Mazz.) H. N. Qin

木质藤本。生于海拔 77～293m 的山坡林下、山谷溪边或林缘。产于古城、邵家渡、尤溪、括苍、白水洋。

（三十一）小檗科 Berberidaceae

小檗属 *Berberis* L.

天台小檗 *Berberis lempergiana* Ahrendt

常绿灌木。生于海拔 943m 的山坡林下、林缘、灌丛或山谷溪边。产于括苍、白水洋。

日本小檗 *Berberis thunbergii* DC.

落叶灌木。城区有栽培。

庐山小檗 *Berberis virgetorum* C. K. Schneid.

落叶灌木。生于海拔 20m 的山坡或沟边。产于白水洋。

红毛七属 *Caulophyllum* Michaux

红毛七 *Caulophyllum robustum* Maxim.

多年生草本。生于山坡林下。产于括苍。

鬼臼属 *Dysosma* Woodson

六角莲 *Dysosma pleiantha* (Hance) Woodson

多年生草本。生于海拔 94～940m 的林下、山谷溪旁或阴湿草丛中。产于江南、括苍、白水洋。

淫羊藿属 *Epimedium* L.

箭叶淫羊藿 *Epimedium sagittatum* (Sieb. et Zucc.) Maxim.

多年生草本。生于海拔 892～991m 的山坡草丛、林下、灌丛、水沟边或岩边石缝中。产于邵家渡、括苍、白水洋。

十大功劳属 *Mahonia* Nuttall

阔叶十大功劳 *Mahonia bealei* (Fortune) Carrière

常绿灌木。生于海拔 1～106m 的林下、林缘、路边草丛或灌丛中。产于江南、邵家渡、沿江、括苍。

十大功劳 *Mahonia fortunei*（Lindl.）Fedde

常绿灌木。各地常见栽培。

南天竹属 *Nandina* Thunb.

南天竹 *Nandina domestica* Thunb.

常绿灌木。生于海拔 1～350m 的山地林下沟旁、路边或灌丛中。产于古城、大洋、江南、邵家渡、小芝、涌泉、河头。

（三十二）防己科 **Menispermaceae**

木防己属 *Cocculus* DC.

木防己 *Cocculus orbiculatus*（L.）DC.

木质藤本。生于海拔 4～909m 的灌丛、村边或林缘。产于古城、大洋、江南、大田、邵家渡、汛桥、东塍、小芝、桃渚、上盘、杜桥、涌泉、尤溪、河头、括苍、永丰、汇溪、白水洋。

秤钩风属 *Diploclisia* Miers

秤钩风 *Diploclisia affinis*（Oliv.）Diels

木质藤本。生于海拔 156～357m 的林缘或疏林中。产于江南、杜桥、括苍、白水洋。

细圆藤属 *Pericampylus* Miers

细圆藤 *Pericampylus glaucus*（Lam.）Merr.

木质藤本。生于海拔 71～353m 的林中、林缘和灌丛中。产于古城、江南、邵家渡、涌泉、尤溪、沿江、括苍。

风龙属 *Sinomenium* Diels

风龙 *Sinomenium acutum*（Thunb.）Rehd. et E. H. Wils.

木质藤本。生于海拔 114～620m 的林中。产于古城、大洋、江南、邵家渡、括苍、白水洋。

千金藤属 *Stephania* Lour.

金线吊乌龟 *Stephania cepharantha* Hayata

木质藤本。生于海拔 88m 的路旁林缘。产于邵家渡、括苍。

千金藤 *Stephania japonica*（Thunb.）Miers

木质藤本。生于海拔 308m 以下的路边、村旁或灌丛中。产于古城、大洋、江南、大田、邵家渡、东塍、小芝、桃渚、上盘、杜桥、涌泉、河头、沿江、括苍、永丰、汇溪、白水洋。

粉防己 *Stephania tetrandra* S. Moore

草质藤本。生于海拔 4～221m 的村边、旷野、路边等处的灌丛中。产于古城、大洋、江南、大田、邵家渡、汛桥、杜桥、涌泉、沿江、括苍、永丰、汇溪。

（三十三）木兰科 **Magnoliaceae**

八角属 *Illicium* L.

红毒茴 *Illicium lanceolatum* A. C. Sm.

常绿乔木。生于海拔 285～748m 的林下。产于古城、江南、括苍、白水洋。

南五味子属 *Kadsura* Kaempf. ex Juss.

南五味子 *Kadsura longipedunculata* Finet et Gagnep.

木质藤本。生于海拔 4～920m 的山坡、林下。产于古城、大洋、江南、大田、邵家渡、汛桥、小芝、杜桥、涌泉、尤溪、河头、括苍、汇溪、白水洋。

鹅掌楸属 *Liriodendron* L.

杂交鹅掌楸 *Liriodendron* × *sinoamericanum* P. C. Yieh ex C. B. Shang et Zhang R. Wang

落叶乔木。栽培。

鹅掌楸 *Liriodendron chinense*（Hemsl.）Sarg.

落叶乔木。古城、括苍、白水洋等地有栽培。

北美鹅掌楸 *Liriodendron tulipifera* L.

落叶大乔木。栽培。

木兰属 *Magnolia* L.

黄山木兰 *Magnolia cylindrica* E. H. Wilson

落叶乔木。生于海拔 82～328m 的山坡林下。产于江南、大田、邵家渡。

飞黄玉兰 *Magnolia denudata* (Desr.) D. L. Fu 'Fei Huang'

落叶乔木。城区有栽培。

玉兰 *Magnolia denudata* Desr.

落叶乔木。生于林中。产于括苍。

荷花玉兰 *Magnolia grandiflora* L.

常绿乔木。各地广泛栽培。

紫玉兰 *Magnolia liliflora* Desr.

落叶灌木。城区有栽培。

厚朴 *Magnolia officinalis* Rehder et E. H. Wilson

落叶乔木。江南有栽培。

凹叶厚朴 *Magnolia officinalis* Rehder et E. H. Wilson subsp. *biloba* (Rehder et E. H. Wilson) Y. W. Law [*M. officinalis* var. *biloba* (Rehd. et Wils.) Law]

落叶乔木。生于海拔 124～866m 的山坡林下。产于括苍、白水洋。

二乔木兰 *Magnolia soulangeana* Soul.-Bod.

落叶乔木。各地广泛栽培。

含笑属 *Michelia* L.

白兰 *Michelia alba* DC.

常绿乔木。桃渚有栽培。

乐昌含笑 *Michelia chapensis* Dandy

常绿乔木。城区有栽培。

含笑花 *Michelia figo* (Lour.) Spreng.

常绿乔木。各地广泛栽培。

深山含笑 *Michelia maudiae* Dunn

常绿乔木。生于海拔 7～142m 的林

下或林缘。产于大洋、大田、括苍。

阔瓣含笑 *Michelia platypetala* Hand.-Mazz.

常绿乔木。大洋有栽培。

峨眉含笑 *Michelia wilsonii* Finet et Gagnep.

常绿乔木。城区有栽培。

五味子属 *Schisandra* Michx.

翼梗五味子 *Schisandra henryi* C. B. Clarke

木质藤本。生于海拔 154～764m 的沟边、山坡林下或灌丛中。产于括苍。

华中五味子 *Schisandra sphenanthera* Rehder et E. H. Wilson [*S. elongata* (Blume) Baill.]

木质藤本。生于海拔 31～448m 的山坡灌丛中。产于古城、大洋、江南、大田、邵家渡、汛桥、杜桥、涌泉、尤溪、沿江、括苍、汇溪、白水洋。

(三十四)蜡梅科 Calycanthaceae

蜡梅属 *Chimonanthus* Lindl. nom. cons.

蜡梅 *Chimonanthus praecox* (L.) Link

落叶灌木。沿江、括苍有栽培。

(三十五)樟科 Lauraceae

樟属 *Cinnamomum* Trew

华南桂 *Cinnamomum austrosinense* Hung T. Chang

常绿乔木。生于山坡或溪边的常绿阔叶林中或灌丛中。《台州乡土树种识别与应用》记载有分布。

樟 *Cinnamomum camphora* (L.) J. Presl

常绿乔木。生于海拔 0～441m 的山坡或沟谷中。产于古城、大洋、江南、大田、邵家渡、汛桥、东塍、小芝、桃渚、上盘、杜桥、涌泉、尤溪、河头、沿江、括苍、永丰、汇溪、白水洋。

浙江樟 *Cinnamomum chekiangense* Nakai

常绿乔木。生于海拔 55m 的山坡或

沟谷。产于邵家渡、括苍。

普陀樟 *Cinnamomum japonicum* Sieb. var. *chenii* (Nakai) G. F. Tao

常绿乔木。桃渚有栽培。

香桂 *Cinnamomum subavenium* Miq.

常绿乔木。生于山坡或山谷的常绿阔叶林中。产于括苍。

山胡椒属 *Lindera* Thunb.

乌药 *Lindera aggregata* (Sims) Kosterm.

常绿灌木。生于海拔 10～795m 的山坡、山谷或疏林灌丛中。产于古城、大洋、江南、大田、邵家渡、汛桥、尤溪、河头、括苍、永丰、汇溪、白水洋。

红果山胡椒 *Lindera erythrocarpa* Makino

落叶乔木。生于海拔 150～1230m 的山坡、山谷、溪边、林下。产于江南、大田、邵家渡、汛桥、涌泉、尤溪、括苍、白水洋。

绿叶甘橿 *Lindera fruticosa* Hemsl.

落叶灌木。生于海拔 817m 的山坡林下。产于括苍。

山胡椒 *Lindera glauca* (Sieb. et Zucc.) Blume

落叶灌木。生于海拔 4～817m 的山坡、林缘、路旁。产于古城、大洋、江南、大田、邵家渡、汛桥、杜桥、涌泉、尤溪、括苍、永丰、汇溪、白水洋。

黑壳楠 *Lindera megaphylla* Hemsl.

常绿乔木。生于海拔 410～720m 的山坡、谷地湿润常绿阔叶林或灌丛中。产于白水洋。

三桠乌药 *Lindera obtusiloba* Blume

落叶灌木或小乔木。生于林中。产于括苍。

山橿 *Lindera reflexa* Hemsl.

落叶灌木。生于海拔 159～918m 的山谷、山坡林下或灌丛中。产于古城、江南、大田、邵家渡、尤溪、括苍、白水洋。

红脉钓樟 *Lindera rubronervia* Gamble

落叶灌木。生于海拔 90～918m 的山坡林下、溪边或山谷中。产于江南、邵家渡、括苍。

木姜子属 *Litsea* Lam.

豹皮樟 *Litsea coreana* H. Lév. var. *sinensis* (C. K. Allen) Yen C. Yang et P. H. Huang

常绿乔木。生于海拔 103～357m 的常绿阔叶林中。产于古城、大田、邵家渡、汛桥、桃渚、上盘、杜桥、涌泉、尤溪、括苍、白水洋。

山鸡椒 *Litsea cubeba* (Lour.) Pers.

落叶灌木。生于海拔 21～411m 的山坡、林缘、路旁或水边。产于古城、江南、大田、邵家渡、汛桥、小芝、杜桥、涌泉、尤溪、河头、沿江、括苍、汇溪、白水洋。

毛山鸡椒 *Litsea cubeba* (Lour.) Pers. var. *formosana* (Nakai) Yen C. Yang et P. H. Huang

落叶乔木。生于海拔 51～764m 的山坡、林缘、路旁或水边。产于古城、大洋、江南、邵家渡、尤溪、括苍、汇溪、白水洋。

黄丹木姜子 *Litsea elongata* (Nees) Hook. f.

常绿乔木。生于山坡路旁、溪旁、林下。产于括苍。

润楠属 *Machilus* Nees

薄叶润楠 *Machilus leptophylla* Hand. -Mazz.

常绿乔木。生于海拔 49～348m 的林中。产于古城、大洋、江南、大田、邵家渡、杜桥、涌泉、尤溪、沿江、括苍。

刨花润楠 *Machilus pauhoi* Kaneh.

常绿乔木。生于海拔 4～348m 的山坡灌丛或山谷疏林中。产于江南、邵家渡、杜桥、涌泉、尤溪。

红楠 *Machilus thunbergii* Sieb. et Zucc.

常绿乔木。生于海拔 45～448m 的林下。产于古城、大洋、江南、大田、邵家渡、汛桥、东塍、小芝、桃渚、上盘、杜桥、涌泉、尤溪、河头、沿江、括苍、汇溪、白水洋。

新木姜子属 *Neolitsea* Merr.

浙江新木姜子 *Neolitsea aurata*（Hayata）Koidz. var. *chekiangensis*（Nakai）Yen C. Yang et P. H. Huang

常绿乔木。生于山坡林缘或杂木林中。产于括苍。

楠属 *Phoebe* Nees

浙江楠 *Phoebe chekiangensis* C. B. Shang

常绿乔木。邵家渡、河头等地有栽培。

紫楠 *Phoebe sheareri*（Hemsl.）Gamble

常绿乔木。生于海拔 110～388m 的林中。产于古城、江南、大田、邵家渡、汛桥、涌泉、尤溪、括苍、白水洋。

檫木属 *Sassafras* Trew

檫木 *Sassafras tzumu*（Hemsl.）Hemsl.

落叶乔木。生于海拔 4～846m 的林下。产于古城、大洋、大田、邵家渡、汛桥、小芝、涌泉、尤溪、括苍、白水洋。

（三十六）罂粟科 Papaveraceae

紫堇属 *Corydalis* DC.

北越紫堇 *Corydalis balansae* Prain

二年生草本。生于海拔 6～353m 的山谷或沟边湿地。产于大洋、江南、邵家渡、上盘、杜桥、涌泉、括苍、白水洋。

夏天无 *Corydalis decumbens*（Thunb.）Pers.

二年生草本。生于海拔 4～348m 的山坡或路边。产于大田、邵家渡、小芝、上盘、杜桥、涌泉、河头、沿江、括苍、白水洋。

异果黄堇 *Corydalis heterocarpa* Sieb. et Zucc.

二年生草本。生于沙地。产于桃渚、上盘。

土元胡 *Corydalis humosa* Migo

多年生草本。生于山地林下或林缘。产于括苍山。

刻叶紫堇 *Corydalis incisa*（Thunb.）Pers.

一年生草本。生于海拔 4～364m 的路边或疏林下。产于古城、大洋、江南、大田、邵家渡、汛桥、小芝、杜桥、涌泉、尤溪、河头、括苍、白水洋。

黄堇 *Corydalis pallida*（Thunb.）Pers.

二年生草本。生于海拔 39～223m 的林缘、河岸或多石坡地。产于江南、邵家渡、河头、沿江、括苍、白水洋。

小花黄堇 *Corydalis racemosa*（Thunb.）Pers.

一年生草本。生于海拔 0～318m 的路边石隙、墙缝中或沟边阴湿林下。产于古城、大洋、江南、大田、邵家渡、汛桥、小芝、杜桥、涌泉、尤溪、河头、括苍、永丰、白水洋。

珠芽地锦苗 *Corydalis sheareri* S. Moore f. *bulbillifera* Hand.-Mazz.

多年生草本。生于水边或林下潮湿地。产于古城。

延胡索 *Corydalis yanhusuo* W. T. Wang ex Z. Y. Su et C. Y. Wu

多年生草本。栽培。

花菱草属 *Eschscholtzia* Cham.

花菱草 *Eschscholtzia californica* Cham.

一、二年生草本。城区有栽培。

荷青花属 *Hylomecon* Maxim.

荷青花 *Hylomecon japonica*（Thunb.）Prantl et Kündig

多年生草本。生于林下、林缘或沟边。

产于括苍。

博落回属 *Macleaya* R. Br.

博落回 *Macleaya cordata* (Willd.) R. Br.

多年生草本。生于海拔 14~846m 的路旁、林缘、草地。产于古城、大洋、江南、大田、邵家渡、汛桥、尤溪、河头、沿江、括苍、永丰、汇溪、白水洋。

罂粟属 *Papaver* L.

虞美人 *Papaver rhoeas* L.

一年生草本。城区有栽培。

罂粟 *Papaver somniferum* L.

一年生草本。江南有栽培。

(三十七)白花菜科 Capparaceae

白花菜属 *Cleome* L.

白花菜 *Cleome gynandra* L.

一年生草本。生于荒地、路旁。产于邵家渡。

醉蝶花 *Cleome spinosa* Jacq.

一年生草本。各地偶见栽培。

黄花草 *Cleome viscosa* L.

一年生草本。生于荒地、路旁及田间。产于大田、白水洋。

(三十八)十字花科 Cruciferae

南芥属 *Arabis* L.

匍匐南芥 *Arabis flagellosa* Miq.

多年生草本。生于海拔187~920m 的林下沟边、阴湿山谷石缝中。产于邵家渡、白水洋。

芸薹属 *Brassica* L.

芥蓝 *Brassica alboglabra* L. H. Bailey

一、二年生草本。各地广泛栽培。

芸薹 *Brassica campestris* L.

一、二年生草本。各地广泛栽培。

紫菜薹 *Brassica campestris* L. var. *purpuraria* L. H. Bailey

一、二年生草本。各地广泛栽培。

擘蓝 *Brassica caulorapa* (DC.) Pasq.

二年生草本。城区有栽培。

青菜 *Brassica chinensis* L.

一年生草本。各地广泛栽培。

芥菜 *Brassica juncea* (L.) Czern.

一年生草本。各地广泛栽培。

雪里蕻 *Brassica juncea* (L.) Czern. et Coss. var. *multiceps* Tsen et Lee

一年生草本。各地广泛栽培。

芜青甘蓝 *Brassica napobrassica* Mill.

二年生草本。各地广泛栽培。

羽衣甘蓝 *Brassica oleracea* L. var. *acephala* DC. f. *tricolor* Hort.

二年生草本。各地广泛栽培。

花椰菜 *Brassica oleracea* L. var. *botrytis* L.

二年生草本。各地广泛栽培。

甘蓝 *Brassica oleracea* L. var. *capitata* L.

二年生草本。邵家渡、桃渚有栽培。

绿花菜 *Brassica oleracea* L. var. *italica* Plenck

二年生草本。各地广泛栽培。

白菜 *Brassica pekinensis* (Lour.) Rupr.

一年生草本。各地广泛栽培。

荠属 *Capsella* Medic.

荠 *Capsella bursa-pastoris* (L.) Medik.

二年生草本。生于海拔 0~188m 的山坡、田边及路旁。产于大洋、大田、邵家渡、汛桥、小芝、桃渚、上盘、杜桥、涌泉、河头、沿江、括苍、永丰、白水洋。

碎米荠属 *Cardamine* L.

弯曲碎米荠 *Cardamine flexuosa* With.

一、二年生草本。生于海拔 3~287m 的田边、路旁及草地。产于古城、邵家渡、汛桥、涌泉、尤溪、括苍、永丰。

卵叶弯曲碎米荠 *Cardamine flexuosa* With. var. *ovatifolia* T. Y. Cheo et R. C. Fang

一、二年生草本。生于田边、路旁及草地。产于江南。

碎米荠 *Cardamine hirsuta* L.

一、二年生草本。生于海拔 0~357m 的山坡、路旁、荒地及草丛中。产于古城、大洋、江南、大田、邵家渡、汛桥、小芝、杜桥、涌泉、尤溪、河头、沿江、括苍、白水洋。

弹裂碎米荠 *Cardamine impatiens* L.

一、二年生草本。生于海拔 33~258m 的路旁、山坡、沟谷、水边或阴湿地。产于江南、河头。

水田碎米荠 *Cardamine lyrata* Bunge

多年生草本。生于海拔 0~222m 的水田边、溪边及浅水处。产于江南、大田、邵家渡、汛桥、涌泉、沿江、永丰、汇溪。

浙江碎米荠 *Cardamine zhejiangensis* T. Y. Cheo et R. C. Fang

多年生草本。生于山坡石隙间或林下沟边及草丛中。产于江南、括苍山。

桂竹香属 *Cheiranthus* L.

桂竹香 *Cheiranthus cheiri* L.

多年生草本。城区有栽培。

臭荠属 *Coronopus* J. G. Zinn nom. cons.

臭荠 *Coronopus didymus* (L.) Sm.

二年生草本。生于海拔 0~355m 的路旁或荒地。产于古城、大洋、大田、邵家渡、汛桥、桃渚、上盘、杜桥、涌泉、河头、沿江、括苍、白水洋。

播娘蒿属 *Descurainia* Webb et Berth.

播娘蒿 *Descurainia sophia* (L.) Webb ex Prantl

一年生草本。栽培。

葶苈属 *Draba* L.

葶苈 *Draba nemorosa* L.

一、二年生草本。生于田边路旁、山坡草地及河谷湿地。产于邵家渡。

泡果荠属 *Hilliella* (O. E. Schulz) Y. H. Zhang et H. W. Li

浙江泡果荠 *Hilliella warburgii* O. E. Schulz

一、二年生草本。生于海拔 199~212m 的田边路旁、山坡草地及河谷湿地。产于括苍、白水洋。

独行菜属 *Lepidium* L.

北美独行菜 *Lepidium virginicum* L.

一年生草本。生于海拔 4~171m 的田边或荒地。产于大田、邵家渡、桃渚、上盘、涌泉、河头、汇溪、白水洋。

紫罗兰属 *Matthiola* R. Br. corr. Spreng.

紫罗兰 *Matthiola incana* (L.) R. Br.

二年生草本。城区有栽培。

诸葛菜属 *Orychophragmus* Bunge

诸葛菜 *Orychophragmus violaceus* (L.) O. E. Schulz

二年生草本。古城有栽培。

萝卜属 *Raphanus* L.

萝卜 *Raphanus sativus* L.

二年生草本。各地广泛栽培。

蔊菜属 *Rorippa* Scop.

广州蔊菜 *Rorippa cantoniensis* (Lour.) Ohwi

一年生草本。生于海拔 1~175m 的田边路旁、山沟、河边或潮湿地。产于古城、邵家渡、汛桥、杜桥、河头、沿江、永丰。

无瓣蔊菜 *Rorippa dubia* (Pers.) H. Hara

一年生草本。生于海拔 24 ～ 65m 的山坡路旁、山谷、河边湿地。产于大洋、江南、邵家渡。

风花菜 *Rorippa globosa* (Turcz. ex Fisch. et C. A. Mey.) Hayek

一、二年生草本。生于海拔 20 ～ 175m 的河岸、湿地、路旁、沟边或草丛中。产于江南、邵家渡、河头、白水洋。

蔊菜 *Rorippa indica* (L.) Hiern

一年生草本。生于海拔 4 ～ 314m 的路旁、田边、河边、屋边墙脚及山坡路旁。产于古城、大洋、大田、汛桥、小芝、桃渚、上盘、杜桥、涌泉、河头、沿江、括苍、永丰、白水洋。

(三十九)伯乐树科 **Bretschneideraceae**

伯乐树属 *Bretschneidera* Hemsl.

伯乐树(钟萼木) *Bretschneidera sinensis* Hemsl.

落叶乔木。生于山地林中。《台州乡土树种识别与应用》记载有分布。

(四十)茅膏菜科 **Droseraceae**

茅膏菜属 *Drosera* L.

光萼茅膏菜 *Drosera peltata* Sm. ex Willd. var. *glabrata* Y. Z. Ruan

多年生草本。生于海拔 120m 的林下、草丛或灌丛中,田边、水旁、草坪亦可见。产于邵家渡、桃渚、上盘。

圆叶茅膏菜 *Drosera rotundifolia* L.

多年生草本。生于山地湿草丛中。产于括苍山。

匙叶茅膏菜 *Drosera spathulata* Labill.

多年生草本。生于海拔 54 ～ 355m 的山坡和岩石间的灌丛或草丛中。产于杜桥、永丰。

(四十一)景天科 **Crassulaceae**

八宝属 *Hylotelephium* H. Ohba

八宝 *Hylotelephium erythrostictum* (Miq.) H. Ohba

多年生草本。城区有栽培。

紫花八宝 *Hylotelephium mingjinianum* (S. H. Fu) H. Ohba

多年生草本。生于海拔 19 ～ 567m 的石壁上。产于江南、河头、括苍、白水洋。

瓦松属 *Orostachys* (DC.) Fisch.

晚红瓦松 *Orostachys erubescens* (Maxim.) Ohwi

多年生草本。生于海拔 36 ～ 543m 的石上。产于邵家渡、桃渚、上盘、涌泉、括苍、汇溪、白水洋。

景天属 *Sedum* L.

费菜 *Sedum aizoon* L.

多年生草本。生于山坡岩石或荒地上。产于邵家渡。

东南景天 *Sedum alfredii* Hance

多年生草本。生于海拔 365m 以下的山坡林下、路旁阴湿处。产于江南、大田、邵家渡、汛桥、桃渚、上盘、杜桥、涌泉、括苍、汇溪、白水洋。

对叶景天 *Sedum baileyi* Praeger

多年生草本。生于山坡石缝中。产于括苍。

珠芽景天 *Sedum bulbiferum* Makino

一年生草本。生于海拔 4 ～ 422m 的山坡石缝中。产于古城、大洋、江南、大田、邵家渡、小芝、杜桥、涌泉、河头、括苍、白水洋。

大叶火焰草 *Sedum drymarioides* Hance

一年生草本。生于海拔 194 ～ 286m 的石上、墙壁上。产于汇溪、白水洋。

凹叶景天 *Sedum emarginatum* Migo

多年生草本。生于海拔 31～282m 的山坡阴湿处。产于江南、大田、汛桥、杜桥、沿江、括苍、汇溪。

台湾佛甲草 *Sedum formosanum* N. E. Brown

一年生草本。生于海拔 14m 的石上、墙壁上。产于上盘。

日本景天 *Sedum japonicum* Siebold ex Miq.

多年生草本。生于山坡阴湿处。产于括苍山。

佛甲草 *Sedum lineare* Thunb.

多年生草本。生于海拔 58～353m 的低山或平地草坡上。产于邵家渡、括苍。

龙泉景天 *Sedum lungtsuanense* S. H. Fu

多年生草本。生于海拔 92m 的山坡阴湿岩石上。产于邵家渡、括苍。

圆叶景天 *Sedum makinoi* Maxim.

多年生草本。生于海拔 41～386m 的林下阴湿处。产于江南、大田、邵家渡、涌泉、河头、括苍、白水洋。

藓状景天 *Sedum polytrichoides* Hemsl.

多年生草本。生于石上。产于括苍。

垂盆草 *Sedum sarmentosum* Bunge

多年生草本。生于海拔 14～353m 的山坡阳处或石上。产于江南、大田、邵家渡、汛桥、桃渚、括苍、永丰、汇溪、白水洋。

狭叶垂盆草 *Sedum sarmentosum* Bunge var. *angustifolium* (Z. B. Hu et X. L. Huang) Y. C. Ho

多年生草本。生于山坡阳处或石上。产于桃渚、上盘。

（四十二）虎耳草科 Saxifragaceae

落新妇属 *Astilbe* Buch.-Ham. ex D. Don

落新妇 *Astilbe chinensis* (Maxim.) Franch. et Sav.

多年生草本。生于海拔 242～865m 的山谷、溪边、林下、林缘和草甸等处。产于

江南、白水洋。

大落新妇 *Astilbe grandis* Stapf ex E. H. Wils.

多年生草本。生于林下、灌丛或沟谷阴湿处。产于尤溪。

大果落新妇 *Astilbe macrocarpa* Knoll

多年生草本。生于沟谷灌丛和草丛中。产于尤溪、江南。

草绣球属 *Cardiandra* Sieb. et Zucc.

草绣球 *Cardiandra moellendorffii* (Hance) Migo

多年生草本。生于海拔 970m 的山谷密林或山坡疏林下。产于括苍、白水洋。

金腰属 *Chrysosplenium* Tourn. ex L.

日本金腰 *Chrysosplenium japonicum* (Maxim.) Makino

多年生草本。生于林下或山谷湿地。产于大田。

大叶金腰 *Chrysosplenium macrophyllum* Oliv.

多年生草本。生于林下或沟旁阴湿处。产于括苍。

柔毛金腰 *Chrysosplenium pilosum* Maxim. var. *valdepilosum* Ohwi

多年生草本。生于林下阴湿处。产于括苍。

溲疏属 *Deutzia* Thunb.

天台溲疏 *Deutzia faberi* Rehd.

落叶灌木。生于海拔 67～620m 的山坡灌丛中。产于古城、江南、邵家渡、汛桥、沿江、括苍、白水洋。

黄山溲疏 *Deutzia glauca* W. C. Cheng

落叶灌木。生于林中。产于括苍。

宁波溲疏 *Deutzia ningpoensis* Rehd.

落叶灌木。生于海拔 19～313m 的山谷或山坡林中。产于江南、邵家渡、河头、

括苍、汇溪、白水洋。

常山属 *Dichroa* Lour.

常山 *Dichroa febrifuga* Lour.

落叶灌木。生于林下阴湿处。产于邵家渡、括苍。

绣球属 *Hydrangea* L.

中国绣球 *Hydrangea chinensis* Maxim.

落叶灌木。生于海拔 4 ~ 918m 的溪边林缘或山坡、山顶灌丛或草丛中。产于古城、大洋、江南、大田、邵家渡、汛桥、东塍、杜桥、涌泉、尤溪、河头、沿江、括苍、永丰、汇溪、白水洋。

江西绣球 *Hydrangea jiangxiensis* W. T. Wang et Nie

落叶灌木。生于溪边林缘或山坡、山顶灌丛或草丛中。产于括苍。

绣球 *Hydrangea macrophylla* (Thunb.) Ser.

落叶灌木。栽培。

圆锥绣球 *Hydrangea paniculata* Sieb.

落叶灌木。生于海拔 20 ~ 373m 的山谷、山坡疏林下或山脊灌丛中。产于江南、邵家渡、括苍。

蜡莲绣球 *Hydrangea strigosa* Rehd. [*H. rosthornii* Diels]

落叶灌木。生于海拔295 ~ 411m 的林中或灌丛中。产于大洋、邵家渡、括苍。

浙皖绣球 *Hydrangea zhewanensis* P. S. Hsu et X. P. Zhang

落叶灌木。生于山谷溪边疏林下或山坡灌丛中。产于括苍山。

鼠刺属 *Itea* L.

矩叶鼠刺 *Itea oblonga* Hand.-Mazz. [*I. chinensis* Hook. et Arn. var. *oblonga* (Hand.-Mazz.) Wu]

常绿灌木。生于海拔 61 ~ 473m 的山谷、疏林或灌丛中。产于古城、大洋、江南、大田、邵家渡、汛桥、小芝、杜桥、涌泉、尤溪、沿江、括苍、白水洋。

扯根菜属 *Penthorum* Gronov. ex L.

扯根菜 *Penthorum chinense* Pursh

多年生草本。生于海拔 7m 的林下、灌丛草甸及水边。产于古城、汛桥。

山梅花属 *Philadelphus* L.

牯岭山梅花 *Philadelphus sericanthus* Koehne var. *kulingensis* (Koehne) Hand. -Mazz.

落叶灌木。生于林下或灌丛中。产于括苍山。

浙江山梅花 *Philadelphus zhejiangensis* Hwang [*P. brachybotrys* (Koehne) Koehne var. *laxiflorus* (Chcng) S. Y. Hu]

落叶灌木。生于林下或灌丛中。产于邵家渡、括苍。

冠盖藤属 *Pileostegia* Hook. f. et Thoms.

冠盖藤 *Pileostegia viburnoides* Hook. f. et Thoms.

木质藤本。生于海拔 139 ~ 290m 的林中。产于大洋、江南、汛桥、尤溪、括苍。

蛛网萼属 *Platycrater* Sieb. et Zucc.

蛛网萼 *Platycrater arguta* Sieb. et Zucc.

落叶灌木。生于海拔 124 ~ 402m 的山地林下、溪边、岩石上等阴湿处。产于邵家渡、杜桥、汇溪。

茶藨子属 *Ribes* L.

绿花茶藨子 *Ribes viridiflorum* (Cheng) L. T. Lu et G. Yao

落叶灌木。生于山坡林中、岩石堆或路边。产于括苍山。

虎耳草属 *Saxifraga* Tourn. ex L.

虎耳草 *Saxifraga stolonifera* Curtis

多年生草本。生于海拔 39～337m 的林下、灌丛、草甸和阴湿石壁上。产于江南、邵家渡、汛桥、东塍、涌泉、尤溪、河头、括苍、白水洋。

钻地风属 *Schizophragma* Sieb. et Zucc.

钻地风 *Schizophragma integrifolium* Oliv. [*S. integrifolium* f. *denticulatum* (Rehd.) Chun]

木质藤本。生于山谷、山坡密林或疏林中。产于括苍。

柔毛钻地风 *Schizophragma molle* (Rehd.) Chun

木质藤本。生于路边林中或山谷峭壁上。产于括苍山。

黄水枝属 *Tiarella* L.

黄水枝 *Tiarella polyphylla* D. Don

多年生草本。生于林下、灌丛和阴湿地。产于括苍。

(四十三) 海桐花科 **Pittosporaceae**

海桐花属 *Pittosporum* Banks

海金子 *Pittosporum illicioides* Makino

常绿灌木。生于海拔 103～905m 的林缘、林中。产于古城、大洋、江南、邵家渡、尤溪、括苍、白水洋。

海桐 *Pittosporum tobira* (Thunb.) Ait.

常绿灌木。生于海拔 10～258m 的山坡。产于大洋、江南、邵家渡、上盘、河头。

(四十四) 金缕梅科 **Hamamelidaceae**

蜡瓣花属 *Corylopsis* Sieb. et Zucc.

腺蜡瓣花 *Corylopsis glandulifera* Hemsl.

落叶灌木。生于海拔 173～334m 的山坡灌丛及溪沟边。产于江南。

蜡瓣花 *Corylopsis sinensis* Hemsl.

落叶灌木。生于山坡灌丛及溪沟边。产于括苍。

蚊母树属 *Distylium* Sieb. et Zucc.

杨梅叶蚊母树 *Distylium myricoides* Hemsl.

常绿灌木。生于山谷、溪边和林缘。产于括苍。

蚊母树 *Distylium racemosum* Sieb. et Zucc.

常绿灌木。城区有栽培。

金缕梅属 *Hamamelis* Gronov. ex L.

金缕梅 *Hamamelis mollis* Oliv.

落叶灌木。生于林中。产于括苍。

枫香树属 *Liquidambar* L.

缺萼枫香树 *Liquidambar acalycina* H. T. Chang

落叶乔木。生于林中。产于括苍。

枫香树 *Liquidambar formosana* Hance

落叶乔木。生于海拔 4～414m 的林中。产于古城、大洋、江南、大田、邵家渡、汛桥、东塍、小芝、桃渚、上盘、杜桥、涌泉、尤溪、河头、沿江、括苍、汇溪、白水洋。

檵木属 *Loropetalum* R. Brown

檵木 *Loropetalum chinense* (R. Br.) Oliv.

常绿灌木。生于海拔 4～475m 的向阳的丘陵及山坡。产于古城、大洋、江南、大田、邵家渡、汛桥、东塍、小芝、桃渚、上盘、杜桥、涌泉、尤溪、河头、沿江、括苍、永丰、汇溪、白水洋。

红花檵木 *Loropetalum chinense* (R. Br.) Oliv. var. *rubrum* Yieh

常绿灌木。各地广泛栽培。

半枫荷属 *Semiliquidambar* Chang

半枫荷 *Semiliquidambar cathayensis* H. T. Chang

常绿乔木。生于山坡林下。产于括苍。

（四十五）杜仲科 Eucommiaceae

杜仲属 *Eucommia* Oliver

杜仲 *Eucommia ulmoides* Oliv.

落叶乔木。大田、邵家渡、括苍、白水洋等地有栽培。

（四十六）悬铃木科 Platanaceae

悬铃木属 *Platanus* L.

二球悬铃木 *Platanus* × *acerifolia*（Ait.）Willd.

落叶乔木。各地广泛栽培。

一球悬铃木 *Platanus occidentalis* L.

落叶大乔木。城区有栽培。

三球悬铃木 *Platanus orientalis* L.

落叶大乔木。城区有栽培。

（四十七）蔷薇科 Rosaceae

龙芽草属 *Agrimonia* L.

龙芽草 *Agrimonia pilosa* Ledeb.

多年生草本。生于海拔 4～521m 的溪边、路旁、草地、灌丛、林缘及疏林下。产于古城、大洋、江南、大田、邵家渡、汛桥、东塍、小芝、上盘、杜桥、涌泉、尤溪、河头、括苍、永丰、汇溪、白水洋。

唐棣属 *Amelanchier* Medic.

东亚唐棣 *Amelanchier asiatica*（Sieb. et Zucc.）Endl. ex Walp.

落叶乔木。生于海拔 733m 的山坡、溪旁、混交林中。产于邵家渡、白水洋。

桃属 *Amygdalus* L.

桃 *Amygdalus persica* L.

落叶乔木。生于海拔 18～487m 的山坡、路旁。产于大洋、江南、大田、邵家渡、汛桥、小芝、桃渚、上盘、涌泉、河头、括苍、

白水洋。

绛桃 *Amygdalus persica* L. f. *camelliaeflora*（Van Houtte）Dipp.

落叶乔木。各地广泛栽培。

碧桃 *Amygdalus persica* L. f. *duplex* Rehd.

落叶乔木。各地广泛栽培。

撒金碧桃 *Amygdalus persica* L. f. *versicolor*（Sieb.）Voss

落叶乔木。各地广泛栽培。

杏属 *Armeniaca* Mill.

梅 *Armeniaca mume* Siebold

落叶乔木。各地广泛栽培。

杏 *Armeniaca vulgaris* Lam.

落叶乔木。古城有栽培。

假升麻属 *Aruncus* Adans.

假升麻 *Aruncus sylvester* Kostel. ex Maxim.

多年生草本。生于山沟、山坡林下。产于括苍。

樱属 *Cerasus* Mill.

钟花樱桃 *Cerasus campanulata*（Maxim.）A. N. Vassiljeva

落叶乔木。生于海拔 175～302m 的山坡林中及林缘。产于江南、汛桥、括苍、白水洋。

迎春樱桃 *Cerasus discoidea* T. T. Yu et C. L. Li

落叶乔木。生于海拔 199～369m 的山坡林中或溪边灌丛中。产于邵家渡、白水洋。

麦李 *Cerasus glandulosa*（Thunb.）Loisel.

落叶灌木。江南、括苍有栽培。

郁李 *Cerasus japonica*（Thunb.）Loisel.

落叶灌木。城区有栽培。

毛柱郁李 *Cerasus pogonostyla*（Maxim.）T. T. Yu et C. L. Li

落叶灌木。生于山坡林下。产于桃

渚、上盘。

樱桃 *Cerasus pseudocerasus* (Lindl.) Loudon

落叶乔木。永丰有栽培。

浙闽樱桃 *Cerasus schneideriana* (Koehne) T. T. Yu et C. L. Li [*Prunus schneideriana* Koehn]

落叶乔木。生于海拔119～260m的林中、林缘。产于江南、邵家渡、括苍。

山樱花 *Cerasus serrulata* (Lindl.) Loudon

落叶乔木。生于海拔1230m的山坡林中。产于白水洋。

日本晚樱 *Cerasus serrulata* (Lindl.) Loudon var. *lannesiana* (Carrière) T. T. Yu et C. L. Li

落叶乔木。各地广泛栽培。

毛叶山樱花 *Cerasus serrulata* (Lindl.) Loudon var. *pubescens* (Makino) T. T. Yu et C. L. Li

落叶乔木。生于山坡林中。产于括苍。

木瓜属 *Chaenomeles* Lindl.

毛叶木瓜 *Chaenomeles cathayensis* (Hemsl.) C. K. Schneid.

落叶灌木。括苍有栽培。

日本木瓜 *Chaenomeles japonica* (Thunb.) Lindl.

落叶灌木。城区有栽培。

木瓜 *Chaenomeles sinensis* (Thouin) Koehne

落叶乔木。城区有栽培。

皱皮木瓜 *Chaenomeles speciosa* (Sweet) Nakai

落叶灌木。城区有栽培。

山楂属 *Crataegus* L.

野山楂 *Crataegus cuneata* Sieb. et Zucc.

落叶灌木。生于海拔4～281m的山坡灌丛中。产于古城、江南、大田、邵家渡、汛桥、桃渚、上盘、涌泉、河头、括苍、白水洋。

山楂 *Crataegus pinnatifida* Bunge

落叶乔木。城区有栽培。

蛇莓属 *Duchesnea* J. E. Smith

皱果蛇莓 *Duchesnea chrysantha* (Zoll. et Moritzi) Miq.

多年生草本。生于海拔6～364m的荒地、路旁。产于古城、大洋、江南、大田、邵家渡、汛桥、小芝、桃渚、上盘、杜桥、涌泉、河头、沿江、永丰、汇溪、白水洋。

蛇莓 *Duchesnea indica* (Andrews) Focke

多年生草本。生于海拔6～349m的山坡、河岸、草地。产于古城、大洋、大田、邵家渡、汛桥、东塍、上盘、涌泉、河头、括苍、永丰、白水洋。

枇杷属 *Eriobotrya* Lindl.

枇杷 *Eriobotrya japonica* (Thunb.) Lindl.

常绿乔木。各地广泛栽培。

草莓属 *Fragaria* L.

草莓 *Fragaria* × *ananassa* (Weston) Duchesne

多年生草本。大田、河头等地有栽培。

棣棠花属 *Kerria* DC.

棣棠花 *Kerria japonica* (L.) DC.

落叶灌木。生于海拔865～943m的山坡灌丛中。产于括苍、白水洋。

重瓣棣棠花 *Kerria japonica* (L.) DC. f. *pleniflora* (Witte) Rehd.

落叶灌木。城区有栽培。

桂樱属 *Laurocerasus* Tourn. ex Duh.

腺叶桂樱 *Laurocerasus phaeosticta* (Hance) C. K. Schneid. [*Prunus phaeosticta* (Hance) Maxim.]

常绿乔木。生于林下,也见于山谷、溪旁或路边。产于邵家渡、括苍。

刺叶桂樱 *Laurocerasus spinulosa* (Sieb. et Zucc.) C. K. Schneid.

常绿乔木。生于海拔 115~369m 的林下及林缘。产于古城、大洋、江南、邵家渡、杜桥、涌泉、括苍、白水洋。

大叶桂樱 *Laurocerasus zippeliana* (Miq.) Browicz

常绿乔木。生于林下。产于尤溪。

苹果属 *Malus* Mill.

花红 *Malus asiatica* Nakai

小乔木。栽培。

垂丝海棠 *Malus halliana* Koehne

落叶灌木或小乔木。各地广泛栽培。

湖北海棠 *Malus hupehensis* (Pamp.) Rehder

落叶灌木或小乔木。生于海拔 42~1000m 的山坡或山谷中。产于邵家渡、河头。

光萼林檎 *Malus leiocalyca* S. Z. Huang

落叶乔木。生于山谷、沟边或林中。产于括苍。

毛山荆子 *Malus mandshurica* (Maxim.) Kom. ex Juz.

落叶乔木。生于山坡林中,山顶及山沟也有分布。产于括苍。

苹果 *Malus pumila* Mill.

落叶乔木。上盘有栽培。

海棠花 *Malus spectabilis* (Aiton) Borkh.

落叶乔木。城区有栽培。

小石积属 *Osteomeles* Lindl.

圆叶小石积 *Osteomeles subrotunda* K. Koch

常绿灌木。生于海拔 10~19m 的路旁林缘。产于上盘。

稠李属 *Padus* Mill.

橉木 *Padus buergeriana* (Miq.) T. T. Yu et T. C. Ku [*Prunus buergeriana* Miq.]

落叶乔木。生于海拔 817~918m 的山坡林中。产于括苍、白水洋。

细齿稠李 *Padus obtusata* (Koehne) T. T. Yu et T. C. Ku

落叶乔木。生于山坡林中,沟底和溪边也有。产于括苍。

绢毛稠李 *Padus wilsonii* C. K. Schneid.

落叶乔木。生于山坡林中,沟底和溪边也有。产于括苍山。

石楠属 *Photinia* Lindl.

红叶石楠 *Photinia* × *fraseri* Dress

常绿灌木。各地广泛栽培。

中华石楠 *Photinia beauverdiana* C. K. Schneid.

落叶乔木。生于海拔 6~1006m 的山坡或山谷林下。产于古城、江南、汛桥、尤溪、括苍、白水洋。

光叶石楠 *Photinia glabra* (Thunb.) Maxim.

常绿乔木。生于海拔 102~501m 的山坡林中。产于大洋、江南、邵家渡、汛桥、尤溪、括苍、白水洋。

垂丝石楠 *Photinia komarovii* (Lévl. et Vant.) L. T. Lu et C. L. Li

落叶灌木。生于海拔 163m 的山坡林中。产于江南、括苍。

小叶石楠 *Photinia parvifolia* (E. Pritz.) C. K. Schneid.

落叶灌木。生于灌丛中。产于江南、括苍。

绒毛石楠 *Photinia schneideriana* Rehder et E. H. Wilson

落叶灌木或小乔木。生于海拔 219m 的山坡疏林中。产于尤溪、括苍。

石楠 *Photinia serrulata* Lindl.

常绿乔木。生于海拔 150~293m 的林中。产于大洋、江南、邵家渡、涌泉、括苍、汇溪、白水洋。

伞花石楠 *Photinia subumbellata* Rehd. et Wils.

落叶灌木。生于海拔135～300m的林缘。产于古城、大洋、大田、邵家渡、括苍、白水洋。

委陵菜属 *Potentilla* L.

翻白草 *Potentilla discolor* Bunge

多年生草本。生于海拔9～36m的荒地、山谷、沟边、山坡草地。产于桃渚、上盘。

莓叶委陵菜 *Potentilla fragarioides* L.

多年生草本。生于海拔52～175m的沟边、草地、灌丛及疏林下。产于邵家渡。

三叶委陵菜 *Potentilla freyniana* Bornm.

多年生草本。生于海拔175～846m的山坡、溪边及疏林下阴湿处。产于大洋、邵家渡、东塍、括苍、汇溪、白水洋。

中华三叶委陵菜 *Potentilla freyniana* Bornm. var. *sinica* Migo

多年生草本。生于海拔127m的山坡、溪边及疏林下阴湿处。产于江南。

蛇含委陵菜 *Potentilla kleiniana* Wight et Arn. ［ *P. sundaica* （Bl.）Kuntze］

多年生草本。生于海拔817m以下的田边、水旁及山坡草地。产于大洋、江南、大田、邵家渡、汛桥、杜桥、涌泉、沿江、括苍、汇溪、白水洋。

朝天委陵菜 *Potentilla supina* L.

一年生草本。生于海拔5～28m的田边、荒地、河岸沙地、山坡湿地。产于杜桥、永丰。

李属 *Prunus* L.

紫叶李 *Prunus cerasifera* Ehrhar f. *atropurpurea* （Jacq.）Rehd.

落叶乔木。各地广泛栽培。

李 *Prunus salicina* Lindl.

落叶乔木。各地广泛栽培。

火棘属 *Pyracantha* Roem.

火棘 *Pyracantha fortuneana* （Maxim.）H. L. Li

常绿灌木。古城有栽培。

梨属 *Pyrus* L.

豆梨 *Pyrus calleryana* Decne.

落叶乔木。生于林中。产于邵家渡、桃渚、上盘、括苍。

海棠叶梨 *Pyrus malifolioides* Z. H. Chen，W. Y. Xie et Zi L. Chen

落叶乔木。生于海拔1089m的林中。产于白水洋。

沙梨 *Pyrus pyrifolia* （Burm. f.）Nakai

落叶乔木。大洋、江南、大田、邵家渡、东塍、桃渚、上盘、河头、沿江、汇溪等地有栽培。

麻梨 *Pyrus serrulata* Rehder

落叶乔木。栽培。

石斑木属 *Rhaphiolepis* Lindl.

石斑木 *Rhaphiolepis indica* （L.）Lindl. ex Ker

常绿灌木。生于海拔21～494m的山坡、路边或溪边灌木林中。产于古城、大洋、江南、大田、邵家渡、东塍、桃渚、杜桥、涌泉、尤溪、河头、沿江、括苍、永丰、汇溪、白水洋。

厚叶石斑木 *Rhaphiolepis umbellata* （Thunb.）Makino

常绿灌木。生于山坡、路旁或溪边灌木林中。产于桃渚、上盘。

蔷薇属 *Rosa* L.

硕苞蔷薇 *Rosa bracteata* J. C. Wendl.

木质藤本。生于海拔318m以下的溪

边、路旁和灌丛中。产于古城、大洋、江南、大田、邵家渡、汛桥、小芝、桃渚、上盘、杜桥、涌泉、河头、沿江、括苍、永丰、汇溪、白水洋。

月季花 *Rosa chinensis* Jacq.

常绿灌木。大田、汛桥、桃渚、上盘、河头、沿江、括苍等地有栽培。

小果蔷薇 *Rosa cymosa* Tratt.

木质藤本。生于海拔 4～764m 的向阳山坡、路旁、溪边或林缘。产于古城、大洋、江南、大田、邵家渡、汛桥、小芝、上盘、杜桥、涌泉、尤溪、河头、沿江、括苍、永丰、白水洋。

软条七蔷薇 *Rosa henryi* Boulenger

木质藤本。生于海拔 67～200m 的山谷、林边、田边或灌丛中。产于古城、江南、邵家渡、杜桥、沿江、括苍、白水洋。

金樱子 *Rosa laevigata* Michx.

木质藤本。生于海拔 4～501m 的向阳的山坡、田边、灌丛中。产于古城、大洋、江南、大田、邵家渡、汛桥、东塍、小芝、桃渚、上盘、杜桥、涌泉、尤溪、河头、沿江、括苍、永丰、汇溪、白水洋。

野蔷薇 *Rosa multiflora* Thunb.

落叶攀援灌木。生于海拔 0～817m 的向阳的山坡、田边、灌丛中。产于古城、大洋、大田、邵家渡、汛桥、东塍、小芝、桃渚、上盘、杜桥、涌泉、河头、沿江、括苍、永丰、白水洋。

七姊妹 *Rosa multiflora* Thunb. var. *carnea* Thory

落叶攀援灌木。城区有栽培。

粉团蔷薇 *Rosa multiflora* Thunb. var. *cathayensis* Rehd. et Wils.

落叶攀援灌木。生于海拔 28～116m 的向阳的山坡、田边、灌丛中。产于江南、邵家渡、白水洋。

缫丝花 *Rosa roxburghii* Tratt.

落叶灌木。城区有栽培。

光叶蔷薇 *Rosa wichuraiana* Crep.

落叶攀援灌木。生于海滨山坡。产于桃渚、上盘。

悬钩子属 *Rubus* L.

周毛悬钩子 *Rubus amphidasys* Focke

蔓性小灌木。生于海拔 108～764m 的林下。产于大洋、江南、大田、邵家渡、东塍、杜桥、涌泉、尤溪、括苍、永丰、白水洋。

寒莓 *Rubus buergeri* Miq.

木质藤本。生于海拔 4～918m 的林下。产于古城、大洋、江南、大田、邵家渡、汛桥、东塍、小芝、上盘、杜桥、涌泉、尤溪、河头、括苍、永丰、汇溪、白水洋。

掌叶复盆子 *Rubus chingii* Hu

落叶灌木。生于海拔 4～598m 的林下、路旁。产于古城、大洋、江南、大田、邵家渡、汛桥、小芝、杜桥、涌泉、尤溪、河头、沿江、括苍、汇溪、白水洋。

山莓 *Rubus corchorifolius* L. f.

落叶灌木。生于海拔 4～918m 的向阳山坡、溪边、山谷、荒地和疏密灌丛中。产于古城、大洋、江南、大田、邵家渡、汛桥、东塍、小芝、上盘、杜桥、涌泉、尤溪、河头、沿江、括苍、永丰、汇溪、白水洋。

插田泡 *Rubus coreanus* Miq.

落叶灌木。生于山坡灌丛或山谷、河边、路旁。产于邵家渡、括苍。

弓茎悬钩子 *Rubus flosculosus* Focke

落叶灌木。生于山谷河旁、沟边或山坡林中。产于括苍。

光果悬钩子 *Rubus glabricarpus* W. C. Cheng

落叶灌木。生于海拔 137m 的山坡、山脚、沟边及林下。产于江南、邵家渡、括苍。

蓬蘽 *Rubus hirsutus* Thunb.

常绿灌木。生于海拔 4～487m 的山坡路旁阴湿处或灌丛中。产于古城、大洋、江南、大田、邵家渡、汛桥、东塍、小芝、桃渚、上盘、杜桥、涌泉、尤溪、河头、沿江、括苍、永丰、汇溪、白水洋。

湖南悬钩子 *Rubus hunanensis* Hand.-Mazz.

攀援小灌木。生于海拔 192～219m 的山谷、山沟、密林或草丛中。产于尤溪、括苍。

灰毛泡 *Rubus irenaeus* Focke

常绿灌木。生于海拔 320～671m 的山谷、山沟、密林或草丛中。产于汛桥、白水洋。

武夷悬钩子 *Rubus jiangxiensis* Z. X. Yu, W. T. Ji et H. Zheng

落叶灌木。生于海拔 178～375m 的路旁。产于大洋、括苍、汇溪。

高粱泡 *Rubus lambertianus* Ser.

木质藤本。生于海拔 4～364m 的山坡、山谷或路旁灌丛中。产于古城、大洋、江南、大田、邵家渡、汛桥、东塍、小芝、桃渚、上盘、杜桥、涌泉、尤溪、河头、沿江、括苍、汇溪、白水洋。

太平莓 *Rubus pacificus* Hance

常绿灌木。生于海拔 139～473m 的山坡路旁或林中。产于大田、邵家渡、涌泉、尤溪、括苍、白水洋。

茅莓 *Rubus parvifolius* L.

落叶灌木。生于海拔 335m 以下的林下、路旁或荒地。产于古城、江南、大田、邵家渡、汛桥、小芝、桃渚、上盘、杜桥、涌泉、河头、沿江、括苍、永丰、汇溪、白水洋。

盾叶莓 *Rubus peltatus* Maxim.

直立或攀援灌木。生于山坡林下、林缘或路旁灌丛中。产于括苍山。

锈毛莓 *Rubus reflexus* Ker Gawl.

攀援灌木。生于海拔 51～388m 的山坡、山谷灌丛或疏林中。产于古城、大洋、江南、邵家渡、小芝、杜桥、尤溪、沿江、括苍、白水洋。

空心泡 *Rubus rosaefolius* Smith

落叶灌木。生于海拔 5～1012m 的林缘。产于古城、大洋、江南、大田、邵家渡、汛桥、东塍、小芝、上盘、杜桥、涌泉、尤溪、沿江、括苍、永丰、汇溪、白水洋。

红腺悬钩子 *Rubus sumatranus* Miq.

落叶灌木。生于海拔 165m 的林缘、路旁。产于邵家渡、括苍、白水洋。

木莓 *Rubus swinhoei* Hance

木质藤本。生于林缘。产于邵家渡。

三花悬钩子 *Rubus trianthus* Focke

落叶攀援灌木。生于海拔 196～1095m 的林缘、路旁。产于大洋、邵家渡、括苍、白水洋。

光滑悬钩子 *Rubus tsangii* Merr.

落叶攀援灌木。生于山坡林下或路旁。产于括苍。

东南悬钩子 *Rubus tsangorum* Hand.-Mazz.

木质藤本。生于海拔 241～764m 的林下。产于尤溪、括苍。

地榆属 *Sanguisorba* L.

地榆 *Sanguisorba officinalis* L.

多年生草本。生于山坡草地、灌丛、疏林下。产于邵家渡、括苍。

长叶地榆 *Sanguisorba officinalis* L. var. *longifolia* (Bertol.) Yu et Li

多年生草本。生于山坡草地、灌丛、疏林下。产于白水洋。

花楸属 *Sorbus* L.

水榆花楸 *Sorbus alnifolia* (Sieb. et Zucc.) C. Koch

落叶乔木。生于山顶混交林中。产于括苍。

绣线菊属 *Spiraea* L.

绣球绣线菊 *Spiraea blumei* G. Don

落叶灌木。生于海拔 79～99m 的向阳山坡、林中或路旁。产于小芝、沿江。

麻叶绣线菊 *Spiraea cantoniensis* Lour.

落叶灌木。生于海拔 68～297m 的向阳山坡、林中或路旁。产于古城、大洋、邵家渡、杜桥、涌泉、白水洋。

中华绣线菊 *Spiraea chinensis* Maxim.

落叶灌木。生于海拔 180～446m 的山坡灌丛、山谷溪边、田边路旁。产于邵家渡、涌泉、括苍、白水洋。

疏毛绣线菊 *Spiraea hirsuta*（Hemsl.）C. K. Schneid.

落叶灌木。生于海拔 29～306m 的山坡或石岩上。产于江南、邵家渡、桃渚、上盘、河头、汇溪、白水洋。

粉花绣线菊 *Spiraea japonica* L. f.

落叶灌木。生于路边、林缘或灌丛中。产于括苍。

渐尖叶粉花绣线菊 *Spiraea japonica* L. f. var. *acuminata* Franch.

落叶灌木。生于路边、林缘或灌丛中。产于括苍。

光叶粉花绣线菊 *Spiraea japonica* L. f. var. *fortunei*（Planchon）Rehd.

落叶灌木。生于海拔 67m 的路边、林缘或灌丛中。产于沿江。

无毛粉花绣线菊 *Spiraea japonica* L. f. var. *glabra*（Regel）Koidz.

落叶灌木。生于路边、林缘或灌丛中。产地不明。

单瓣李叶绣线菊 *Spiraea prunifolia* Sieb. et Zucc. var. *simpliciflora*（Nakai）Nakai

落叶灌木。生于路边、林缘或灌丛中。

产于汇溪。

小米空木属 *Stephanandra* Sieb.

华空木 *Stephanandra chinensis* Hance

落叶灌木。生于海拔 386～970m 的林缘。产于邵家渡、涌泉、括苍、白水洋。

（四十八）豆科 Leguminosae

金合欢属 *Acacia* Mill.

银荆 *Acacia dealbata* Link

常绿乔木。栽培。

合萌属 *Aeschynomene* L.

合萌 *Aeschynomene indica* L.

一年生草本。生于海拔 4～137m 的荒地、河滩。产于古城、大田、邵家渡、汛桥、小芝、上盘、杜桥、涌泉。

合欢属 *Albizia* Durazz.

合欢 *Albizia julibrissin* Durazz.

落叶乔木。生于海拔 0～297m 的山坡。产于古城、大洋、大田、邵家渡、小芝、桃渚、上盘、杜桥、涌泉、沿江、括苍、白水洋。

山槐 *Albizia kalkora*（Roxb.）Prain

落叶乔木。生于海拔 10～764m 的山坡灌丛、疏林中。产于古城、大洋、大田、邵家渡、汛桥、桃渚、上盘、杜桥、沿江、括苍、汇溪、白水洋。

紫穗槐属 *Amorpha* L.

紫穗槐 *Amorpha fruticosa* L.

落叶灌木。栽培。

两型豆属 *Amphicarpaea* Elliot

三籽两型豆 *Amphicarpaea trisperma*（Miq.）B. D. Jacks.

草质藤本。生于海拔 72～454m 的路边灌丛中。产于大洋、大田、邵家渡、汛桥、东塍、杜桥、涌泉、尤溪、河头、括苍、永丰、汇溪、白水洋。

土圞儿属 *Apios* Fabr.

土圞儿 *Apios fortunei* Maxim.

草质藤本。生于海拔 206m 以下的山坡灌丛中。产于古城、江南、上盘。

落花生属 *Arachis* L.

落花生 *Arachis hypogaea* L.

一年生草本。各地广泛栽培。

黄耆属 *Astragalus* L.

紫云英 *Astragalus sinicus* L.

二年生草本。各地广泛栽培。

羊蹄甲属 *Bauhinia* L.

龙须藤 *Bauhinia championii*（Benth.）Benth.

木质藤本。生于海拔 48m 的灌丛中或林下。产于上盘。

云实属 *Caesalpinia* L.

云实 *Caesalpinia decapetala*（Roth）Alston

木质藤本。生于海拔 10~246m 的灌丛、林缘、沟边。产于古城、大洋、江南、大田、邵家渡、汛桥、小芝、杜桥、涌泉、河头、括苍、白水洋。

春云实 *Caesalpinia vernalis* Benth.

木质藤本。生于海拔 67~293m 的林缘。产于古城、大洋、江南、邵家渡、杜桥、尤溪、沿江、括苍、白水洋。

木豆属 *Cajanus* DC.

木豆 *Cajanus cajan*（L.）Millsp.

落叶灌木。栽培。

杭子梢属 *Campylotropis* Bunge

杭子梢 *Campylotropis macrocarpa*（Bunge）Rehder

落叶灌木。生于海拔 26~62m 的山坡、灌丛、林缘、山谷沟边及林中。产于桃渚、上盘、杜桥、涌泉。

刀豆属 *Canavalia* DC.

刀豆 *Canavalia gladiata*（Jacq.）DC.

草质藤本。各地广泛栽培。

狭刀豆 *Canavalia lineata*（Thunb.）DC.

草质藤本。产于上盘。

锦鸡儿属 *Caragana* Fabr.

锦鸡儿 *Caragana sinica*（Buc'hoz）Rehder

落叶灌木。生于海拔 4~543m 的山坡、山谷、路旁灌丛中。产于大洋、江南、大田、邵家渡、汛桥、涌泉、括苍、白水洋。

决明属 *Cassia* L.

伞房决明 *Cassia corymbosa*（Lam.）H. S. Irwin

常绿灌木。河头有栽培。

豆茶决明 *Cassia nomame*（Siebold）Kitag.

一年生草本。生于海拔 14~411m 的山坡和平地的草丛中。产于古城、大田、小芝、涌泉、尤溪、汇溪。

望江南 *Cassia occidentalis* L.

半灌木。大田有栽培。

槐叶决明 *Cassia sophera* L.

半灌木。大田、永丰有栽培。

决明 *Cassia tora* L.

一年生草本。生于海拔 4~107m 的山坡、河滩沙地上。产于古城、大田。

紫荆属 *Cercis* L.

紫荆 *Cercis chinensis* Bunge

落叶灌木。各地广泛栽培。

黄山紫荆 *Cercis chingii* Chun

丛生灌木。生于海拔 174m 的灌丛、路旁。产于白水洋。

香槐属 *Cladrastis* Rafin.

香槐 *Cladrastis wilsonii* Takeda

落叶乔木。生于林下。产于括苍。

猪屎豆属 *Crotalaria* L.

响铃豆 *Crotalaria albida* Roth

多年生草本。生于山坡路边、沟边及溪边草丛中。产于大田。

中国猪屎豆 *Crotalaria chinensis* L.

多年生草本。生于荒草地或林下。《浙江植物志》记载临海有分布。

假地蓝 *Crotalaria ferruginea* Graham ex Benth.

多年生草本。生于海拔 68 ~ 188m 的荒草地或林下。产于大田、小芝、杜桥、白水洋。

农吉利 *Crotalaria sessiliflora* L.

一年生草本。生于海拔 139 ~ 174m 的荒地路旁或山坡草地。产于邵家渡、汇溪、白水洋。

大托叶猪屎豆 *Crotalaria spectabilis* Roth

一年生草本。生于海拔 152m 的荒地路旁或山坡草地。产于大田。

黄檀属 *Dalbergia* L. f.

南岭黄檀 *Dalbergia balansae* Prain

落叶乔木。生于海拔 6 ~ 297m 的山坡林中或灌丛中。产于杜桥、涌泉。

藤黄檀 *Dalbergia hancei* Benth.

木质藤本。生于海拔 64 ~ 169m 的山坡灌丛或山谷溪旁。产于上盘、涌泉、汇溪。

黄檀 *Dalbergia hupeana* Hance

落叶乔木。生于海拔 5 ~ 909m 的山坡、溪沟边、路旁、林缘或疏林中。产于古城、大洋、江南、大田、邵家渡、汛桥、小芝、桃渚、上盘、杜桥、涌泉、尤溪、河头、括苍、永丰、汇溪、白水洋。

香港黄檀 *Dalbergia millettii* Benth.

木质藤本。生于海拔 4 ~ 413m 的山坡、路边、溪沟边林中或灌丛中。产于古城、大洋、江南、大田、小芝、杜桥、涌泉、尤溪、河头、沿江、括苍、永丰、汇溪、白水洋。

鱼藤属 *Derris* Lour.

中南鱼藤 *Derris fordii* Oliv.

木质藤本。生于海拔 6 ~ 340m 的低山丘陵、溪边、地边灌丛或疏林中。产于江南、汛桥、涌泉、括苍。

山蚂蝗属 *Desmodium* Desv.

小槐花 *Desmodium caudatum* (Thunb.) DC.

落叶灌木。生于海拔 4 ~ 494m 的山坡、路旁草地、沟边、林缘或林下。产于江南、大田、邵家渡、汛桥、东塍、小芝、杜桥、尤溪、沿江、括苍、汇溪、白水洋。

假地豆 *Desmodium heterocarpon* (L.) DC.

落叶灌木。生于海拔 7 ~ 195m 的山坡草地、沟边、灌丛或林中。产于大洋、大田、邵家渡、汛桥、上盘、杜桥、涌泉、括苍、汇溪、白水洋。

小叶三点金 *Desmodium microphyllum* (Thunb.) DC.

落叶灌木。生于海拔 139 ~ 308m 的荒地草丛或灌丛中。产于邵家渡、杜桥、汇溪。

野扁豆属 *Dunbaria* Wight et Arn

野扁豆 *Dunbaria villosa* (Thunb.) Makino

草质藤本。生于海拔 411m 以下的山坡路旁。产于大田、邵家渡、汛桥、东塍、桃渚、上盘、涌泉、沿江。

刺桐属 *Erythrina* L.

龙牙花 *Erythrina corallodendron* L.

灌木或小乔木。栽培。

皂荚属 *Gleditsia* L.

皂荚 *Gleditsia sinensis* Lam.

落叶乔木。生于山坡林下。产于邵家渡。

大豆属 *Glycine* Willd.

大豆 *Glycine max* (L.) Merr.

一年生草本。栽培。

野大豆 *Glycine soja* Sieb. et Zucc.

草质藤本。生于海拔 2～403m 的田边、沟旁、河岸、湖边、向阳的矮灌木丛或芦苇丛中。产于古城、大洋、大田、邵家渡、汛桥、东塍、小芝、上盘、括苍、永丰、汇溪、白水洋。

肥皂荚属 *Gymnocladus* Lam.

肥皂荚 *Gymnocladus chinensis* Baill.

落叶乔木。生于山坡林中及岩边、村旁、路边等。产于尤溪、沿江。

木蓝属 *Indigofera* L.

庭藤 *Indigofera decora* Lindl.

落叶灌木。生于海拔 74～370m 的山坡疏林或灌丛中。产于大洋、江南、大田、邵家渡、东塍、涌泉、尤溪、括苍、白水洋。

宁波木蓝 *Indigofera decora* Lindl. var. *cooperii* (Craib) Y. Y. Fang et C. Z. Zheng

落叶灌木。生于海拔 15～409m 的山坡疏林或灌丛中。产于涌泉、河头、括苍。

华东木蓝 *Indigofera fortunei* Craib

落叶灌木。生于海拔 194～217m 的山坡疏林或灌丛中。产于大洋、邵家渡。

浙江木蓝 *Indigofera parkesii* Craib

落叶灌木。生于海拔 25～733m 的山坡疏林或灌丛中。产于大田、杜桥、白水洋。

马棘 *Indigofera pseudotinctoria* Matsum.

落叶灌木。生于海拔 4～328m 的山坡林缘及灌丛中。产于古城、大洋、大田、邵家渡、汛桥、东塍、上盘、河头、沿江、括苍、永丰、白水洋。

鸡眼草属 *Kummerowia* Schindl.

长萼鸡眼草 *Kummerowia stipulacea* (Maxim.) Makino

一年生草本。生于海拔 222m 以下的路旁、草地、山坡、沙地。产于桃渚、上盘、括苍、汇溪。

鸡眼草 *Kummerowia striata* (Thunb.) Schindl.

一年生草本。生于海拔 501m 以下的路旁、草地、山坡、沙地。产于大洋、江南、邵家渡、汛桥、小芝、桃渚、上盘、杜桥、尤溪、括苍、永丰、汇溪、白水洋。

扁豆属 *Lablab* Adans.

扁豆 *Lablab purpureus* (L.) Sweet Hort.

草质藤本。大洋、小芝、涌泉有栽培。

山黧豆属 *Lathyrus* L.

安徽山黧豆 *Lathyrus anhuiensis* Y. J. Zhu et R. X. Meng

多年生草本。生于山坡。产于白水洋。

中华山黧豆 *Lathyrus dielsianus* Harms

多年生草本。生于水边、山坡、沟内等阴湿处或疏林下。产于白水洋。

胡枝子属 *Lespedeza* Michx.

胡枝子 *Lespedeza bicolor* Turcz.

落叶灌木。生于海拔 5～355m 的山坡、林缘、路旁、灌丛中。产于大洋、江南、大田、邵家渡、汛桥、东塍、小芝、上盘、杜桥、涌泉、沿江、括苍、永丰、白水洋。

绿叶胡枝子 *Lespedeza buergeri* Miq.

落叶灌木。生于海拔 83m 的山坡、林下、山沟和路旁。产于汇溪。

中华胡枝子 *Lespedeza chinensis* G. Don

落叶灌木。生于海拔 68～454m 的灌丛、林缘、路旁、山坡。产于古城、大洋、江南、大田、邵家渡、汛桥、桃渚、尤溪、括苍、汇溪、白水洋。

截叶铁扫帚 *Lespedeza cuneata* (Dum.-Cours.) G. Don

落叶灌木。生于海拔 0～441m 的向阳山坡路旁。产于古城、大洋、大田、邵家渡、汛桥、东塍、小芝、上盘、杜桥、括苍、汇溪、白水洋。

短梗胡枝子 *Lespedeza cyrtobotrya* Miq.

落叶灌木。生于山坡、灌丛或林下。产于古城、邵家渡。

大叶胡枝子 *Lespedeza davidii* Franch.

落叶灌木。生于海拔 0～764m 的山坡、路旁或灌丛中。产于邵家渡、上盘、河头、括苍。

春花胡枝子 *Lespedeza dunnii* Schindl.

落叶灌木。生于海拔 3～293m 的林下或山坡路旁。产于古城、大洋、江南、大田、邵家渡、上盘、杜桥、尤溪、括苍、汇溪、白水洋。

美丽胡枝子 *Lespedeza formosa* (Vogel) Koehne

落叶灌木。生于海拔 111m 的山坡、路旁及林缘灌丛中。产于邵家渡、桃渚、上盘、永丰。

铁马鞭 *Lespedeza pilosa* (Thunb.) Sieb. et Zucc.

落叶灌木。生于海拔 7～411m 的山坡及草地。产于大洋、江南、大田、邵家渡、汛桥、东塍、小芝、上盘、涌泉、沿江、汇溪、白水洋。

绒毛胡枝子 *Lespedeza tomentosa* (Thunb.) Maxim.

落叶灌木。生于山坡草地及灌丛中。

产于邵家渡。

细梗胡枝子 *Lespedeza virgata* (Thunb.) DC.

落叶灌木。生于海拔 36m 的山坡。产于邵家渡、上盘。

马鞍树属 *Maackia* Rupr. et Maxim.

马鞍树 *Maackia hupehensis* Takeda [*M. chinensis* Takeda]

落叶乔木。生于山坡、溪边、沟谷。产于邵家渡、括苍。

苜蓿属 *Medicago* L.

天蓝苜蓿 *Medicago lupulina* L.

二年生草本。生于河岸、路边及林缘。产于邵家渡、上盘、括苍。

南苜蓿 *Medicago polymorpha* L.

二年生草本。生于路边。产于桃渚、上盘。

紫苜蓿 *Medicago sativa* L.

多年生草本。上盘有栽培。

草木犀属 *Melilotus* Miller

白花草木犀 *Melilotus alba* Medic. ex Desr.

二年生草本。生于田边、路旁荒地、沙地。产于大洋。

草木犀 *Melilotus officinalis* (L.) Pall.

二年生草本。生于海拔 4～364m 的田边、路旁荒地、沙地。产于大洋、上盘。

崖豆藤属 *Millettia* Wight et Arn.

香花崖豆藤 *Millettia dielsiana* Harms

木质藤本。生于海拔 4～521m 的山坡林缘或灌丛中。产于古城、大洋、江南、大田、邵家渡、汛桥、东塍、小芝、杜桥、涌泉、尤溪、河头、沿江、括苍、永丰、汇溪、白水洋。

网络崖豆藤 *Millettia reticulata* Benth.

木质藤本。生于海拔 4～411m 的山坡灌丛及沟谷。产于古城、大洋、江南、大田、邵家渡、汛桥、小芝、桃渚、上盘、杜桥、涌泉、河头、沿江、括苍、永丰、汇溪、白水洋。

含羞草属 *Mimosa* L.

含羞草 *Mimosa pudica* L.

多年生草本。城区有栽培。

黧豆属 *Mucuna* Adans.

常春油麻藤 *Mucuna sempervirens* Hemsl.

木质藤本。生于海拔 70～293m 的灌丛、溪谷、河边。产于江南、邵家渡、汛桥、小芝、白水洋。

红豆属 *Ormosia* Jacks.

花榈木 *Ormosia henryi* Prain

常绿乔木。生于海拔 28～237m 的山坡林下。产于古城、大洋、江南、大田、邵家渡、涌泉、尤溪、括苍、永丰。

红豆树 *Ormosia hosiei* Hemsl. et E. H. Wilson

常绿乔木。邵家渡、杜桥有栽培。

豆薯属 *Pachyrhizus* Rich. ex DC.

豆薯 *Pachyrhizus erosus* (L.) Urb.

草质藤本。各地偶见栽培。

菜豆属 *Phaseolus* L.

菜豆 *Phaseolus vulgaris* L.

草质藤本。邵家渡、桃渚有栽培。

豌豆属 *Pisum* L.

豌豆 *Pisum sativum* L.

二年生草本。各地广泛栽培。

猴耳环属 *Pithecellobium* Mart.

亮叶猴耳环 *Pithecellobium lucidum* Benth.

常绿乔木。生于海拔 39～67m 的林下或林缘灌丛中。产于上盘、沿江。

长柄山蚂蝗属 *Podocarpium* (Benth.) Yang et Huang

细长柄山蚂蝗 *Podocarpium leptopus* (Benth.) Y. C. Yang et P. H. Huang [*Desmodium leptopus* A. Gray ex Benth.]

落叶灌木。生于海拔 77～278m 的林下或林缘。产于江南、邵家渡、括苍。

长柄山蚂蝗 *Podocarpium podocarpum* (DC.) Y. C. Yang et P. H. Huang

落叶灌木。生于山坡路旁、林缘。产于括苍山。

宽卵叶长柄山蚂蝗 *Podocarpium podocarpum* (DC.) Y. C. Yang et P. H. Huang var. *fallax* (Schindl.) Y. C. Yang et P. H. Huang [*Desmodium podocarpum* DC. subsp. *fallax* (Schindl.) Ohashi]

落叶灌木。生于海拔 255m 的山坡路旁、林缘。产于大田。

尖叶长柄山蚂蝗 *Podocarpium podocarpum* (DC.) Y. C. Yang et P. H. Huang var. *oxyphyllum* (DC.) Y. C. Yang et P. H. Huang [*Desmodium podocarpum* DC. subsp. *oxyphyllum* (DC.) Ohashi]

落叶灌木。生于海拔 76～424m 的山坡路旁、林缘。产于大洋、大田、邵家渡、东塍、小芝、尤溪、河头、括苍、永丰、汇溪。

葛属 *Pueraria* DC.

葛 *Pueraria lobata* (Willd.) Ohwi

木质藤本。生于海拔 314m 以下的山坡、田边、路边。产于古城、大洋、江南、大田、邵家渡、汛桥、东塍、小芝、桃渚、上盘、杜桥、涌泉、尤溪、河头、括苍、永丰、汇溪、白水洋。

鹿藿属 *Rhynchosia* Lour.

菱叶鹿藿 *Rhynchosia dielsii* Harms ex Diels
　　草质藤本。生于山坡、路旁灌丛中。产于白水洋。

鹿藿 *Rhynchosia volubilis* Lour.
　　草质藤本。生于海拔 0～273m 的山坡路旁草丛中。产于古城、大田、邵家渡、汛桥、上盘、杜桥、涌泉、河头、括苍、白水洋。

刺槐属 *Robinia* L.

刺槐 *Robinia pseudoacacia* L.
　　落叶乔木。上盘、河头有栽培。

田菁属 *Sesbania* Scop.

田菁 *Sesbania cannabina*（Retz.）Poir.
　　一年生草本。生于海拔 0～54m 的水田、水沟等潮湿地。产于古城、大洋、江南、大田、汛桥、桃渚、上盘、涌泉。

槐属 *Sophora* L.

苦参 *Sophora flavescens* Aiton
　　多年生草本。生于海拔 19m 的山坡、沙地灌丛中。产于邵家渡、括苍、白水洋。

红花苦参 *Sophora flavescens* Aiton var. *galegoides*（Pall.）DC.
　　多年生草本。生于山坡、沙地灌丛中。产于白水洋。

闽槐 *Sophora franchetiana* Dunn
　　落叶灌木。生于山谷溪边灌丛中。产于永丰、大洋、大田。

槐 *Sophora japonica* L.
　　落叶乔木。城区有栽培。

龙爪槐 *Sophora japonica* L. f. *pendula* Hort.
　　落叶乔木。各地广泛栽培。

车轴草属 *Trifolium* L.

红车轴草 *Trifolium pratense* L.
　　多年生草本。城区有栽培。

白车轴草 *Trifolium repens* L.
　　多年生草本。各地广泛栽培。

野豌豆属 *Vicia* L.

广布野豌豆 *Vicia cracca* L.
　　草质藤本。生于海拔 1m 的田间、路边、山坡林缘。产于邵家渡、沿江。

蚕豆 *Vicia faba* L.
　　二年生草本。江南、大田、汛桥、桃渚、上盘、河头、沿江、白水洋等地有栽培。

小巢菜 *Vicia hirsuta*（L.）Gray
　　二年生草本。生于海拔 0～188m 的河滩、田边或路旁草丛中。产于古城、江南、大田、邵家渡、小芝、上盘、涌泉、河头、沿江、括苍、白水洋。

牯岭野豌豆 *Vicia kulingiana* Bailey
　　多年生草本。生于海拔 4～865m 的路边草丛和石缝中。产于涌泉、括苍、白水洋。

救荒野豌豆 *Vicia sativa* L.
　　二年生草本。生于海拔 6～175m 的路边草丛和石缝中。产于古城、大洋、江南、大田、邵家渡、汛桥、上盘、涌泉、河头、沿江、括苍、白水洋。

四籽野豌豆 *Vicia tetrasperma*（L.）Schreb.
　　二年生草本。生于海拔 0～271m 的路边草丛和石缝中。产于古城、大田、邵家渡、汛桥、涌泉、沿江、白水洋。

豇豆属 *Vigna* Savi

赤豆 *Vigna angularis*（Willd.）Ohwi et Ohashi
　　一年生草本。各地广泛栽培。

贼小豆 *Vigna minima*（Roxb.）Ohwi et Ohashi
　　草质藤本。生于海拔 30～278m 的路边草丛或灌丛中。产于古城、邵家渡、东塍、汇溪、白水洋。

绿豆 *Vigna radiata*（L.）Wilczek
　　一年生草本。大田有栽培。

赤小豆 *Vigna umbellata* (Thunb.) Ohwi et Ohashi

　　草质藤本。生于海拔 54～122m 的路旁。产于大洋、东塍。

短豇豆 *Vigna unguiculata* (L.) Walp. subsp. *cylindrica* (L.) Verdc.

　　草质藤本。各地广泛栽培。

长豇豆 *Vigna unguiculata* (L.) Walp. subsp. *sesquipedalis* (L.) Verdc.

　　草质藤本。各地广泛栽培。

豇豆 *Vigna unguiculata* (L.) Walp.

　　草质藤本。各地广泛栽培。

野豇豆 *Vigna vexillata* (L.) Rich.

　　草质藤本。生于海拔 28～195m 的路边草丛或灌丛中。产于古城、江南、邵家渡、括苍、汇溪、白水洋。

紫藤属 *Wisteria* Nutt.

多花紫藤 *Wisteria floribunda* (Willd.) DC.

　　木质藤本。城区有栽培。

紫藤 *Wisteria sinensis* (Sims) Sweet

　　木质藤本。生于海拔 24～807m 的林缘。产于大洋、江南、大田、邵家渡、汛桥、小芝、桃渚、上盘、涌泉、尤溪、河头、沿江、括苍、白水洋。

(四十九) 酢浆草科 Oxalidaceae

酢浆草属 *Oxalis* L.

酢浆草 *Oxalis corniculata* L.

　　多年生草本。生于海拔 422m 以下的山坡、路边、田边、荒地或林下阴湿处等。产于古城、大洋、江南、大田、邵家渡、汛桥、东塍、小芝、桃渚、上盘、杜桥、涌泉、尤溪、河头、沿江、括苍、永丰、汇溪、白水洋。

直酢浆草 *Oxalis corniculata* L. var. *stricta* (L.) C. C. Huang et L. R. Xu [*O. stricta* L.]

　　多年生草本。生于海拔 7～357m 的

山坡、路边、田边、荒地或林下阴湿处等。产于古城、江南、大田、邵家渡、汛桥、小芝、杜桥、涌泉、沿江、白水洋。

红花酢浆草 *Oxalis corymbosa* DC.

　　多年生草本。生于海拔 11m 的路旁。产于古城。

紫叶酢浆草 *Oxalis triangularis* A. St.-Hil. 'Purpurea'

　　多年生草本。城区有栽培。

(五十) 牻牛儿苗科 Geraniaceae

老鹳草属 *Geranium* L.

野老鹳草 *Geranium carolinianum* L.

　　多年生草本。生于海拔 0～314m 的路边草丛、林缘。产于古城、大洋、江南、大田、邵家渡、汛桥、小芝、杜桥、涌泉、河头、沿江、括苍、永丰、白水洋。

中日老鹳草 *Geranium nepalense* Sweet var. *thunbergii* (Siebold ex Lindl. et Paxton) Kudô

　　多年生草本。生于路边草丛、林缘。产于白水洋、东塍。

老鹳草 *Geranium wilfordii* Maxim.

　　多年生草本。生于路边草丛、林缘。产于白水洋。

天竺葵属 *Pelargonium* L Her.

香叶天竺葵 *Pelargonium graveolens* L'Hér.

　　多年生草本。城区有栽培。

马蹄纹天竺葵 *Pelargonium zonale* Aif.

　　多年生草本。城区有栽培。

(五十一) 芸香科 Rutaceae

石椒草属 *Boenninghausenia* Reichb. ex Meisn. nom. cons.

臭节草 *Boenninghausenia albiflora* (Hook.) Reichb. ex Meisn.

　　多年生草本。生于海拔 764～892m 的

山地草丛或疏林下。产于江南、括苍、白水洋。

柑橘属 *Citrus* L.

柚 *Citrus maxima*（Burm.）Merr.
　　常绿乔木。各地广泛栽培。

香橼 *Citrus medica* L.
　　常绿乔木。栽培。

佛手 *Citrus medica* L. var. *sarcodactylis* Swingle
　　常绿灌木。栽培。

柑橘 *Citrus reticulata* Blanco
　　常绿乔木。各地广泛栽培。

九月黄 *Citrus reticulata* Blanco 'Erythrosa'
　　常绿乔木。栽培。

南丰蜜橘 *Citrus reticulata* Blanco 'Kinokuni'
　　常绿乔木。栽培。

瓯柑 *Citrus reticulata* Blanco 'Suavissima'
　　常绿乔木。邵家渡有栽培。

早橘 *Citrus reticulata* Blanco 'Subcompressa'
　　常绿乔木。栽培。

本地早 *Citrus reticulata* Blanco 'Succosa'
　　常绿乔木。栽培。

福橘 *Citrus reticulata* Blanco 'Tangerina'
　　常绿乔木。栽培。

榠橘 *Citrus reticulata* Blanco 'Tardiferax'
　　常绿乔木。邵家渡有栽培。

温州蜜柑 *Citrus reticulata* Blanco 'Unshiu'
　　常绿乔木。栽培。

吴茱萸属 *Evodia* J. R. et G. Forst.

臭辣吴萸 *Evodia fargesii* Dode
　　落叶乔木。生于海拔43～773m的林下或林缘。产于古城、大洋、大田、邵家渡、小芝、上盘、杜桥、涌泉、括苍、汇溪、白水洋。

吴茱萸 *Evodia rutaecarpa*（Juss.）Benth.
　　落叶灌木。生于林下或林缘、路旁。

产于邵家渡。

金橘属 *Fortunella* Swingle

山橘 *Fortunella hindsii*（Champ. ex Benth.）Swingle
　　常绿灌木。生于海拔约27m的林下。产于江南。

金柑 *Fortunella japonica*（Thunb.）Swingle
　　常绿灌木。栽培。

金橘 *Fortunella margarita*（Lour.）Swingle
　　常绿灌木。大洋、江南、大田、汛桥、汇溪等地有栽培。

金豆 *Fortunella venosa*（Champ. ex Benth.）Huang
　　常绿灌木。生于滨海林缘。产于括苍。

九里香属 *Murraya* Koenig ex L.

九里香 *Murraya exotica* L.
　　常绿灌木。沿江有栽培。

臭常山属 *Orixa* Thunb.

臭常山 *Orixa japonica* Thunb.
　　落叶灌木。生于林下。产于江南。

枳属 *Poncirus* Raf.

枳 *Poncirus trifoliata*（L.）Raf.
　　落叶灌木。邵家渡、沿江、永丰等地有栽培。

茵芋属 *Skimmia* Thunb.

茵芋 *Skimmia reevesiana* Fort.
　　常绿灌木。生于林下、林缘。产于括苍。

飞龙掌血属 *Toddalia* A. Juss.

飞龙掌血 *Toddalia asiatica*（L.）Lam.
　　常绿灌木。生于海拔67～83m的林

缘。产于邵家渡、沿江、括苍。

花椒属 *Zanthoxylum* L.

椿叶花椒 *Zanthoxylum ailanthoides* Sieb. et Zucc.

落叶乔木。生于海拔 4 ～ 411m 的林下。产于古城、大洋、江南、大田、汛桥、上盘、杜桥、涌泉、括苍、汇溪、白水洋。

竹叶花椒 *Zanthoxylum armatum* DC.

常绿灌木。生于海拔 62 ～ 468m 的林下或灌丛中。产于邵家渡、杜桥、涌泉、括苍、白水洋。

毛竹叶花椒 *Zanthoxylum armatum* DC. var. *ferrugineum* (Rehder et E. H. Wilson) C. C. Huang

常绿灌木。生于林下或灌丛中。产于括苍。

花椒簕 *Zanthoxylum scandens* Bl.

木质藤本。生于海拔 96 ～ 424m 的林下或灌丛中。产于古城、大洋、江南、邵家渡、杜桥、尤溪。

青花椒 *Zanthoxylum schinifolium* Sieb. et Zucc.

落叶灌木。生于海拔 362m 以下的林下。产于小芝、上盘、杜桥、涌泉、括苍。

野花椒 *Zanthoxylum simulans* Hance

落叶灌木。生于林缘灌丛中。产于上盘。

（五十二）苦木科 Simaroubaceae

臭椿属 *Ailanthus* Desf.

臭椿 *Ailanthus altissima* (Mill.) Swingle

落叶乔木。生于海拔 14 ～ 386m 的路边、林下。产于古城、大洋、江南、大田、邵家渡、上盘、杜桥、涌泉、尤溪、河头、沿江、括苍、永丰、汇溪、白水洋。

苦树属 *Picrasma* Bl.

苦树 *Picrasma quassioides* (D. Don) Benn.

落叶乔木。生于海拔 165 ～ 182m 的林中。产于大洋、江南、邵家渡、括苍。

（五十三）楝科 Meliaceae

米仔兰属 *Aglaia* Lour.

米仔兰 *Aglaia odorata* Lour.

常绿灌木。栽培。

楝属 *Melia* L.

楝 *Melia azedarach* L.

落叶乔木。生于海拔 5 ～ 448m 的平地、路旁或林中。产于古城、大洋、江南、大田、邵家渡、汛桥、东塍、小芝、上盘、杜桥、涌泉、尤溪、河头、括苍、永丰、汇溪、白水洋。

川楝 *Melia toosendan* Sieb. et Zucc.

落叶乔木。各地广泛栽培。

香椿属 *Toona* Roem.

毛红椿 *Toona ciliata* Roem. var. *pubescens* (Franch.) Hand. -Mazz.

落叶乔木。生于海拔 546 ～ 940m 的林缘。产于括苍、白水洋。

香椿 *Toona sinensis* (Juss.) M. Roem.

落叶乔木。古城、江南、大田、邵家渡、涌泉、河头、白水洋等地有栽培。

（五十四）远志科 Polygalaceae

远志属 *Polygala* L.

小花远志 *Polygala arvensis* Willd.

一年生草本。生于山坡草地。产于白水洋。

狭叶香港远志 *Polygala hongkongensis* Hemsl. var. *stenophylla* Migo

多年生草本。生于海拔 27 ～ 555m 的沟谷林下或灌丛中。产于大洋、邵家渡、杜桥、河头、括苍、永丰、白水洋。

瓜子金 *Polygala japonica* Houtt.

多年生草本。生于海拔 32～555m 的山坡草地或路旁。产于邵家渡、桃渚、上盘、括苍、白水洋。

齿果草属 *Salomonia* Lour.

齿果草 *Salomonia cantoniensis* Lour.

一年生草本。生于山坡林下、灌丛或草地。产于大田。

(五十五)大戟科 Euphorbiaceae

铁苋菜属 *Acalypha* L.

铁苋菜 *Acalypha australis* L.

一年生草本。生于海拔 1～353m 的荒地、林缘、草丛中。产于古城、大洋、大田、邵家渡、汛桥、东塍、桃渚、上盘、涌泉、尤溪、河头、沿江、括苍、永丰、汇溪、白水洋。

山麻杆属 *Alchornea* Sw.

山麻杆 *Alchornea davidii* Franch.

落叶灌木。生于林下。产于白水洋、括苍。

五月茶属 *Antidesma* L.

日本五月茶 *Antidesma japonicum* Sieb. et Zucc.

落叶灌木。生于海拔 67～290m 的林下。产于大洋、江南、邵家渡、杜桥、涌泉、沿江、括苍。

秋枫属 *Bischofia* Bl.

重阳木 *Bischofia polycarpa* (H. Lév.) Airy-Shaw

落叶乔木。沿江有栽培。

大戟属 *Euphorbia* L.

细齿大戟 *Euphorbia bifida* Hook. et Arn.

一年生草本。生于海拔 194m 的山坡、灌丛、路旁及林缘。产于大洋。

乳浆大戟 *Euphorbia esula* L.

多年生草本。生于海拔 33m 的路旁、草丛、山坡、沟边。产于上盘。

泽漆 *Euphorbia helioscopia* L.

一年生草本。生于海拔 1～10m 的山沟、路旁、荒野和山坡。产于邵家渡、桃渚、上盘、涌泉、沿江、括苍。

飞扬草 *Euphorbia hirta* L.

一年生草本。生于海拔 5～58m 的路旁、草丛、灌丛及山坡。产于古城、汛桥、杜桥、涌泉、白水洋。

地锦草 *Euphorbia humifusa* Willd.

一年生草本。生于海拔 1～9m 的荒地、路旁、田间、山坡等地。产于古城、大洋、汛桥、括苍。

甘肃大戟 *Euphorbia kansuensis* Prokh.

多年生草本。生于山坡、草丛、沟谷、灌丛或林缘等。产于括苍。

续随子 *Euphorbia lathylris* L.

二年生草本。白水洋有栽培。

斑地锦 *Euphorbia maculata* L.

一年生草本。生于海拔 0～353m 的路旁、草丛、灌丛及山坡。产于古城、大洋、江南、大田、邵家渡、汛桥、上盘、杜桥、涌泉、沿江、括苍、汇溪、白水洋。

小叶大戟 *Euphorbia makinoi* Hayata

一年生草本。生于路旁、草丛、灌丛及山坡。产于全市各地。

铁海棠 *Euphorbia milii* Des Moul.

落叶灌木。城区有栽培。

大戟 *Euphorbia pekinensis* Rupr.

多年生草本。生于山坡、灌丛、路旁、荒地草丛、林缘和疏林内。产于桃渚、上盘。

南欧大戟 *Euphorbia peplus* L.

一年生草本。生于路旁。产于小芝、

上盘。

匍匐大戟 *Euphorbia prostrata* Aiton

一年生草本。生于海拔 6 ~ 147m 的路旁、屋旁和荒地草丛中。产于大洋、大田、上盘、涌泉、白水洋。

一品红 *Euphorbia pulcherrima* Willd. ex Klotzsch

灌木。城区有栽培。

钩腺大戟 *Euphorbia sieboldiana* C. Morren et Decne.

多年生草本。生于海拔 920 ~ 923m 的田间、林缘、灌丛、林下、山坡。产于括苍、白水洋。

千根草 *Euphorbia thymifolia* L.

一年生草本。生于路旁、屋旁、草丛、稀疏灌丛中。产于大洋。

仙霞岭大戟 *Euphorbia xianxialingensis* F. Y. Zhang, W. Y. Xie et Z. H. Chen.

一年生草本。生于海拔 51 ~ 123m 的山坡林缘。产于大洋、上盘、白水洋。

白饭树属 *Flueggea* Willd.

一叶萩 *Flueggea suffruticosa* (Pall.) Baill.

落叶灌木。生于海拔 72 ~ 281m 的山坡灌丛或山沟、路边。产于邵家渡。

算盘子属 *Glochidion* T. R. et G. Forst., nom. cons.

算盘子 *Glochidion puberum* (L.) Hutch.

落叶灌木。生于海拔 4 ~ 494m 的山坡、溪旁灌丛或林缘。产于古城、大洋、江南、大田、邵家渡、汛桥、东塍、小芝、上盘、杜桥、涌泉、尤溪、河头、沿江、括苍、永丰、汇溪、白水洋。

台闽算盘子 *Glochidion rubrum* Bl.

落叶灌木。生于海拔 36m 的山地常绿阔叶林中。产于桃渚、上盘。

湖北算盘子 *Glochidion wilsonii* Hutch.

落叶乔木。生于山地灌丛中。产于邵家渡。

野桐属 *Mallotus* Lour.

白背叶 *Mallotus apelta* (Lour.) Müll. Arg.

落叶灌木。生于海拔 6 ~ 411m 的山坡或山谷灌丛中。产于古城、大洋、江南、大田、邵家渡、小芝、杜桥、涌泉、河头、沿江、括苍、汇溪、白水洋。

野梧桐 *Mallotus japonicus* (L. f.) Müll. Arg.

落叶灌木。生于海拔 13 ~ 411m 的林下、林缘。产于古城、大洋、大田、邵家渡、小芝、桃渚、上盘、杜桥、涌泉、永丰、汇溪、白水洋。

野桐 *Mallotus japonicus* (L. f.) Müll. Arg. var. *floccosus* (Müll. Arg.) Hwang

落叶乔木。生于海拔 10 ~ 918m 的林下、林缘。产于大洋、江南、大田、邵家渡、汛桥、上盘、杜桥、涌泉、尤溪、河头、沿江、括苍、汇溪、白水洋。

粗糠柴 *Mallotus philippensis* (Lam.) Müll. Arg.

常绿乔木。生于海拔 246m 的山坡林中或林缘。产于涌泉。

杠香藤 *Mallotus repandus* (Rottler) Müll. Arg. var. *chrysocarpus* (Pamp.) S. M. Hwang [*M. repandus* (Willd.) Muell. Arg.]

木质藤本。生于海拔 10 ~ 412m 的山坡林中或林缘。产于古城、大洋、江南、大田、邵家渡、汛桥、小芝、上盘、杜桥、涌泉、尤溪、河头、沿江、括苍、永丰、汇溪、白水洋。

山靛属 *Mercurialis* L.

山靛 *Mercurialis leiocarpa* Sieb. et Zucc.

多年生草本。生于海拔 126m 的山坡林中或林缘。产于杜桥。

叶下珠属 *Phyllanthus* L.

落萼叶下珠 *Phyllanthus flexuosus* (Sieb. et Zucc.) Müll. Arg.

落叶灌木。生于山坡疏林、沟边、路旁或灌丛中。产于古城、江南、括苍。

青灰叶下珠 *Phyllanthus glaucus* Wall. ex Müll. Arg.

落叶灌木。生于海拔 99 ~ 817m 的山坡疏林、沟边、路旁或灌丛中。产于邵家渡、小芝、涌泉、括苍。

叶下珠 *Phyllanthus urinaria* L.

一年生草本。生于海拔 1 ~ 454m 的平地、田间、山地路旁或林缘。产于古城、大洋、江南、大田、邵家渡、汛桥、东塍、小芝、杜桥、涌泉、尤溪、河头、沿江、括苍、永丰、汇溪、白水洋。

蜜甘草 *Phyllanthus ussuriensis* Rupr. et Maxim.

一年生草本。生于海拔 9 ~ 278m 的山坡或路旁草地。产于古城、大洋、江南、东塍、上盘、括苍、永丰、汇溪、白水洋。

蓖麻属 *Ricinus* L.

蓖麻 *Ricinus communis* L.

一年生草本。大洋、大田、邵家渡、桃渚、上盘、涌泉、沿江、汇溪、白水洋等地有栽培。

乌桕属 *Sapium* P. Br.

山乌桕 *Sapium discolor* (Champ. ex Benth.) Müll. Arg.

落叶乔木。生于海拔 79 ~ 221m 的山谷或山坡林中。产于大洋、江南、邵家渡、涌泉、沿江、括苍。

白木乌桕 *Sapium japonicum* (Sieb. et Zucc.) Pax et K. Hoffm.

落叶灌木。生于海拔 720m 的林中湿润处或溪边。产于括苍。

乌桕 *Sapium sebiferum* (L.) Roxb.

落叶乔木。生于海拔 1 ~ 355m 的林中。产于古城、大洋、江南、大田、邵家渡、小芝、桃渚、上盘、杜桥、涌泉、尤溪、河头、沿江、括苍、永丰、汇溪、白水洋。

油桐属 *Vernicia* Lour.

油桐 *Vernicia fordii* (Hemsl.) Airy-Shaw

落叶乔木。生于海拔 7 ~ 353m 的林中。产于古城、江南、大田、邵家渡、汛桥、小芝、桃渚、上盘、杜桥、河头、沿江、括苍、白水洋。

木油桐 *Vernicia montana* Lour.

落叶乔木。生于海拔 95 ~ 362m 的林中。产于汛桥、涌泉、括苍、白水洋。

（五十六）虎皮楠科 **Daphniphyllaceae**

虎皮楠属 *Daphniphyllum* Bl.

交让木 *Daphniphyllum macropodum* Miq.

常绿乔木。生于林中。产于括苍山。

虎皮楠 *Daphniphyllum oldhami* (Hemsl.) Rosenth.

常绿乔木。生于海拔 355m 的林中。产于上盘、杜桥。

（五十七）水马齿科 **Callitrichaceae**

水马齿属 *Callitriche* L.

日本水马齿 *Callitriche japonica* Engel. ex Hegelm.

一年生草本。生于静水、沼泽地水中或湿地。产地不明。

沼生水马齿 *Callitriche palustris* L.

一年生草本。生于海拔 5 ~ 188m 的静水、沼泽地水中或湿地。产于古城、大洋、大田、邵家渡、小芝、杜桥、涌泉、白水洋。

(五十八)黄杨科 Buxaceae

黄杨属 *Buxus* L.

雀舌黄杨 *Buxus bodinieri* H. Lév.

常绿灌木。各地广泛栽培。

匙叶黄杨 *Buxus harlandii* Hance

常绿灌木。大田、桃渚有栽培。

金叶黄杨 *Buxus sempervirens* L. 'Latifolia Maculata'

常绿灌木。涌泉有栽培。

黄杨 *Buxus sinica* (Rehder et E. H. Wilson) M. Cheng

常绿灌木。生于山谷、溪边、林下。产于邵家渡、桃渚。

(五十九)漆树科 Anacardiaceae

南酸枣属 *Choerospondias* Burtt et Hill

南酸枣 *Choerospondias axillaris* (Roxb.) B. L. Burtt et A. W. Hill

落叶乔木。生于山坡、丘陵或沟谷林中。产于括苍。

黄栌属 *Cotinus* (Tourn.) Mill

毛黄栌 *Cotinus coggygria* Scop. var. *pubescens* Engl.

落叶灌木。生于海拔305～312m的向阳山坡中。产于白水洋。

黄连木属 *Pistacia* L.

黄连木 *Pistacia chinensis* Bunge

落叶乔木。生于海拔1～100m的林中。产于古城、邵家渡、桃渚、上盘、杜桥、括苍。

盐肤木属 *Rhus* (Tourn.) L. emend. Moench

盐肤木 *Rhus chinensis* Mill.

落叶灌木。生于海拔6～413m的向阳山坡、沟谷、溪边的疏林或灌丛中。产于古城、大洋、江南、大田、邵家渡、汛桥、东塍、桃渚、上盘、杜桥、涌泉、尤溪、河头、沿江、括苍、永丰、汇溪、白水洋。

漆属 *Toxicodendron* (Tourn.) Mill.

野漆 *Toxicodendron succedaneum* (L.) Kuntze

落叶乔木。生于林中。产于邵家渡、括苍。

木蜡树 *Toxicodendron sylvestre* (Sieb. et Zucc.) Kuntze

落叶乔木。生于海拔5～424m的林中。产于古城、大洋、江南、大田、邵家渡、汛桥、东塍、杜桥、涌泉、尤溪、河头、沿江、括苍、永丰、汇溪、白水洋。

毛漆树 *Toxicodendron trichocarpum* (Miq.) Kuntze

落叶乔木。生于林中。产于括苍。

(六十)冬青科 Aquifoliaceae

冬青属 *Ilex* L.

短梗冬青 *Ilex buergeri* Miq.

常绿乔木。生于海拔约74m的山坡、林中或林缘。产于邵家渡。

冬青 *Ilex chinensis* Sims [*I. purpurea* Hassk.]

常绿乔木。生于海拔10～468m的海山坡、林中或林缘。产于古城、大洋、江南、大田、邵家渡、汛桥、小芝、杜桥、涌泉、尤溪、沿江、括苍、永丰、白水洋。

枸骨 *Ilex cornuta* Lindl. et Paxt.

常绿乔木。生于海拔6～386m的海山坡、林中、林缘、路旁。产于古城、大洋、江南、大田、邵家渡、汛桥、小芝、杜桥、涌泉、尤溪、河头、沿江、括苍、白水洋。

无刺枸骨 *Ilex cornuta* Lindl. et Paxt. 'Burfordii Nana'

常绿灌木。各地广泛栽培。

齿叶冬青 *Ilex crenata* Thunb.

常绿灌木。生于山坡、山地林中或灌丛中。产于括苍山。

龟甲冬青 *Ilex crenata* Thunb. 'Convexa'

常绿灌木。各地广泛栽培。

厚叶冬青 *Ilex elmerrilliana* S. Y. Hu

常绿灌木。生于海拔 67 ~ 385m 的林中、灌丛或林缘。产于古城、大洋、江南、邵家渡、汛桥、沿江、括苍、永丰、白水洋。

榕叶冬青 *Ilex ficoidea* Hemsl.

常绿乔木。生于海拔 45 ~ 769m 的林中、灌丛或林缘。产于江南、邵家渡、尤溪、白水洋。

全缘冬青 *Ilex integra* Thunb.

常绿乔木。生于海滨山地。产于桃渚、上盘。

大叶冬青 *Ilex latifolia* Thunb.

常绿乔木。生于海拔 140 ~ 671m 的山坡林中、灌丛或竹林中。产于古城、江南、邵家渡、杜桥、尤溪、括苍、白水洋。

木姜冬青 *Ilex litseaefolia* Hu et Tang

常绿乔木。生于山坡林中、林缘。产于邵家渡、括苍。

矮冬青 *Ilex lohfauensis* Merr.

常绿灌木。生于海拔约 293m 的林中或灌丛中。产于江南、大田。

小果冬青 *Ilex micrococca* Maxim.

落叶乔木。生于海拔 110 ~ 394m 的林中。产于大洋、邵家渡。

毛冬青 *Ilex pubescens* Hook. et Arn.

常绿灌木。生于海拔 5 ~ 473m 的山坡林中、林缘、灌丛或路边。产于古城、大洋、江南、大田、邵家渡、汛桥、东塍、杜桥、涌泉、尤溪、河头、沿江、括苍、永丰、汇溪、白水洋。

铁冬青 *Ilex rotunda* Thunb.

常绿乔木。生于海拔 59 ~ 501m 的林中和林缘。产于大洋、江南、邵家渡、汛桥、杜桥、涌泉、尤溪、河头、永丰、白水洋。

书坤冬青 *Ilex shukunii* Y. Yang et H. Peng

常绿乔木。生于海拔 74 ~ 282m 的林中和林缘。产于古城、江南、邵家渡、杜桥。

香冬青 *Ilex suaveolens* (H. Lév.) Loes.

常绿乔木。生于海拔 194 ~ 501m 的林中。产于大洋、杜桥、涌泉、尤溪、括苍。

三花冬青 *Ilex triflora* Blume

常绿灌木。生于海拔 67 ~ 695m 的林中或灌丛中。产于大洋、江南、邵家渡、杜桥、尤溪、沿江、白水洋。

钝头冬青 *Ilex triflora* Blume var. *kanehirai* (Yamam.) S. Y. Hu

常绿灌木。生于海拔约 970m 的林中或灌丛中。产于括苍、白水洋。

紫果冬青 *Ilex tsoii* Merr. et Chun

落叶灌木。生于林中或灌丛中。产于括苍。

尾叶冬青 *Ilex wilsonii* Loes.

常绿乔木。生于林中或灌丛中。产于括苍。

（六十一）卫矛科 Celastraceae

南蛇藤属 *Celastrus* L.

过山枫 *Celastrus aculeatus* Merr.

木质藤本。生于海拔 29 ~ 424m 的山地灌丛或路边疏林中。产于古城、大洋、江南、大田、邵家渡、汛桥、小芝、桃渚、上盘、杜桥、涌泉、尤溪、河头、沿江、括苍、汇溪、白水洋。

苦皮藤 *Celastrus angulatus* Maxim.

木质藤本。城区有栽培。

大芽南蛇藤 *Celastrus gemmatus* Loes.

木质藤本。生于海拔 109～214m 的山地灌丛或路边疏林中。产于江南、邵家渡、括苍、汇溪。

窄叶南蛇藤 *Celastrus oblanceifolius* F. T. Wang et P. C. Tsoong

木质藤本。生于海拔 408m 的山地灌丛或路边疏林中。产于括苍、白水洋。

短梗南蛇藤 *Celastrus rosthornianus* Loes.

木质藤本。生于海拔 69～905m 的山地灌丛或路边疏林中。产于古城、大田、白水洋。

卫矛属 *Euonymus* L.

卫矛 *Euonymus alatus* (Thunb.) Siebold

落叶灌木。生于海拔 10～212m 的山坡、沟边。产于江南、大田、邵家渡、汛桥、涌泉、河头、括苍、白水洋。

肉花卫矛 *Euonymus carnosus* Hemsl.

常绿乔木。生于海拔 69～199m 的山坡、沟边。产于邵家渡、括苍、白水洋。

百齿卫矛 *Euonymus centidens* H. Lév.

常绿灌木。生于海拔 10～350m 的山坡林中。产于古城、大洋、江南、大田、汛桥、小芝、沿江、括苍、汇溪。

鸦椿卫矛 *Euonymus euscaphis* Hand. -Mazz.

常绿灌木。生于海拔 163m 的山地林中及山坡路边。产于江南、括苍。

扶芳藤 *Euonymus fortunei* (Turcz.) Hand. -Mazz.

木质藤本。生于海拔 281～543m 的山坡林中。产于邵家渡、括苍。

西南卫矛 *Euonymus hamiltonianus* Wall.

落叶灌木。生于山地林中。产于邵家渡。

冬青卫矛 *Euonymus japonicus* Thunb.

常绿灌木。各地广泛栽培。

银边冬青卫矛 *Euonymus japonicus* Thunb. ‘Albo-Marginatus’

常绿灌木。各地广泛栽培。

金边冬青卫矛 *Euonymus japonicus* Thunb. ‘Aureo-Marginatus’

常绿灌木。各地广泛栽培。

金心冬青卫矛 *Euonymus japonicus* Thunb. ‘Aureo-Variegatus’

常绿灌木。各地广泛栽培。

胶州卫矛 *Euonymus kiautschovicus* Loes.

木质藤本。生于山坡、路旁。产于邵家渡。

白杜 *Euonymus maackii* Rupr.

落叶乔木。生于海拔 0～362m 的山坡、路旁。产于邵家渡、汛桥、小芝、上盘、杜桥、涌泉、河头、括苍。

矩叶卫矛 *Euonymus oblongifolius* Loes. et Rehder

常绿灌木。生于海拔 195～769m 的山坡及近水阴湿处。产于江南、尤溪、括苍、白水洋。

垂丝卫矛 *Euonymus oxyphyllus* Miq.

常绿灌木。生于林下。产于邵家渡、括苍。

无柄卫矛 *Euonymus subsessilis* Sprague

木质藤本。生于海拔 67～373m 的林下、路边或河边。产于古城、大洋、江南、邵家渡、杜桥、尤溪、沿江、括苍。

假卫矛属 *Microtropis* Wall. ex Meisn.

福建假卫矛 *Microtropis fokienensis* Dunn

常绿灌木。生于山坡或沟谷林中。产于古城、大洋。

雷公藤属 *Tripterygium* Hook．f．

雷公藤 *Tripterygium wilfordii* Hook．f．

　　木质藤本。生于海拔 159～225m 的山地林内阴湿处。产于大田、白水洋。

（六十二）省沽油科 **Staphyleaceae**

野鸦椿属 *Euscaphis* Sieb．et Zucc．

野鸦椿 *Euscaphis japonica* (Thunb.) Kanitz

　　落叶灌木。生于海拔 4～521m 的林下、林缘。产于古城、大洋、江南、大田、邵家渡、汛桥、东塍、小芝、桃渚、上盘、杜桥、涌泉、尤溪、括苍、汇溪、白水洋。

省沽油属 *Staphylea* L．

省沽油 *Staphylea bumalda* DC．

　　落叶灌木。生于路旁、山地或灌丛中。产于括苍。

（六十三）槭树科 **Aceraceae**

槭属 *Acer* L．

天台阔叶槭 *Acer amplum* Rehder var. *tientaiense* (C. K. Schneid.) Rehder

　　落叶乔木。生于林中。产于括苍。

三角槭 *Acer buergerianum* Miq．

　　落叶乔木。生于海拔 49～120m 的阔叶林中。产于江南、邵家渡、沿江、括苍。

雁荡三角槭 *Acer buergerianum* Miq．var． *yentangense* Fang et Fang f．

　　落叶灌木。生于海拔 36～297m 的阔叶林中。产于大洋、江南、邵家渡、上盘、杜桥、涌泉、汇溪、白水洋。

紫果槭 *Acer cordatum* Pax

　　落叶乔木。生于海拔 83m 的阔叶林中。产于邵家渡。

青榨槭 *Acer davidii* Franch．

　　落叶乔木。生于海拔 56～411m 的阔叶林中。产于古城、大洋、大田、邵家渡、杜桥、涌泉、括苍。

秀丽槭 *Acer elegantulum* W．P．Fang et P．L．Chiu

　　落叶乔木。生于海拔 710m 的阔叶林中。产于括苍、白水洋。

苦茶槭 *Acer ginnala* Maxim．subsp．*theiferum* (Fang) Fang

　　落叶乔木。生于阔叶林中。产于邵家渡。

建始槭 *Acer henryi* Pax

　　落叶乔木。生于阔叶林中。产于括苍。

色木槭 *Acer mono* Maxim．

　　落叶乔木。生于海拔 920m 的阔叶林中。产于括苍、白水洋。

橄榄槭 *Acer olivaceum* W．P．Fang et P．L．Chiu

　　落叶乔木。生于阔叶林中。产于邵家渡、括苍。

鸡爪槭 *Acer palmatum* Thunb．

　　落叶乔木。各地广泛栽培。

红枫 *Acer palmatum* Thunb．‘Atropurpureum’

　　落叶乔木。各地广泛栽培。

羽毛槭 *Acer palmatum* Thunb．‘Dissectum’

　　落叶灌木。各地广泛栽培。

稀花槭 *Acer pauciflorum* W．P．Fang

　　落叶灌木。生于海拔 721m 的林中。产于括苍、白水洋。

毛脉槭 *Acer pubinerve* Rehder

　　落叶乔木。生于海拔 114m 的林中。产于江南、括苍。

毛鸡爪槭 *Acer pubipalmatum* W．P．Fang

　　落叶乔木。生于林中。产于括苍山。

北美红枫 *Acer rubrum* L．

　　落叶乔木。城区有栽培。

天目槭 *Acer sinopurpurascens* W．C．Cheng

　　落叶乔木。生于林中。产于括苍山。

（六十四）七叶树科 **Hippocastanaceae**

七叶树属 *Aesculus* L.

七叶树 *Aesculus chinensis* Bunge

落叶乔木。古城、邵家渡有栽培。

（六十五）无患子科 **Sapindaceae**

栾树属 *Koelreuteria* Laxm.

全缘叶栾树 *Koelreuteria bipinnata* Franch. var. *integrifoliola*（Merr.）T. Chen

落叶乔木。生于林中。产于邵家渡。

栾树 *Koelreuteria paniculata* Laxm.

落叶乔木。汇溪有栽培。

无患子属 *Sapindus* L.

无患子 *Sapindus mukorossi* Gaertn.

落叶乔木。生于海拔 6～94m 的林中。产于古城、大洋、邵家渡、小芝。

（六十六）清风藤科 **Sabiaceae**

泡花树属 *Meliosma* Bl.

垂枝泡花树 *Meliosma flexuosa* Pamp.

落叶灌木。生于林中。产于括苍。

异色泡花树 *Meliosma myriantha* Sieb. et Zucc. var. *discolor* Dunn

落叶乔木。生于林中。产于江南。

红柴枝 *Meliosma oldhamii* Maxim.

落叶乔木。生于海拔 159～412m 的林中。产于大洋、大田、括苍、白水洋。

笔罗子 *Meliosma rigida* Sieb. et Zucc.

常绿乔木。生于海拔 6～385m 的林中。产于古城、大洋、江南、邵家渡、汛桥、杜桥、尤溪、沿江、括苍、白水洋。

毡毛泡花树 *Meliosma rigida* Sieb. et Zucc. var. *pannosa*（Hand.-Mazz.）Law

常绿乔木。生于林中。产于括苍山。

暖木 *Meliosma veitchiorum* Hemsl.

落叶乔木。生于林中。产于括苍山。

清风藤属 *Sabia* Colelbr.

鄂西清风藤 *Sabia campanulata* Wall. ex Roxb. subsp. *ritchieae*（Rehd. et Wils.）Y. F. Wu

木质藤本。生于海拔 116～920m 的林中。产于大洋、江南、邵家渡、杜桥、括苍、白水洋。

灰背清风藤 *Sabia discolor* Dunn

木质藤本。生于海拔 97～204m 的林中。产于古城、江南、邵家渡、括苍。

清风藤 *Sabia japonica* Maxim.

木质藤本。生于海拔 7～386m 的林中。产于古城、大洋、江南、邵家渡、汛桥、小芝、杜桥、涌泉、河头、括苍、汇溪、白水洋。

尖叶清风藤 *Sabia swinhoei* Hemsl. ex Forb. et Hemsl.

木质藤本。生于海拔 90～287m 的林中。产于江南、大田、邵家渡、尤溪、括苍。

（六十七）凤仙花科 **Balsaminaceae**

凤仙花属 *Impatiens* L.

凤仙花 *Impatiens balsamina* L.

一年生草本。古城、大田、汛桥、杜桥、沿江等地有栽培。

牯岭凤仙花 *Impatiens davidi* Franch.

一年生草本。生于山坡林下或草丛中。产于括苍。

阔萼凤仙花 *Impatiens platysepala* Y. L. Chen

一年生草本。生于海拔 100m 的山坡林下或草丛中。产于括苍。

括苍山凤仙花 *Impatiens platysepala* Y. L. Chen var. *kuoangshanica* X. F. Jin et F. G. Zhang

一年生草本。生于海拔 53～236m 的山坡林下或草丛中。产于邵家渡、杜桥、涌泉、括苍、汇溪。

（六十八）鼠李科 Rhamnaceae

勾儿茶属 Berchemia Neck.

多花勾儿茶 Berchemia floribunda（Wall.）Brongn.

落叶攀援灌木。生于海拔 34～398m 的山坡、沟谷、林缘、林下或灌丛中。产于古城、大洋、江南、大田、邵家渡、小芝、杜桥、涌泉、河头、沿江、永丰、汇溪。

大叶勾儿茶 Berchemia huana Rehder

落叶攀援灌木。生于山坡灌丛或林中。产于括苍。

牯岭勾儿茶 Berchemia kulingensis C. K. Schneid.

落叶攀援灌木。生于海拔 90～817m 的山谷灌丛、林缘或林中。产于邵家渡、括苍。

枳椇属 Hovenia Thunb.

北枳椇 Hovenia dulcis Thunb.

落叶乔木。生于海拔 24～27m 的林中。产于河头、白水洋。

光叶毛果枳椇 Hovenia trichocarpa Chun et Tsiang var. robusta（Nakai et Y. Kimura）Y. L. Chen et P. K. Chou

落叶乔木。生于林中。产于括苍山。

马甲子属 Paliurus Tourn ex Mill.

马甲子 Paliurus ramosissimus（Lour.）Poir.

落叶灌木。生于林中。产地不明。

猫乳属 Rhamnella Miq.

猫乳 Rhamnella franguloides（Maxim.）Weberb.

落叶灌木。生于山坡、路旁或林中。产于邵家渡。

鼠李属 Rhamnus L.

长叶冻绿 Rhamnus crenata Sieb. et Zucc.

落叶灌木。生于海拔 27～384m 的山坡林下或灌丛中。产于古城、大洋、邵家渡、东塍、小芝、涌泉、河头、括苍、永丰、汇溪、白水洋。

圆叶鼠李 Rhamnus globosa Bunge

落叶灌木。生于海拔 53～817m 的山坡林下或灌丛中。产于江南、大田、邵家渡、桃渚、上盘、杜桥、白水洋。

皱叶鼠李 Rhamnus rugulosa Hemsl.

落叶灌木。生于海拔 162m 的山坡林下或灌丛中。产于邵家渡。

冻绿 Rhamnus utilis Decne.

落叶灌木。生于海拔 86m 的山坡林下、灌丛、沟边。产于邵家渡。

山鼠李 Rhamnus wilsonii C. K. Schneid.

落叶灌木。生于海拔 20m 的山坡路旁、沟边灌丛或林下。产于括苍。

雀梅藤属 Sageretia Brongn.

钩刺雀梅藤 Sageretia hamosa（Wall.）Brongn.

木质藤本。生于山坡路旁、沟边灌丛或林下。产于尤溪、江南。

梗花雀梅藤 Sageretia henryi J. R. Drumm. et Sprague

木质藤本。生于山地灌丛或密林中。产于括苍。

刺藤子 Sageretia melliana Hand.-Mazz.

木质藤本。生于海拔 115～174m 的山坡林缘或林下。产于古城、江南、邵家渡、白水洋。

雀梅藤 Sageretia thea（Osbeck）M. C. Johnst.

木质藤本。生于海拔 4～620m 的丘陵、山地林下或灌丛中。产于大洋、江南、大田、邵家渡、汛桥、东塍、小芝、桃渚、上盘、杜桥、涌泉、尤溪、河头、沿江、括苍、永丰、汇溪、白水洋。

枣属 *Ziziphus* Mill.

枣 *Ziziphus jujuba* Mill.

落叶乔木。江南、尤溪、白水洋等地有栽培。

（六十九）葡萄科 Vitaceae

蛇葡萄属 *Ampelopsis* Michaux

广东蛇葡萄 *Ampelopsis cantoniensis* (Hook. et Arn.) K. Koch

木质藤本。生于海拔 51～353m 的山坡林中或灌丛中。产于古城、大洋、江南、邵家渡、小芝、杜桥、涌泉、尤溪、沿江、括苍、汇溪、白水洋。

三裂蛇葡萄 *Ampelopsis delavayana* Planch.

木质藤本。生于海拔 105～361m 的山坡林中或灌丛中。产于江南、大田、永丰、汇溪、白水洋。

异叶蛇葡萄 *Ampelopsis heterophylla* Sieb. et Zucc.

木质藤本。生于海拔 3～807m 的山坡林中或灌丛中。产于古城、大洋、江南、大田、小芝、上盘、涌泉、沿江、括苍、汇溪、白水洋。

光叶蛇葡萄 *Ampelopsis heterophylla* Sieb. et Zucc. var. *hancei* Planch.

木质藤本。生于海拔 9～136m 的山坡林中或灌丛中。产于上盘。

牯岭蛇葡萄 *Ampelopsis heterophylla* Sieb. et Zucc. var. *kulingensis* (Rehder) C. L. Li

木质藤本。生于海拔 7～940m 的山坡林中或灌丛中。产于大洋、江南、大田、邵家渡、汛桥、东塍、小芝、桃渚、上盘、杜桥、涌泉、尤溪、河头、括苍、汇溪、白水洋。

锈毛蛇葡萄 *Ampelopsis heterophylla* Sieb. et Zucc. var. *vestita* Rehder

木质藤本。生于海拔 0～424m 的山坡林中或灌丛中。产于古城、大洋、大田、邵家渡、汛桥、小芝、杜桥、涌泉、尤溪、沿江、括苍、永丰、白水洋。

白蔹 *Ampelopsis japonica* (Thunb.) Makino

木质藤本。生于山坡、灌丛或草地。产于邵家渡。

乌蔹莓属 *Cayratia* Juss.

白毛乌蔹莓 *Cayratia albifolia* C. L. Li

木质藤本。生于山坡林中。产于大田。

脱毛乌蔹莓 *Cayratia albifolia* C. L. Li var. *glabra* (Gagnep.) C. L. Li〔*C. oligocarpa* (Lévl. et Vant.) Gagnep. var. *glabra* (Gagnep) Rehd〕

草质藤本。生于山坡林中。产于邵家渡、括苍。

乌蔹莓 *Cayratia japonica* (Thunb.) Gagnep.

草质藤本。生于海拔 0～355m 的山坡林中。产于古城、大洋、江南、大田、邵家渡、汛桥、东塍、小芝、桃渚、上盘、杜桥、涌泉、尤溪、河头、沿江、括苍、永丰、汇溪、白水洋。

华中乌蔹莓 *Cayratia oligocarpa* (H. Lév. et Vaniot) Gagnep.

草质藤本。生于海拔 76～170m 的山坡林中、灌丛中。产于江南、邵家渡。

爬山虎属 *Parthenocissus* Planch.

异叶爬山虎 *Parthenocissus dalzielii* Gagnep. 〔*P. heterophylla* (Bl.) Merr.〕

木质藤本。生于海拔 35～817m 的山坡、林中或石壁。产于江南、大田、邵家渡、小芝、杜桥、尤溪、河头、沿江、括苍、汇溪、白水洋。

绿叶爬山虎 *Parthenocissus laetevirens* Rehder

木质藤本。生于山谷林中或山坡灌

丛,攀援于树上或石壁上。产于邵家渡。

爬山虎 *Parthenocissus tricuspidata* (Sieb. et Zucc.) Planch.

木质藤本。生于海拔 26 ~ 386m 的屋旁,攀援于墙壁上。产于邵家渡、桃渚、上盘、涌泉、尤溪、河头、括苍、永丰、白水洋。

崖爬藤属 *Tetrastigma* Planch.

三叶崖爬藤 *Tetrastigma hemsleyanum* Diels et Gilg

草质藤本。生于海拔 6 ~ 252m 的山坡灌丛、山谷、溪边林下。产于江南、邵家渡、小芝、杜桥、涌泉、尤溪、括苍。

葡萄属 *Vitis* L.

蘡薁 *Vitis bryoniaefolia* Bge.

木质藤本。生于海拔 13 ~ 120m 的山坡、路旁林中。产于大洋、桃渚、上盘、河头、汇溪。

刺葡萄 *Vitis davidii* (Rom. Caill.) Foëx

木质藤本。生于山坡林中或灌丛中。产于括苍。

葛藟葡萄 *Vitis flexuosa* Thunb.

木质藤本。生于海拔 84 ~ 398m 的山坡林中或灌丛中。产于古城、大洋、邵家渡、汇溪、白水洋。

菱叶葡萄 *Vitis hancockii* Hance

木质藤本。生于海拔 28 ~ 413m 的山坡林中或灌丛中。产于古城、大洋、江南、邵家渡、东塍、小芝、桃渚、上盘、杜桥、尤溪、河头、括苍、汇溪、白水洋。

毛葡萄 *Vitis heyneana* Roem. et Schult.

木质藤本。生于山坡林中、灌丛、林缘。产于邵家渡。

华东葡萄 *Vitis pseudoreticulata* W. T. Wang

木质藤本。生于海拔 1 ~ 126m 的河边、山坡荒地、草丛、灌丛或林中。产于江

南、大田、汛桥、涌泉、沿江。

小叶葡萄 *Vitis sinocinerea* W. T. Wang

木质藤本。生于海拔 13 ~ 62m 的山坡林中或灌丛中。产于上盘、杜桥。

葡萄 *Vitis vinifera* L.

木质藤本。各地广泛栽培。

网脉葡萄 *Vitis wilsoniae* H. J. Veitch

木质藤本。生于海拔 20 ~ 180m 的山坡林中或灌丛中。产于邵家渡、河头、括苍。

俞藤属 *Yua* C. L. Li

俞藤 *Yua thomsonii* (M. A. Lawson) C. L. Li

木质藤本。生于海拔 166m 的山坡林中,树上。产于邵家渡、汛桥。

(七十)杜英科 **Elaeocarpaceae**

杜英属 *Elaeocarpus* L.

中华杜英 *Elaeocarpus chinensis* (Gardner et Champ.) Hook. f. ex Benth.

常绿乔木。生于海拔 68 ~ 287m 的林中。产于江南、邵家渡、杜桥、尤溪、括苍。

杜英 *Elaeocarpus decipiens* Hemsl.

常绿乔木。生于林中。产于尤溪、沿江。

秃瓣杜英 *Elaeocarpus glabripetalus* Merr.

常绿乔木。生于海拔 4 ~ 368m 的林中。产于古城、大洋、大田、邵家渡、汛桥、小芝、杜桥、涌泉、沿江、括苍、白水洋。

日本杜英 *Elaeocarpus japonicus* Sieb. et Zucc.

常绿乔木。生于海拔 67 ~ 260m 的林中。产于江南、邵家渡、尤溪、沿江、括苍。

猴欢喜属 *Sloanea* L.

猴欢喜 *Sloanea sinensis* (Hance) Hemsl.

常绿乔木。生于海拔 109 ~ 159m 的林

中。产于大田、尤溪、括苍。

（七十一）椴树科 Tiliaceae

田麻属 Corchoropsis Sieb. et Zucc.

田麻 *Corchoropsis tomentosa* (Thunb.) Makino

一年生草本。生于海拔 0～361m 的路边草丛或林下。产于古城、大洋、江南、大田、邵家渡、上盘、杜桥、涌泉、尤溪、括苍、汇溪、白水洋。

黄麻属 Corchorus L.

甜麻 *Corchorus aestuans* L.

一年生草本。生于海拔 74m 的荒地、旷野、村旁。产于江南、白水洋。

扁担杆属 Grewia L.

扁担杆 *Grewia biloba* G. Don

落叶灌木。生于海拔 36～227m 的山坡林缘。产于古城、邵家渡、桃渚、上盘、涌泉、括苍、白水洋。

小花扁担杆 *Grewia biloba* G. Don var. *parviflora* (Bge.) Hand. -Mazz.

落叶灌木。生于山坡林缘。产于古城、东塍。

椴树属 Tilia L.

白毛椴 *Tilia endochrysea* Hand. -Mazz.

落叶乔木。生于林中。产于括苍。

华东椴 *Tilia japonica* Simonk.

落叶乔木。生于林中。产于括苍。

南京椴 *Tilia miqueliana* Maxim.

落叶乔木。生于林中。《台州乡土树种识别与应用》记载有分布。

粉椴 *Tilia oliveri* Szyszyl.

落叶乔木。生于林中。产于括苍。

刺蒴麻属 Triumfetta L.

单毛刺蒴麻 *Triumfetta annua* L.

一年生草本。生于海拔 21～264m 的荒地及路旁。产于古城、江南、大田、邵家渡、尤溪、沿江。

（七十二）锦葵科 Malvaceae

秋葵属 Abelmoschus Medicus

咖啡黄葵 *Abelmoschus esculentus* (L.) Moench

一年生草本。大田、白水洋有栽培。

黄蜀葵 *Abelmoschus manihot* (L.) Medicus

一年生草本。栽培。

箭叶秋葵 *Abelmoschus sagittifolius* (Kurz) Merr.

多年生草本。栽培。

苘麻属 Abutilon Miller

金铃花 *Abutilon striatum* Dickson

常绿灌木。河头有栽培。

苘麻 *Abutilon theophrasti* Medik.

一年生草本。生于路旁、荒地或田间。产于古城、白水洋。

蜀葵属 Althaea L.

蜀葵 *Althaea rosea* (L.) Cavan.

二年生草本。各地广泛栽培。

棉属 Gossypium L.

陆地棉 *Gossypium hirsutum* L.

一年生草本。栽培。

木槿属 Hibiscus L.

大麻槿 *Hibiscus cannabinus* L.

一年生或多年生草本。邵家渡有栽培。

海滨木槿 *Hibiscus hamabo* Sieb. et Zucc.

落叶灌木。上盘有栽培。

木芙蓉 *Hibiscus mutabilis* L.

落叶灌木。江南、大田、杜桥、河头、沿江等地有栽培。

朱槿 *Hibiscus rosa-sinensis* L.

常绿灌木。各地广泛栽培。

玫瑰茄 *Hibiscus sabdariffa* L.

一年生草本。古城有栽培。

木槿 *Hibiscus syriacus* L.

落叶灌木。生于海拔 1~90m 的路边。产于邵家渡、桃渚、上盘、涌泉、沿江。

白花重瓣木槿 *Hibiscus syriacus* L. f. *albus-plenus* Loudon

落叶灌木。栽培。

锦葵属 *Malva* L.

锦葵 *Malva sinensis* Cavan.

二年生草本。城区有栽培。

野葵 *Malva verticillata* L.

二年生草本。生于村边、路旁和山野。产于古城、涌泉、白水洋。

黄花稔属 *Sida* L.

桤叶黄花稔 *Sida alnifolia* L.

落叶灌木。生于海拔 175m 的林下。产于邵家渡。

白背黄花稔 *Sida rhombifolia* L.

落叶灌木。生于海拔 4~221m 的路边、林下。产于古城、大洋、江南、大田、汛桥、杜桥、涌泉、尤溪、白水洋。

梵天花属 *Urena* L.

地桃花 *Urena lobata* L.

落叶灌木。生于海拔 7~137m 的空旷地、草坡或疏林下。产于大洋、大田、汛桥、括苍。

梵天花 *Urena procumbens* L.

落叶灌木。生于海拔 1~231m 的山坡灌丛中。产于古城、江南、邵家渡、汛桥、小芝、杜桥、涌泉、尤溪、沿江。

（七十三）梧桐科 Sterculiaceae

梧桐属 *Firmiana* Marsili

梧桐 *Firmiana platanifolia*（L. f.）Marsili

落叶乔木。古城、江南有栽培。

马松子属 *Melochia* L.

马松子 *Melochia corchorifolia* L.

一年生草本。生于海拔 14~353m 的田间、荒地。产于古城、大洋、江南、大田、东塍、杜桥、涌泉、沿江、括苍、永丰、白水洋。

（七十四）猕猴桃科 Actinidiaceae

猕猴桃属 *Actinidia* Lindl

异色猕猴桃 *Actinidia callosa* Lindl. var. *discolor* C. F. Liang

木质藤本。生于海拔 76~245m 的林中或林缘。产于大洋、江南、大田、邵家渡、汛桥、杜桥、尤溪、括苍、白水洋。

中华猕猴桃 *Actinidia chinensis* Planch.

木质藤本。生于海拔 41~764m 的林中或林缘。产于古城、大洋、江南、大田、邵家渡、汛桥、小芝、上盘、涌泉、尤溪、河头、括苍、汇溪、白水洋。

美味猕猴桃 *Actinidia deliciosa*（A. Chev.）C. F. Liang et A. R. Ferguson

木质藤本。邵家渡有栽培。

毛花猕猴桃 *Actinidia eriantha* Benth.

木质藤本。生于林缘或灌丛中。《台州乡土树种识别与应用》记载有分布。

小叶猕猴桃 *Actinidia lanceolata* Dunn

木质藤本。生于海拔 23~424m 的灌丛、林中或林缘。产于古城、大洋、江南、邵家渡、汛桥、杜桥、涌泉、尤溪、沿江、汇溪、白水洋。

大籽猕猴桃 *Actinidia macrosperma* C. F. Liang

木质藤本。生于林下或林缘。产于永丰。

黑蕊猕猴桃 *Actinidia melanandra* Franch.

木质藤本。生于林下。产于括苍。

对萼猕猴桃 *Actinidia valvata* Dunn

木质藤本。生于海拔 10m 的林下。产于汛桥、括苍。

(七十五)山茶科 Theaceae

杨桐属 Adinandra Jack

杨桐 *Adinandra millettii* (Hook. et Arn.) Benth. et Hook. f. ex Hance

常绿灌木或小乔木。生于海拔 273m 的山坡灌丛、林下,也见于林缘沟谷地或路边。产于汛桥。

山茶属 Camellia L.

浙江红山茶 *Camellia chekiangoleosa* Hu

常绿乔木。生于海拔 104m 的山坡林下、林缘。产于江南、括苍。

尖连蕊茶 *Camellia cuspidata* (Kochs) H. J. Veitch

常绿灌木。生于海拔 112~817m 的山坡林下、林缘。产于大洋、江南、邵家渡、汛桥、尤溪、括苍、白水洋。

浙江尖连蕊茶 *Camellia cuspidata* (Kochs) H. J. Veitch var. *chekiangensis* Sealy

常绿灌木。生于山坡林下、林缘。产于括苍。

毛柄连蕊茶 *Camellia fraterna* Hance

常绿灌木。生于海拔 21~446m 的山坡林下、林缘。产于古城、大洋、江南、大田、邵家渡、汛桥、小芝、杜桥、涌泉、尤溪、河头、沿江、括苍、白水洋。

山茶 *Camellia japonica* L.

常绿乔木。大田、小芝、桃渚、上盘、杜桥、河头等地有栽培。

油茶 *Camellia oleifera* Abel

常绿灌木。山区广泛栽培。

茶梅 *Camellia sasanqua* Thunb.

常绿灌木。江南、大田、河头、沿江、白水洋等地有栽培。

茶 *Camellia sinensis* (L.) Kuntze

常绿灌木。各地广泛栽培。

单体红山茶 *Camellia uraku* Kitam.

常绿灌木。城区有栽培。

红淡比属 Cleyera Thunb.

红淡比 *Cleyera japonica* Thunb.

常绿乔木。生于海拔 88~475m 的山坡林中或林缘。产于古城、大洋、江南、大田、邵家渡、汛桥、尤溪、括苍、白水洋。

柃木属 Eurya Thunb.

翅柃 *Eurya alata* Kobuski

常绿灌木。生于山地沟谷、溪边林中或林下路旁阴湿处。产于邵家渡。

黄腺柃 *Eurya aureopunctata* (Hung T. Chang) Z. H. Chen et P. L. Chiu [*E. loquaiana* Dunn var. *aureopunctata* H. T. Chang]

常绿灌木。生于海拔 159~817m 的山坡林下或林缘。产于古城、大洋、江南、大田、汛桥、尤溪、括苍、永丰、汇溪、白水洋。

滨柃 *Eurya emarginata* (Thunb.) Makino

常绿灌木。生于海拔 14~68m 的滨海山坡灌丛中及海岸边岩石缝中。产于小芝、上盘。

微毛柃 *Eurya hebeclados* Ling

常绿灌木。生于海拔 242~918m 的山坡林下。产于大洋、邵家渡、尤溪、括苍、白水洋。

柃木 *Eurya japonica* Thunb.

常绿灌木。生于海拔 13~384m 的滨海山地及山坡路旁或溪谷边灌丛中。产于桃渚、上盘、河头。

细枝柃 *Eurya loquaiana* Dunn

常绿灌木。生于海拔 161m 的海山坡沟谷、溪边林中或林缘及路旁阴湿灌丛中。产于尤溪、括苍。

格药柃 *Eurya muricata* Dunn

常绿灌木。生于海拔 4～695m 的山坡林中或林缘灌丛中。产于古城、大洋、江南、大田、邵家渡、汛桥、东塍、小芝、杜桥、涌泉、尤溪、河头、沿江、括苍、永丰、汇溪、白水洋。

细齿叶柃 *Eurya nitida* Korth.

常绿灌木。生于海拔 85～817m 的山地林中、溪边林缘及山坡路旁。产于邵家渡、东塍、尤溪、河头、括苍、白水洋。

窄基红褐柃 *Eurya rubiginosa* H. T. Chang var. *attenuata* H. T. Chang

常绿灌木。生于海拔 10～817m 的山坡疏林或林缘沟谷路旁。产于古城、大洋、江南、大田、邵家渡、汛桥、小芝、杜桥、涌泉、尤溪、河头、沿江、括苍、永丰、汇溪、白水洋。

木荷属 *Schima* Reinw.

木荷 *Schima superba* Gardner et Champ.

常绿乔木。生于海拔 26～475m 的山谷、山坡。产于古城、大洋、江南、大田、邵家渡、汛桥、东塍、小芝、杜桥、涌泉、尤溪、河头、沿江、括苍、永丰、汇溪、白水洋。

紫茎属 *Stewartia* L.

尖萼紫茎 *Stewartia acutisepala* P. L. Chiu et G. R. Zhong

落叶乔木。生于海拔 748m 的林中。产于括苍、白水洋。

紫茎 *Stewartia sinensis* Rehder et E. H. Wilson

落叶乔木。生于海拔 861～926m 的林中。产于白水洋。

长喙紫茎 *Stewartia sinensis* Rehder et E. H. Wilson var. *rostrata* (Spongberg) Hung T. Chang

落叶乔木。生于林中。产于括苍。

厚皮香属 *Ternstroemia* Mutis ex L. f.

厚皮香 *Ternstroemia gymnanthera* (Wight et Arn.) Bedd.

常绿乔木。生于海拔 68～494m 的林中、林缘、路旁。产于大洋、江南、大田、邵家渡、小芝、尤溪、括苍。

（七十六）藤黄科 Guttiferae

金丝桃属 *Hypericum* L.

黄海棠 *Hypericum ascyron* L.

多年生草本。生于海拔 341m 的山坡林下、林缘、灌丛、草丛中。产于邵家渡、白水洋。

小连翘 *Hypericum erectum* Thunb. ex Murray

多年生草本。生于海拔 29～411m 的山坡草丛中。产于上盘、涌泉、括苍、白水洋。

地耳草 *Hypericum japonicum* Thunb. ex Murray

一年生草本。生于海拔 5～381m 的田边、沟边、草地及荒地。产于古城、大洋、江南、大田、邵家渡、东塍、上盘、河头、括苍、永丰、汇溪、白水洋。

金丝桃 *Hypericum monogynum* L.

落叶灌木。各地广泛栽培。

金丝梅 *Hypericum patulum* Thunb. ex Murray

落叶灌木。生于林下、路旁或灌丛中。产于邵家渡。

元宝草 *Hypericum sampsonii* Hance

多年生草本。生于海拔 6～159m 的路旁、山坡、草地、灌丛、田边、沟边。产于古城、大洋、江南、大田、邵家渡、河头、括苍、白水洋。

密腺小连翘 *Hypericum seniawinii* Maxim.

多年生草本。生于山坡草地、林缘及

疏林中。产于邵家渡。

（七十七）柽柳科 Tamaricaceae

柽柳属 Tamarix L.

柽柳 *Tamarix chinensis* Lour.

落叶灌木。生于海拔 6～8m 的海滨、滩头、潮湿盐碱地和沙荒地。产于上盘。

（七十八）堇菜科 Violaceae

堇菜属 Viola L.

戟叶堇菜 *Viola betonicifolia* J. E. Smith [*V. betonicifolia* Smith subsp. *nepalensis* W. Becker]

多年生草本。生于海拔 152～381m 的田野、路边、山坡草地、灌丛、林缘等处。产于上盘、河头、括苍。

南山堇菜 *Viola chaerophylloides*（Regel）W. Beck.

多年生草本。生于海拔 165～918m 的山坡林下或林缘、溪谷阴湿处、阳坡灌丛及草丛中。产于江南、邵家渡、括苍、白水洋。

角堇 *Viola cornuta* L.

多年生草本。各地广泛栽培。

七星莲 *Viola diffusa* Ging.

多年生草本。生于海拔 4～424m 的山坡林下、林缘、草地、溪谷旁、岩石缝隙中。产于大洋、江南、大田、邵家渡、汛桥、东塍、小芝、杜桥、涌泉、尤溪、河头、沿江、括苍、永丰、汇溪、白水洋。

心叶蔓茎堇菜 *Viola diffusa* Ging. subsp. *tenuis*（Benth.）W. Becker

多年生草本。生于海拔 109～145m 的岩石缝隙中。产于江南、邵家渡、尤溪、括苍。

紫花堇菜 *Viola grypoceras* A. Gray

多年生草本。生于海拔 7～909m 的山坡林下、林缘、草地、溪谷旁、岩石缝隙

中。产于江南、邵家渡、汛桥、桃渚、上盘、杜桥、涌泉、尤溪、括苍、白水洋。

长萼堇菜 *Viola inconspicua* Blume

多年生草本。生于海拔 5～365m 的林缘、山坡草地、田边及溪旁。产于古城、大洋、江南、大田、邵家渡、汛桥、东塍、小芝、桃渚、上盘、杜桥、涌泉、河头、沿江、括苍、永丰、汇溪、白水洋。

犁头草 *Viola japonica* Langs. ex DC.

多年生草本。生于海拔 3～817m 的林缘、山坡草地、田边及溪旁。产于大洋、江南、大田、邵家渡、汛桥、上盘、杜桥、涌泉、尤溪、括苍、永丰。

白花堇菜 *Viola lactiflora* Nakai

多年生草本。生于海拔 20m 的山坡林缘。产于白水洋。

紫花地丁 *Viola philippica* Cav. [*V. yedoensis* Makino]

多年生草本。生于海拔 1～188m 的田间、荒地、山坡草丛、林缘或灌丛中。产于古城、大洋、大田、邵家渡、小芝、桃渚、上盘、尤溪、沿江、括苍、白水洋。

柔毛堇菜 *Viola principis* H. de Boiss.

多年生草本。生于山地林下、林缘、草地、溪谷、沟边及路旁。产于括苍。

辽宁堇菜 *Viola rossii* Hemsl. ex Forbes et Hemsl.

多年生草本。生于海拔 764～920m 的山地林下或林缘、灌丛、山坡草地。产于括苍、白水洋。

庐山堇菜 *Viola stewardiana* W. Beck.

多年生草本。生于海拔 96～247m 的路边、林下、山沟溪边或石缝中。产于古城、江南、邵家渡、杜桥、尤溪、括苍。

三色堇 *Viola tricolor* L.

多年生草本。各地广泛栽培。

堇菜 *Viola verecunda* A. Gray

多年生草本。生于海拔 6 ~ 1027m 的山坡草丛、灌丛、林缘、田间、屋旁等。产于江南、大田、邵家渡、汛桥、小芝、涌泉、尤溪、沿江、括苍、汇溪、白水洋。

紫背堇菜 *Viola violacea* Makino

多年生草本。生于海拔 28 ~ 413m 的山坡草丛、灌丛、林缘、田间、屋旁等。产于古城、大洋、大田、邵家渡、小芝、涌泉、尤溪、河头、括苍、汇溪、白水洋。

（七十九）大风子科 Flacourtiaceae

山桐子属 *Idesia* Maxim.

山桐子 *Idesia polycarpa* Maxim.

落叶乔木。生于海拔 245m 的林中或林缘。产于汛桥、括苍。

毛叶山桐子 *Idesia polycarpa* Maxim. var. *vestita* Diels

落叶乔木。生于海拔 600m 的林中或林缘。产于括苍、尤溪。

柞木属 *Xylosma* G. Forst.

柞木 *Xylosma racemosa* (Sieb. et Zucc.) Miq.

常绿乔木。生于海拔 35 ~ 199m 的林中、林缘或林旁。产于江南、大田、邵家渡、上盘、杜桥、括苍、汇溪、白水洋。

（八十）旌节花科 Stachyuraceae

旌节花属 *Stachyurus* Sieb. et Zucc.

中国旌节花 *Stachyurus chinensis* Franch.

落叶灌木。生于海拔 161 ~ 817m 的林中或林缘。产于古城、江南、邵家渡、尤溪、括苍。

（八十一）西番莲科 Passifloraceae

西番莲属 *Passiflora* L.

鸡蛋果 *Passiflora edulis* Sims

草质藤本。涌泉有栽培。

（八十二）番木瓜科 Caricaceae

番木瓜属 *Carica* L.

番木瓜 *Carica papaya* L.

常绿乔木。城区有栽培。

（八十三）秋海棠科 Begoniaceae

秋海棠属 *Begonia* L.

四季海棠 *Begonia semperflorens* Link et Otto

多年生草本。各地广泛栽培。

（八十四）仙人掌科 Cactaceae

量天尺属 *Hylocereus* (Berg.) Britt. et Rose

量天尺 *Hylocereus undatus* (Haw.) Britton et Rose

常绿灌木。城区有栽培。

仙人掌属 *Opuntia* Mill.

仙人掌 *Opuntia stricta* (Haw.) Haw. var. *dillenii* (Ker Gawl.) L. D. Benson

常绿灌木。各地广泛栽培。

蟹爪兰属 *Schlumbergera* Lem.

蟹爪兰 *Schlumbergera truncata* (Haw.) Moran

常绿灌木。大田、河头有栽培。

（八十五）瑞香科 Thymelaeaceae

瑞香属 *Daphne* L.

芫花 *Daphne genkwa* Sieb. et Zucc.

落叶灌木。生于海拔 9m 的向阳山坡、灌丛、路旁或林下。产于上盘。

毛瑞香 *Daphne kiusiana* Miq. var. *atrocaulis* (Rehd.) F. Maekawa

常绿灌木。生于林边或疏林中较阴湿处。产于上盘、括苍。

瑞香 *Daphne odora* Thunb.

常绿灌木。城区有栽培。

金边瑞香 *Daphne odora* Thunb. f. *marginata* Makino

常绿灌木。城区有栽培。

结香属 *Edgeworthia* Meisn.

结香 *Edgeworthia chrysantha* Lindl.

落叶灌木。古城、大田、汛桥、桃渚、涌泉、括苍、白水洋等地有栽培。

荛花属 *Wikstroemia* Endl.

了哥王 *Wikstroemia indica* (L.) C. A. Mey.

落叶灌木。生于海拔 51 ~ 126m 的林下或石壁上。产于大洋、江南、桃渚、上盘、涌泉、括苍。

北江荛花 *Wikstroemia monnula* Hance

落叶灌木。生于海拔 194 ~ 260m 的山坡、灌丛或路旁。产于古城、大洋、江南、括苍。

(八十六)胡颓子科 **Elaeagnaceae**

胡颓子属 *Elaeagnus* L.

巴东胡颓子 *Elaeagnus difficilis* Servett.

木质藤本。生于向阳山坡灌丛或林中。产于括苍。

蔓胡颓子 *Elaeagnus glabra* Thunb.

木质藤本。生于海拔 68 ~ 424m 的向阳林中或林缘。产于古城、江南、大田、邵家渡、杜桥、涌泉、尤溪、括苍、白水洋。

披针叶胡颓子 *Elaeagnus lanceolata* Warb.

木质藤本。生于山地林中或林缘。《台州乡土树种识别与应用》记载有分布。

大叶胡颓子 *Elaeagnus macrophylla* Thunb.

常绿灌木。生于海拔 130m 以下的海岛小山坡。产于东塍、上盘、汇溪。

木半夏 *Elaeagnus multiflora* Thunb.

落叶灌木。生于山坡或路边草丛中。产地不明。

胡颓子 *Elaeagnus pungens* Thunb.

常绿灌木。生于海拔 5 ~ 1061m 的向阳山坡或路旁。产于古城、大洋、江南、大田、邵家渡、汛桥、东塍、小芝、上盘、杜桥、涌泉、尤溪、河头、沿江、括苍、汇溪、白水洋。

牛奶子 *Elaeagnus umbellata* Thunb.

落叶灌木。生于海拔 4 ~ 67m 的向阳的林缘、灌丛或沟边。产于邵家渡、涌泉、沿江。

(八十七)千屈菜科 **Lythraceae**

水苋菜属 *Ammannia* L.

耳基水苋 *Ammannia arenaria* Kunth

一年生草本。生于海拔 67m 的湿地和水稻田。产于大田、小芝。

水苋菜 *Ammannia baccifera* L.

一年生草本。生于海拔 7 ~ 194m 的潮湿的地方或水田中。产于大洋、大田、汛桥。

多花水苋 *Ammannia multiflora* Roxb.

一年生草本。生于湿地或水田。产于大田。

萼距花属 *Cuphea* Adans. ex P. Br.

细叶萼距花 *Cuphea hyssopifolia* Kunth

常绿灌木。括苍有栽培。

紫薇属 *Lagerstroemia* L.

紫薇 *Lagerstroemia indica* L.

落叶乔木。各地广泛栽培。

银薇 *Lagerstroemia indica* L. f. *alba* (Nichols.) Rehd.

落叶乔木。城区有栽培。

福建紫薇 *Lagerstroemia limii* Merr. [*L. chekiangensis* Cheng]

落叶乔木。生于溪边或山坡灌丛中。产于古城、尤溪、白水洋。

南紫薇 *Lagerstroemia subcostata* Koehne

落叶乔木。生于林缘、溪边。《台州乡土树种识别与应用》记载有分布。

千屈菜属 *Lythrum* L.

千屈菜 *Lythrum salicaria* L.

多年生草本。生于河岸、湖畔、溪沟边和潮湿草地。产于大洋。

节节菜属 *Rotala* L.

节节菜 *Rotala indica* (Willd.) Koehne

一年生草本。生于海拔32～297m的稻田中或湿地上。产于大洋、邵家渡、涌泉。

轮叶节节菜 *Rotala mexicana* Cham. et Schltdl.

一年生草本。生于海拔54m的浅水湿地中。产于大洋。

圆叶节节菜 *Rotala rotundifolia* (Buch.-Ham. ex Roxb.) Koehne

一年生草本。生于海拔17～137m的水田或潮湿的地方。产于大田、小芝、白水洋。

（八十八）石榴科 **Punicaceae**

石榴属 *Punica* L.

石榴 *Punica granatum* L.

落叶乔木。江南、邵家渡、上盘、河头、汇溪等地有栽培。

白石榴 *Punica granatum* L. 'Albescens'

落叶乔木。城区有栽培。

玛瑙石榴 *Punica granatum* L. 'Lagrellei'

落叶乔木。城区有栽培。

月季石榴 *Punica granatum* L. 'Nana'

落叶乔木。桃渚有栽培。

（八十九）蓝果树科 **Nyssaceae**

喜树属 *Camptotheca* Decne.

喜树 *Camptotheca acuminata* Decne.

落叶乔木。各地广泛栽培。

蓝果树属 *Nyssa* Gronov. ex L.

蓝果树 *Nyssa sinensis* Oliv.

落叶乔木。生于海拔163～411m的山谷或溪边潮湿林中。产于大洋、江南、括苍、汇溪。

（九十）八角枫科 **Alangiaceae**

八角枫属 *Alangium* Lam.

八角枫 *Alangium chinense* (Lour.) Harms

落叶乔木。生于海拔26～200m的林中、林缘。产于古城、江南、大田、邵家渡、括苍、汇溪、白水洋。

毛八角枫 *Alangium kurzii* Craib

落叶乔木。生于海拔4～166m的林中、林缘。产于古城、大洋、江南、大田、邵家渡、汛桥、小芝、杜桥、涌泉、尤溪、河头、沿江、括苍、白水洋。

伞形八角枫 *Alangium kurzii* Craib var. *umbellatum* (Yang) Fang

落叶乔木。生于海拔82m的林中、林缘。产于邵家渡。

云山八角枫 *Alangium kurzii* Crdib var. *handelii* (Schnarf) Fang

落叶乔木。生于林中、林缘。产于括苍。

瓜木 *Alangium platanifolium* (Sieb. et Zucc.) Harms

落叶乔木。生于向阳山坡或疏林中。产于邵家渡。

（九十一）桃金娘科 **Myrtaceae**

岗松属 *Baeckea* L.

岗松 *Baeckea frutescens* L.

灌木。生于海拔54～80m的低丘、荒山草坡与灌丛中，是酸性土的指示植物。产于永丰、白水洋。

红千层属 *Callistemon* R. Br.

红千层 *Callistemon rigidus* R. Br.

常绿灌木。各地零星栽培。

桉属 *Eucalyptus* L. Herit

赤桉 *Eucalyptus camaldulensis* Dehnh.

常绿乔木。桃渚、上盘有栽培。

桉 *Eucalyptus robusta* Smith

常绿乔木。各地广泛栽培。

野桉 *Eucalyptus rudis* Endl.

常绿乔木。桃渚、上盘有栽培。

蒲桃属 *Syzygium* Gaertn.

赤楠 *Syzygium buxifolium* Hook. et Arn.

常绿灌木。生于海拔 5～501m 的低山疏林或灌丛中。产于古城、大洋、江南、大田、邵家渡、汛桥、东塍、桃渚、上盘、杜桥、涌泉、尤溪、河头、沿江、括苍、永丰、汇溪、白水洋。

轮叶赤楠 *Syzygium buxifolium* Hook. et Arn. var. *verticillatum* C. Chen

常绿灌木。城区有栽培。

轮叶蒲桃 *Syzygium grijsii*（Hance）Merr. et Perry

常绿灌木。古城、永丰有栽培。

（九十二）野牡丹科 **Melastomataceae**

野海棠属 *Bredia* Blume, emend.

秀丽野海棠 *Bredia amoena* Diels

常绿灌木。生于海拔 205～494m 的林下、溪边、路旁。产于古城、大洋、江南、涌泉、尤溪、括苍、白水洋。

鸭脚茶 *Bredia sinensis*（Diels）H. L. Li

常绿灌木。生于海拔 264～353m 的山坡林下、路边、沟旁草丛或岩石积土上。产于尤溪、括苍。

野牡丹属 *Melastoma* L.

地菍 *Melastoma dodecandrum* Lour.

常绿灌木。生于海拔 4～512m 的山坡矮草丛中。产于古城、大洋、江南、大田、邵家渡、汛桥、小芝、桃渚、上盘、杜桥、涌泉、尤溪、河头、沿江、括苍、永丰、汇溪、白水洋。

金锦香属 *Osbeckia* L.

金锦香 *Osbeckia chinensis* L.

常绿灌木。生于荒山草坡、路旁、田地边或疏林中。产于尤溪、邵家渡。

（九十三）菱科 **Trapaceae**

菱属 *Trapa* L.

野菱 *Trapa incisa* Sieb. et Zucc.

一年生草本。生于池塘、溪流中。产于江南。

（九十四）柳叶菜科 **Onagraceae**

露珠草属 *Circaea* L.

南方露珠草 *Circaea mollis* Sieb. et Zucc.

多年生草本。生于阔叶林中。产于尤溪、括苍、大田、江南。

柳叶菜属 *Epilobium* L.

光滑柳叶菜 *Epilobium amurense* Hausskn. subsp. *cephalostigma*（Hausskn.）C. J. Chen, Hoch et P. H. Raven

多年生草本。生于山区溪沟边、沼泽地、草坡、林缘湿润处。产于江南。

柳叶菜 *Epilobium hirsutum* L.

多年生草本。生于灌丛、荒坡、路旁、溪流河床。产于汛桥。

长籽柳叶菜 *Epilobium pyrricholophum* Franch. et Sav.

多年生草本。生于海拔 159m 的溪沟旁、池塘与水田湿处。产于大田、白水洋。

倒挂金钟属 *Fuchsia* L.

倒挂金钟 *Fuchsia hybrida* hort. ex Siebert et Voss

小灌木。城区有栽培。

丁香蓼属 *Ludwigia* L.

丁香蓼 *Ludwigia epilobioides* Maxim.

一年生草本。生于海拔 6～278m 的湖、塘、稻田、溪边等湿润处。产于古城、大洋、江南、大田、邵家渡、汛桥、东塍、小芝、杜桥、涌泉、括苍、永丰、汇溪、白水洋。

毛草龙 *Ludwigia octovalvis* (Jacq.) P. H. Raven

多年生草本。生于海拔 9～58m 的田边、湖塘边、沟谷旁及开阔湿润处。产于大田、杜桥。

卵叶丁香蓼 *Ludwigia ovalis* Miq.

一年生草本。生于海拔 24m 的塘边、田边、沟边、草坡、沼泽湿润处。产于大洋。

黄花水龙 *Ludwigia peploides* (Kunth) P. H. Raven subsp. *stipulacea* (Ohwi) P. H. Raven

多年生草本。生于海拔 11～71m 的河边、池塘、水田、湿地。产于古城、小芝、杜桥、白水洋。

月见草属 *Oenothera* L.

月见草 *Oenothera biennis* L.

二年生草本。生于开阔荒坡路旁。产于括苍。

裂叶月见草 *Oenothera laciniata* Hill

一年生或多年生草本。生于海拔 37～41m 的开阔荒地、田边。产于江南、河头。

美丽月见草 *Oenothera speciosa* Nutt.

多年生草本。各地广泛栽培。

（九十五）小二仙草科 **Haloragaceae**

小二仙草属 *Haloragis* J. R.

小二仙草 *Haloragis micrantha* (Thunb.) R. Br.

多年生草本。生于海拔 50～1230m 的荒山草丛中。产于大洋、邵家渡、东塍、桃渚、上盘、尤溪、括苍、白水洋。

狐尾藻属 *Myriophyllum* L.

粉绿狐尾藻 *Myriophyllum aquaticum* (Vellozo) Verdcourt

多年生草本。生于海拔 4～132m 的池塘、河沟。产于古城、大田。

穗状狐尾藻 *Myriophyllum spicatum* L.

多年生草本。生于海拔 11～111m 的池塘、河沟。产于大田、杜桥。

（九十六）五加科 **Araliaceae**

五加属 *Acanthopanax* Miq.

吴茱萸五加 *Acanthopanax evodiifolius* Franch.

落叶乔木。生于林缘。产于括苍。

五加 *Acanthopanax gracilistylus* W. W. Sm.

落叶灌木。生于海拔 35～308m 的灌丛、林缘、山坡路旁。产于邵家渡、小芝、括苍、白水洋。

白簕 *Acanthopanax trifoliatus* (L.) Merr.

落叶灌木。生于山坡路旁、林缘和灌丛中。产于括苍。

楤木属 *Aralia* L.

楤木 *Aralia chinensis* L.

落叶灌木。生于海拔 4～918m 的林中、灌丛或林缘路边。产于古城、大洋、江南、大田、邵家渡、汛桥、小芝、桃渚、上盘、杜桥、涌泉、尤溪、河头、沿江、括苍、永丰、汇溪、白水洋。

头序楤木 *Aralia dasyphylla* Miq.

落叶灌木。生于海拔 54 ~ 353m 的林中、林缘和向阳山坡。产于大洋、江南、大田、括苍。

棘茎楤木 *Aralia echinocaulis* Hand. -Mazz.

落叶灌木。生于海拔 65 ~ 251m 的林中。产于江南、大田、邵家渡、括苍、汇溪。

长刺楤木 *Aralia spinifolia* Merr.

落叶灌木。生于山坡或林缘。《台州乡土树种识别与应用》记载有分布。

树参属 *Dendropanax* Decne. Planch.

树参 *Dendropanax dentiger* (Harms) Merr.

常绿乔木。生于海拔 126 ~ 501m 的常绿阔叶林或灌丛中。产于古城、大洋、江南、邵家渡、尤溪、括苍。

八角金盘属 *Fatsia* Decne. Planch.

八角金盘 *Fatsia japonica* (Thunb.) Decne. et Planch.

常绿灌木。古城、桃渚有栽培。

常春藤属 *Hedera* L.

洋常春藤 *Hedera helix* L.

木质藤本。各地广泛栽培。

常春藤 *Hedera nepalensis* K. Koch var. *sinensis* (Tobler) Rehder

木质藤本。生于海拔 1 ~ 448m 的林下、林缘。产于古城、大洋、江南、大田、邵家渡、汛桥、东塍、小芝、桃渚、上盘、杜桥、涌泉、尤溪、河头、沿江、括苍、汇溪、白水洋。

刺楸属 *Kalopanax* Miq.

刺楸 *Kalopanax septemlobus* (Thunb.) Koidz.

落叶乔木。生于林下、林缘。《台州乡土树种识别与应用》记载有分布。

鹅掌柴属 *Schefflera* J. R. G. Forst.

鹅掌柴 *Schefflera octophylla* (Lour.) Harms

落叶乔木。城区有栽培。

通脱木属 *Tetrapanax* K. Koch

通脱木 *Tetrapanax papyrifer* (Hook.) K. Koch

落叶灌木。生于海拔 29 ~ 479m 的向阳路旁。河头、白水洋有栽培。

(九十七)伞形科 Umbelliferae

当归属 *Angelica* L.

重齿当归 *Angelica biserrata* (Shan et C. Q. Yuan) C. Q. Yuan et Shan

多年生草本。生于阴湿山坡、林下草丛或稀疏灌丛中。产于括苍山。

杭白芷 *Angelica dahurica* (Fisch. ex Hoffm.) Benth. et Hook. f. ex Franch. et Sav. 'Hangbaizhi'

多年生草本。邵家渡有栽培。

紫花前胡 *Angelica decursiva* (Miq.) Franch. et Sav.

多年生草本。生于海拔 114 ~ 769m 的山坡林缘、溪沟边或灌丛中。产于古城、江南、括苍、白水洋。

福参 *Angelica morii* Hayata

多年生草本。生于海拔 97 ~ 206m 的山谷溪沟石缝内。产于江南、邵家渡、白水洋。

峨参属 *Anthriscus* (Pers.) Hoffm.

峨参 *Anthriscus sylvestris* (L.) Hoffm.

二年生草本。生于山坡林下、路旁或山谷溪边石缝中。产于邵家渡。

芹属 *Apium* L.

旱芹 *Apium graveolens* L.

二年生草本。全市广泛栽培。

细叶旱芹 *Apium leptophyllum*（Pers.）F. Muell. ex Benth.

一年生草本。生于海拔6～137m的杂草地或水沟边。产于古城、大洋、涌泉、河头。

柴胡属 *Bupleurum* L.

南方大叶柴胡 *Bupleurum longiradiatum* Turcz. f. *australe* Shan et Y. Li

多年生草本。生于海拔410m的山坡、林下阴湿处或溪谷草丛中。产于括苍、白水洋。

积雪草属 *Centella* L.

积雪草 *Centella asiatica*（L.）Urb.

多年生草本。生于海拔0～512m的阴湿的草地或水沟边。产于古城、大洋、江南、大田、邵家渡、汛桥、东塍、小芝、桃渚、上盘、杜桥、涌泉、尤溪、沿江、括苍、永丰、汇溪、白水洋。

蛇床属 *Cnidium* Cuss.

蛇床 *Cnidium monnieri*（L.）Cusson

一年生草本。生于海拔6～126m的田边、路旁、草地及河边湿地。产于古城、大洋、邵家渡、汛桥、涌泉、括苍、白水洋。

芫荽属 *Coriandrum* L.

芫荽 *Coriandrum sativum* L.

一年生草本。各地广泛栽培。

鸭儿芹属 *Cryptotaenia* DC.

鸭儿芹 *Cryptotaenia japonica* Hassk.

多年生草本。生于海拔149～411m的山地、山沟及林下阴湿处。产于古城、江南、大田、邵家渡、汛桥、涌泉、尤溪、括苍。

胡萝卜属 *Daucus* L.

野胡萝卜 *Daucus carota* L.

二年生草本。生于海拔0～35m的山坡路旁、平地、田间。产于古城、桃渚、上盘、河头。

胡萝卜 *Daucus carota* L. var. *sativa* Hoffm.

二年生草本。各地广泛栽培。

茴香属 *Foeniculum* Mill.

茴香 *Foeniculum vulgare* Mill.

多年生草本。各地广泛栽培。

独活属 *Heracleum* L.

短毛独活 *Heracleum moellendorffii* Hance

多年生草本。生于林缘。产于上盘。

天胡荽属 *Hydrocotyle* L.

红马蹄草 *Hydrocotyle nepalensis* Hook.

多年生草本。生于海拔205～454m的山坡、路旁阴湿处、水沟或溪边草丛中。产于古城、江南、汛桥、尤溪。

天胡荽 *Hydrocotyle sibthorpioides* Lam.

多年生草本。生于海拔6～407m的草地、沟边、林下。产于古城、大洋、江南、大田、邵家渡、汛桥、东塍、小芝、桃渚、上盘、杜桥、涌泉、尤溪、河头、沿江、括苍、永丰、汇溪、白水洋。

破铜钱 *Hydrocotyle sibthorpioides* Lam. var. *batrachium*（Hance）Hand.-Mazz. ex Shan

多年生草本。生于海拔4～281m的草地、沟边、林下。产于古城、江南、大田、邵家渡、小芝、上盘、涌泉、河头、白水洋。

南美天胡荽 *Hydrocotyle verticillata* Thunb.

多年生草本。大田、小芝、河头、沿江、括苍等地有栽培。

藁本属 *Ligusticum* L.

藁本 *Ligusticum sinense* Oliv.

多年生草本。生于林下、沟边草丛中。《浙江植物志》记载临海有分布。

白苞芹属 *Nothosmyrnium* Miq.

白苞芹 *Nothosmyrnium japonicum* Miq.

多年生草本。生于山坡林下、阴湿草丛中。产于邵家渡。

水芹属 *Oenanthe* L.

水芹 *Oenanthe javanica*（Bl.）DC.

多年生草本。生于海拔 11～411m 的浅水低洼处或池沼、水沟旁。产于古城、大洋、江南、大田、邵家渡、汛桥、小芝、杜桥、涌泉、河头、括苍、永丰、白水洋。

中华水芹 *Oenanthe sinensis* Dunn

多年生草本。生于水田沼地及山坡路旁湿地。产地不明。

山芹属 *Osterium* Hoffm.

隔山香 *Osterium citriodorum*（Hance）C. Q. Yuan et Shan

多年生草本。生于海拔 733～944m 的山坡灌丛或林缘、草丛中。产于江南、邵家渡、括苍、白水洋。

华东山芹 *Osterium huadongense* Z. H. Pan et X. H. Li

多年生草本。生于山坡林缘。产地不明。

前胡属 *Peucedanum* L.

白花滨海前胡 *Peucedanum japonicum* Thunb. f. *album* Q. H. Yang et Q. Tian

多年生草本。生于海滨山坡。产于桃渚、上盘。

前胡 *Peucedanum praeruptorum* Dunn

多年生草本。生于海拔 30～817m 的山坡林缘、路旁或草丛中。产于邵家渡、括苍、汇溪、白水洋。

茴芹属 *Pimpinella* L.

异叶茴芹 *Pimpinella diversifolia* DC.

多年生草本。生于海拔 98～159m 的山坡草丛、沟边或林下。产于大田、邵家渡、杜桥、沿江。

直立茴芹 *Pimpinella smithii* H. Wolff

多年生草本。生于沟边、林下或灌丛中。产于尤溪。

变豆菜属 *Sanicula* L.

变豆菜 *Sanicula chinensis* Bunge

多年生草本。生于海拔 124～285m 的山坡路旁、林下、溪边。产于古城、江南、邵家渡、东塍、白水洋。

薄片变豆菜 *Sanicula lamelligera* Hance

多年生草本。生于海拔 49～245m 的山坡林下、沟谷、溪边。产于江南、邵家渡、汛桥、沿江。

直刺变豆菜 *Sanicula orthacantha* S. Moore

多年生草本。生于海拔 80～98m 的山坡林下、沟谷、溪边。产于古城、邵家渡。

窃衣属 *Torilis* Adans.

小窃衣 *Torilis japonica*（Houtt.）DC.

一年生草本。生于海拔 0～411m 的林下、林缘、路旁、河沟边以及溪边草丛中。产于古城、江南、邵家渡、汛桥、小芝、桃渚、上盘、杜桥、涌泉、沿江、汇溪。

窃衣 *Torilis scabra*（Thunb.）DC.

二年生草本。生于海拔 0～322m 的林下、林缘、路旁、河沟边以及溪边草丛中。产于江南、邵家渡、上盘、杜桥、涌泉、河头、括苍、白水洋。

（九十八）山茱萸科 Cornaceae

桃叶珊瑚属 *Aucuba* Thunb.

花叶青木 *Aucuba japonica* Thunb. var. *variegata* Dombr.

常绿灌木。各地广泛栽培。

灯台树属 *Bothrocaryum*（Koehne）Pojark.

灯台树 *Bothrocaryum controversum*（Hemsl.）Pojark.［*Cornus controversa* Hemsl. ex Prain］

　　落叶乔木。生于林中。产于括苍。

四照花属 *Dendrobenthamia* Hutch.

秀丽四照花 *Dendrobenthamia elegans* W. P. Fang et Y. T. Hsieh

　　常绿乔木。生于海拔196～521m的林中。产于邵家渡、括苍、白水洋。

四照花 *Dendrobenthamia japonica*（DC.）Fang var. *chinensis*（Osborn.）Fang

　　落叶灌木。生于林中。产于括苍。

青荚叶属 *Helwingia* Willd.

青荚叶 *Helwingia japonica*（Thunb.）F. Dietr.

　　落叶灌木。生于林中。产于括苍。

梾木属 *Swida* Opiz

梾木 *Swida macrophylla*（Wall.）Sojak

　　落叶乔木。生于海拔258m的林中。产于江南、邵家渡。

（九十九）桤叶树科 Clethraceae

桤叶树属 *Clethra*（Gronov.）L.

髭脉桤叶树 *Clethra barbinervis* Sieb. et Zucc.

　　落叶灌木。生于林中。产于括苍。

（一百）鹿蹄草科 Pyrolaceae

假水晶兰属 *Cheilotheca* Hook. f.

球果假水晶兰 *Cheilotheca humilis*（D. Don）H. Keng

　　多年生草本。生于海拔177m的林中。产于江南。

鹿蹄草属 *Pyrola* L.

鹿蹄草 *Pyrola calliantha* H. Andr.

　　多年生草本。生于林下。产于古城、括苍山。

普通鹿蹄草 *Pyrola decorata* H. Andr.

　　多年生草本。生于林下。产于括苍。

（一百零一）杜鹃花科 Ericaceae

吊钟花属 *Enkianthus* Lour.

灯笼树 *Enkianthus chinensis* Franch.

　　落叶灌木或小乔木。生于林中。产于括苍。

珍珠花属 *Lyonia* Nutt.

毛果珍珠花 *Lyonia ovalifolia*（Wall.）Drude var. *hebecarpa*（Franch. ex Forb. et Hemsl.）Chun

　　落叶灌木。生于海拔21～364m的林中。产于大洋、江南、邵家渡、东塍、桃渚、上盘、杜桥、河头、括苍、永丰、汇溪、白水洋。

马醉木属 *Pieris* D. Don

马醉木 *Pieris japonica*（Thunb.）D. Don ex G. Don

　　常绿灌木或小乔木。生于海拔226～721m的林缘。产于古城、江南、尤溪、括苍、白水洋。

杜鹃属 *Rhododendron* L.

丁香杜鹃 *Rhododendron farrerae* Tate ex Sweet

　　落叶灌木。生于林中。产于括苍。

云锦杜鹃 *Rhododendron fortunei* Lindl.

　　常绿乔木。生于林下。产于括苍。

华顶杜鹃 *Rhododendron huadingense* B. Y. Ding et Y. Y. Fang

　　落叶灌木。生于林缘。产于括苍。

皋月杜鹃 *Rhododendron indicum*（L.）Sweet

　　半常绿灌木。各地广泛栽培。

鹿角杜鹃 *Rhododendron latoucheae* Franch.

　　常绿灌木或小乔木。生于林中。产于括苍。

满山红 *Rhododendron mariesii* Hemsl. et Wils.

落叶灌木。生于海拔137~231m的林缘、林下。产于邵家渡、小芝、尤溪、括苍、汇溪、白水洋。

白花满山红 *Rhododendron mariesii* Hemsl. f. *albescens* B. Y. Ding et G. R. Chen

落叶灌木。生于林缘、林下。《台州乡土树种识别与应用》记载有分布。

羊踯躅 *Rhododendron molle* (Bl.) G. Don

落叶灌木。生于山坡草地或丘陵地带的灌丛中。产于上盘。

白花杜鹃 *Rhododendron mucronatum* (Bl.) G. Don

常绿灌木。城区有栽培。

马银花 *Rhododendron ovatum* (Lindl.) Planch. ex Maxim.

常绿灌木。生于海拔67~408m的灌丛中。产于古城、大洋、江南、大田、邵家渡、杜桥、尤溪、河头、沿江、括苍、永丰、白水洋。

锦绣杜鹃 *Rhododendron pulchrum* Sweet

常绿灌木。城区有栽培。

猴头杜鹃 *Rhododendron simiarum* Hance

常绿灌木。生于林中。产于括苍。

杜鹃 *Rhododendron simsii* Planch.

常绿灌木。生于海拔4~475m的山地灌丛或林下。产于古城、大洋、江南、大田、邵家渡、汛桥、东塍、小芝、桃渚、上盘、杜桥、涌泉、尤溪、河头、沿江、括苍、永丰、汇溪、白水洋。

越橘属 *Vaccinium* L.

南烛 *Vaccinium bracteatum* Thunb.

常绿灌木。生于海拔37~475m的山坡林内或灌丛中。产于古城、大洋、江南、大田、邵家渡、东塍、小芝、桃渚、上盘、杜桥、涌泉、尤溪、河头、沿江、永丰、汇溪、白水洋。

短尾越橘 *Vaccinium carlesii* Dunn

常绿灌木或小乔木。生于山地疏林或灌丛中。产于括苍山。

无梗越橘 *Vaccinium henryi* Hemsl.

落叶灌木。生于山坡灌丛中。产于括苍。

黄背越橘 *Vaccinium iteophyllum* Hance

常绿灌木或小乔木。生于海拔34m的山地灌丛、林下。产于永丰。

江南越橘 *Vaccinium mandarinorum* Diels

常绿灌木。生于海拔101~381m的山坡灌丛、林中或路边林缘。产于江南、邵家渡、尤溪、河头、括苍、白水洋。

刺毛越橘 *Vaccinium trichocladum* Merr. et F. P. Metcalf

常绿灌木。生于海拔27~431m的山地林下。产于古城、大洋、江南、大田、邵家渡、杜桥、涌泉、河头、沿江、括苍、永丰、汇溪、白水洋。

光序刺毛越橘 *Vaccinium trichocladum* Merr. et F. P. Metcalf var. *glabriracemosum* C. Y. Wu

常绿灌木。生于山地林下。产于括苍。

笃斯越橘 *Vaccinium uliginosum* L.

常绿灌木。江南、大田等地有栽培。

(一百零二)紫金牛科 Myrsinaceae

紫金牛属 *Ardisia* Swartz

九管血 *Ardisia brevicaulis* Diels

常绿灌木。生于海拔140~373m的山坡林下。产于江南、尤溪、括苍。

朱砂根 *Ardisia crenata* Sims

常绿灌木。生于海拔10~454m的山坡林下。产于古城、大洋、江南、大田、邵家渡、汛桥、东塍、小芝、杜桥、涌泉、尤溪、沿江、括苍、永丰、汇溪、白水洋。

红凉伞 *Ardisia crenata* Sims var. *bicolor* (E. Walker) C. Y. Wu et C. Chen［*A. crenata* f. *hortensis* (Migo) W. Z. Fang et K. Yao］

常绿灌木。生于海拔159～295m的山坡林下。产于古城、大田、括苍。

大罗伞树 *Ardisia hanceana* Mez

常绿灌木。生于海拔408m的林下。产于白水洋。

紫金牛 *Ardisia japonica* (Thunb.) Blume

常绿灌木。生于海拔5～475m的林下。产于古城、大洋、江南、大田、邵家渡、汛桥、东塍、小芝、杜桥、涌泉、尤溪、河头、沿江、括苍、永丰、白水洋。

沿海紫金牛 *Ardisia punctata* Lindl.

常绿灌木。生于海拔27～287m的林下。产于江南、上盘、尤溪、沿江、括苍。

九节龙 *Ardisia pusilla* A. DC.

常绿灌木。生于海拔34～264m的林下、路旁、溪边。产于江南、邵家渡、汛桥、尤溪。

多枝紫金牛 *Ardisia sieboldii* Miq.

常绿灌木。生于林下。产于上盘。

酸藤子属 *Embelia* Burm. f.

网脉酸藤子 *Embelia rudis* Hand.-Mazz.

木质藤本。生于海拔7～335m的山坡灌丛、林下。产于古城、大洋、江南、大田、邵家渡、汛桥、杜桥、涌泉、尤溪、沿江、括苍、白水洋。

杜茎山属 *Maesa* Forsk.

杜茎山 *Maesa japonica* (Thunb.) Moritzi et Zoll.

常绿灌木。生于海拔6～473m的林下、灌丛中。产于古城、大洋、江南、邵家渡、汛桥、小芝、杜桥、涌泉、尤溪、沿江、括

苍、永丰、白水洋。

密花树属 *Rapanea* Aubl.

密花树 *Rapanea neriifolia* Mez

常绿乔木。生于海拔67～176m的林下、林缘、灌丛中。产于古城、江南、邵家渡、桃渚、上盘、杜桥、尤溪、沿江、括苍。

（一百零三）报春花科 Primulaceae

琉璃繁缕属 *Anagallis* L.

琉璃繁缕 *Anagallis arvensis* L. f. *coerulea* (Schreb.) Arechav.

一年生草本。生于田间及荒地中。产于上盘。

蓝花琉璃繁缕 *Anagallis arvensis* L. f. *coerulea* (Schreb.) Arechav.

一年生草本。生于田间及荒地中。产于桃渚、上盘。

点地梅属 *Androsace* L.

点地梅 *Androsace umbellata* (Lour.) Merr.

一年生草本。生于海拔175m的林缘、草地和疏林下。产于邵家渡、括苍。

仙客来属 *Cyclamen* L.

仙客来 *Cyclamen persicum* Mill.

多年生草本。栽培。

珍珠菜属 *Lysimachia* L.

泽珍珠菜 *Lysimachia candida* Lindl.

多年生草本。生于海拔8～176m的田边、溪边和山坡路旁潮湿处。产于古城、江南、大田、邵家渡、河头、括苍、永丰、白水洋。

过路黄 *Lysimachia christiniae* Hance

多年生草本。生于海拔4～364m的林缘、路旁。产于古城、大洋、江南、大田、

邵家渡、汛桥、杜桥、沿江、汇溪、白水洋。

珍珠菜 *Lysimachia clethroides* Duby

多年生草本。生于海拔 10～1300m 的山坡林缘和草丛中。产于大洋、邵家渡。

临时救 *Lysimachia congestiflora* Hemsl.

多年生草本。生于沟边、林缘、草地。产于大洋、大田。

星宿菜 *Lysimachia fortunei* Maxim.

多年生草本。生于海拔 5～411m 的沟边、林缘等阴湿处。产于古城、大洋、江南、大田、邵家渡、汛桥、小芝、桃渚、上盘、杜桥、涌泉、沿江、括苍、汇溪、白水洋。

金爪儿 *Lysimachia grammica* Hance

多年生草本。生于海拔 37～215m 的路旁、疏林下等阴湿处。产于大田、东塍、上盘。

点腺过路黄 *Lysimachia hemsleyana* Maxim. ex Oliv.

多年生草本。生于海拔 14～411m 的林缘、溪旁和路边草丛中。产于大田、邵家渡、汛桥、东塍、杜桥、涌泉、尤溪、河头、沿江、括苍、汇溪、白水洋。

黑腺珍珠菜 *Lysimachia heterogenea* Klatt

多年生草本。生于海拔 222～300m 的水边湿地。产于汇溪。

小茄 *Lysimachia japonica* Thunb.

多年生草本。生于海拔 53～176m 的田边和路旁荒草丛中。产于邵家渡、括苍、汇溪。

长梗过路黄 *Lysimachia longipes* Hemsl.

多年生草本。生于海拔 92～671m 的山谷溪边和山坡林下。产于邵家渡、括苍、白水洋。

滨海珍珠菜 *Lysimachia mauritiana* Lam.

多年生草本。生于海拔 13m 的海滨沙滩或石缝。产于桃渚、上盘。

金叶过路黄 *Lysimachia nummularia* L. 'Aurea'

多年生草本。城区有栽培。

巴东过路黄 *Lysimachia patungensis* Hand.-Mazz.

多年生草本。生于海拔 109～920m 的山谷溪边和林下。产于江南、邵家渡、尤溪、括苍、永丰、白水洋。

疏头过路黄 *Lysimachia pseudohenryi* Pamp.

多年生草本。生于山地林缘和灌丛中。产于上盘。

疏节过路黄 *Lysimachia remota* Petitm.

多年生草本。生于路边草丛和石缝。产于邵家渡、桃渚、上盘。

假婆婆纳属 *Stimpsonia* Wright ex A. Gray

假婆婆纳 *Stimpsonia chamaedryoides* C. Wright ex A. Gray

一年生草本。生于海拔 65～213m 的丘陵、低山草丛和林缘。产于江南、邵家渡、括苍。

（一百零四）白花丹科 Plumbaginaceae

白花丹属 *Plumbago* L.

蓝花丹 *Plumbago auriculata* Lam.

直立半灌木。城区有栽培。

（一百零五）柿科 Ebenaceae

柿属 *Diospyros* L.

浙江柿 *Diospyros glaucifolia* Metcalf

落叶乔木。生于山坡林下、林缘。产于古城、邵家渡、括苍。

柿 *Diospyros kaki* Thunb.

落叶乔木。江南、大田、邵家渡、汛桥、杜桥、河头、括苍、永丰、白水洋等地有栽培。

临海松山柿 *Diospyros kaki* Thunb. 'Linhai-Songshanshi'

落叶乔木。永丰、河头、江溪等地有栽培。

野柿 *Diospyros kaki* Thunb. var. *silvestris* Makino

落叶乔木。生于海拔 5～355m 的山坡林下、林缘。产于大洋、江南、大田、邵家渡、汛桥、小芝、杜桥、河头、括苍、永丰、汇溪、白水洋。

罗浮柿 *Diospyros morrisiana* Hance

常绿乔木。生于海拔 68～357m 的山坡、林中或灌丛中。产于古城、邵家渡、桃渚、上盘、杜桥、尤溪、括苍。

老鸦柿 *Diospyros rhombifolia* Hemsl.

落叶灌木。生于海拔 15～111m 的山坡灌丛中。产于大洋、江南、邵家渡、河头、沿江。

（一百零六）山矾科 **Symplocaceae**

山矾属 *Symplocos* Jacq.

薄叶山矾 *Symplocos anomala* Brand

常绿乔木。生于海拔 138～394m 的林中。产于古城、大洋、江南、邵家渡、杜桥、括苍。

总状山矾 *Symplocos botryantha* Franch.

常绿灌木。生于海拔 748m 的林下。产于括苍、白水洋。

华山矾 *Symplocos chinensis* (Lour.) Druce

落叶灌木。生于海拔 4～764m 的山坡林中。产于古城、江南、邵家渡、汛桥、小芝、上盘、杜桥、涌泉、尤溪、括苍、永丰、汇溪、白水洋。

南岭山矾 *Symplocos confusa* Brand

常绿乔木或灌木。生于溪边、路旁、山坡林中。产于括苍。

密花山矾 *Symplocos congesta* Benth.

常绿乔木或灌木。生于海拔 62～

355m 的林中。产于杜桥。

朝鲜白檀 *Symplocos coreana* (Lévl.) Ohwi

落叶灌木。生于海拔 600m 以上的山顶林中。产于括苍。

羊舌树 *Symplocos glauca* (Thunb.) Koidz.

常绿乔木。生于海拔 142m 的林中。产于杜桥。

光叶山矾 *Symplocos lancifolia* Sieb. et Zucc.

常绿灌木。生于海拔 109～300m 的林中。产于江南、大田、尤溪。

白檀 *Symplocos paniculata* Miq. ［*S. tanakana* Nakai］

落叶灌木。生于海拔 5～381m 的山坡、路边、林中。产于古城、大洋、江南、大田、邵家渡、汛桥、小芝、上盘、杜桥、涌泉、河头、沿江、括苍。

琉璃白檀 *Symplocos sawafutagi* Nagamasu

落叶灌木。生于山顶林中。产于括苍。

四川山矾 *Symplocos setchuensis* Brand ［*S. lucida* (Thunb.) Sieb. et Zucc.］

常绿乔木。生于海拔 25～448m 的山坡林中。产于古城、大洋、邵家渡、汛桥、杜桥、涌泉、河头、括苍、永丰。

老鼠矢 *Symplocos stellaris* Brand

常绿乔木。生于海拔 10～411m 的山坡、路旁、疏林中。产于古城、大洋、江南、大田、邵家渡、汛桥、小芝、杜桥、尤溪、河头、沿江、括苍、永丰、汇溪、白水洋。

山矾 *Symplocos sumuntia* Buch.-Ham. ex D. Don

常绿灌木。生于海拔 4～769m 的林下。产于古城、大洋、江南、大田、邵家渡、汛桥、小芝、上盘、杜桥、涌泉、尤溪、河头、沿江、括苍、永丰、汇溪、白水洋。

宜章山矾 *Symplocos yizhangensis* Y. F. Wu

　　常绿灌木。生于山坡、路旁、水边、山谷。产于括苍山。

（一百零七）安息香科 **Styracaceae**

赤杨叶属 *Alniphyllum* Matsum

赤杨叶 *Alniphyllum fortunei* (Hemsl.) Makino

　　落叶乔木。生于海拔 115m 的林中。产于古城、江南、括苍。

银钟花属 *Halesia* Ellia ex L.

银钟花 *Halesia macgregorii* Chun

　　落叶乔木。生于山坡、山谷较阴湿的林中。产于括苍。

白辛树属 *Pterostyrax* Sieb. et Zucc.

小叶白辛树 *Pterostyrax corymbosus* Sieb. et Zucc.

　　落叶乔木。生于海拔 76～865m 的山坡较湿润的地方。产于古城、大洋、江南、邵家渡、尤溪、括苍、白水洋。

安息香属 *Styrax* L.

灰叶安息香 *Styrax calvescens* Perkins

　　落叶乔木。生于山坡、河谷林中或林缘灌丛中。产于括苍。

赛山梅 *Styrax confusus* Hemsl.

　　落叶乔木。生于海拔 25～411m 的丘陵、山地疏林中。产于古城、大洋、江南、大田、邵家渡、小芝、上盘、杜桥、涌泉、尤溪、河头、沿江、括苍、永丰、汇溪、白水洋。

垂珠花 *Styrax dasyanthus* Perkins

　　落叶乔木。生于丘陵、山坡及溪边林中。产于括苍山、大雷山。

白花龙 *Styrax faberi* Perkins

　　落叶灌木。生于海拔 10～175m 的灌丛中。产于大洋、江南、大田、邵家渡、汛桥、括苍。

野茉莉 *Styrax japonicus* Sieb. et Zucc.

　　落叶灌木或小乔木。生于海拔 13m 的林中。产于邵家渡、上盘、括苍。

芬芳安息香 *Styrax odoratissima* F. B. Forbes et Hemsl.

　　落叶乔木。生于林中。产于邵家渡。

栓叶安息香 *Styrax suberifolius* Hook. et Arn.

　　常绿乔木。生于海拔 358m 的林中。产于大洋、括苍。

（一百零八）木犀科 **Oleaceae**

流苏树属 *Chionanthus* L.

流苏树 *Chionanthus retusus* Lindl. et Paxton

　　落叶灌木。生于林中或灌丛中。产于上盘。

连翘属 *Forsythia* Vahl

金钟花 *Forsythia viridissima* Lindl.

　　落叶灌木。生于海拔 29～297m 的山地、谷地或河谷边林缘。产于江南、涌泉、尤溪、河头、括苍。

梣属 *Fraxinus* L.

白蜡树 *Fraxinus chinensis* Roxb.

　　落叶乔木。生于林中、林缘。产于括苍。

苦枥木 *Fraxinus insularis* Hemsl.

　　落叶乔木。生于海拔 45～253m 的山地林缘。产于江南、邵家渡、括苍、白水洋。

庐山梣 *Fraxinus mariesii* Hook. f.

　　落叶乔木。生于海拔 109m 的山坡林中及沟谷溪边。产于江南、尤溪、括苍。

尖叶梣 *Fraxinus szaboana* Lingelsh. [*F. chinensis* Roxb. var. *acuminata* Li ngeJsh.]

　　落叶乔木。生于山地林缘。《浙江植物志》记载有分布。

素馨属 *Jasminum* L.

探春花 *Jasminum floridum* Bunge
　　常绿灌木。城区有栽培。

清香藤 *Jasminum lanceolarium* Roxb.
　　木质藤本。生于海拔 67～245m 的山坡、灌丛、林中。产于大洋、江南、大田、邵家渡、汛桥、尤溪、沿江、括苍、白水洋。

野迎春 *Jasminum mesnyi* Hance
　　常绿灌木。古城、大洋、河头、括苍等地有栽培。

迎春花 *Jasminum nudiflorum* Lindl.
　　落叶灌木。城区有栽培。

茉莉花 *Jasminum sambac* (L.) Aiton
　　常绿灌木。各地广泛栽培。

华素馨 *Jasminum sinense* Hemsl.
　　木质藤本。生于海拔 37～285m 的山坡灌丛或林中。产于古城、江南、邵家渡、上盘、杜桥、涌泉、括苍。

女贞属 *Ligustrum* L.

东亚女贞 *Ligustrum ibota* Sieb. et Zucc. var. *microphyllum* Nakai
　　落叶灌木。生于山顶石缝、山谷或溪边。产于桃渚、上盘。

金森女贞 *Ligustrum japonicum* Thunb. 'Howardii'
　　常绿灌木。各地广泛栽培。

女贞 *Ligustrum lucidum* W. T. Aiton
　　常绿乔木。生于海拔 1～66m 的林中。产于古城、大洋、大田、邵家渡、桃渚、上盘、涌泉、沿江、括苍、白水洋。

蜡子树 *Ligustrum molliculum* Hance
　　落叶灌木。生于海拔 27～970m 的山坡林下、路边和山谷林中。产于邵家渡、河头、括苍、白水洋。

小叶女贞 *Ligustrum quihoui* Carrière
　　常绿灌木。生于沟边、路旁或河边灌丛中。产于桃渚、上盘、括苍。

小蜡 *Ligustrum sinense* Lour.
　　落叶灌木。生于海拔 4～411m 的山坡、山谷、溪边、河旁。产于大洋、江南、大田、邵家渡、汛桥、桃渚、杜桥、涌泉、尤溪、括苍。

亮叶小蜡 *Ligustrum sinense* Lour. var. *nitidum* Rehd.
　　落叶灌木。生于山坡、路旁。产于括苍山。

银姬小蜡 *Ligustrum sinense* Lour. 'Variegatum'
　　落叶灌木。城区有栽培。

金叶女贞 *Ligustrum vicaryi* Rehd.
　　常绿灌木。城区有栽培。

木犀属 *Osmanthus* Lour.

宁波木犀 *Osmanthus cooperi* Hemsl.
　　常绿乔木。生于海拔 119～175m 的山坡、山谷林中阴湿处。产于江南、邵家渡。

木犀 *Osmanthus fragrans* (Thunb.) Lour.
　　常绿乔木。生于海拔 9～318m 的山坡林下或林缘。产于古城、大洋、江南、大田、邵家渡、汛桥、上盘、杜桥、尤溪、河头、沿江、括苍、永丰、汇溪、白水洋。

(一百零九) 马钱科 Loganiaceae

醉鱼草属 *Buddleja* (Buddleia auct.) L.

大叶醉鱼草 *Buddleja davidii* Franch.
　　落叶灌木。城区有栽培。

醉鱼草 *Buddleja lindleyana* Fortune
　　落叶灌木。生于海拔 1～411m 的山地路旁、河边灌丛或林缘。产于古城、大洋、江南、大田、邵家渡、汛桥、小芝、杜桥、涌泉、尤溪、河头、沿江、括苍、永丰、汇溪、白水洋。

蓬莱葛属 *Gardneria* Wall.

蓬莱葛 *Gardneria multiflora* Makino

木质藤本。生于海拔 64～245m 的林下或山坡灌丛中。产于古城、大洋、江南、邵家渡、汛桥、杜桥、涌泉、沿江。

（一百一十）龙胆科 Gentianaceae

龙胆属 *Gentiana* (Tourn.) L.

五岭龙胆 *Gentiana davidii* Franch.

多年生草本。生于山坡草丛、山坡路旁、林缘、林下。产于括苍。

龙胆 *Gentiana scabra* Bunge

多年生草本。生于山坡草地、路边、河滩、灌丛、林缘及林下。产于邵家渡。

笔龙胆 *Gentiana zollingeri* Fawcett

多年生草本。生于林下、林缘。产于尤溪、江南、括苍。

莕菜属 *Nymphoides* Seguier

莕菜 *Nymphoides peltatum* (Gmel.) O. Kuntze

多年生草本。生于池塘或河溪中。产于沿江。

獐牙菜属 *Swertia* L.

獐牙菜 *Swertia bimaculata* (Sieb. et Zucc.) Hook. f. et Thoms. ex C. B. Clarke

多年生草本。生于海拔 859～1061m 的河滩、山坡草地、林下、灌丛、沼泽地。产于邵家渡、括苍、白水洋。

浙江獐牙菜 *Swertia hickinii* Burk.

一年生草本。生于草坡、田边、林下。产于江南、括苍。

双蝴蝶属 *Tripterospermum* Blume

双蝴蝶 *Tripterospermum chinense* (Migo) H. Smith

草质藤本。生于海拔 383～1061m 的山坡林下、林缘、灌丛或草丛中。产于涌泉、河头、括苍、白水洋。

细茎双蝴蝶 *Tripterospermum filicaule* (Hemsl.) H. Smith

草质藤本。生于林中、林缘或灌丛中。产于尤溪。

香港双蝴蝶 *Tripterospermum nienkui* (Marq.) C. J. Wu

草质藤本。生于林中。产于括苍山。

（一百一十一）夹竹桃科 Apocynaceae

黄蝉属 *Allemanda* L.

黄蝉 *Allemanda neriifolia* Hook.

常绿灌木。城区有栽培。

链珠藤属 *Alyxia* Banks ex R. Br.

链珠藤 *Alyxia sinensis* Champ. ex Benth.

木质藤本。生于海拔 21～365m 的矮林或灌丛中。产于古城、大洋、江南、邵家渡、杜桥、涌泉、尤溪、沿江、括苍。

鳝藤属 *Anodendron* A. DC.

鳝藤 *Anodendron affine* (Hook. et Arn.) Druce

木质藤本。生于山地疏林中。产于上盘。

长春花属 *Catharanthus* G. Don

长春花 *Catharanthus roseus* (L.) G. Don

多年生草本。各地普遍栽培。

夹竹桃属 *Nerium* L.

夹竹桃 *Nerium indicum* Mill.

常绿灌木。大洋、大田、河头、白水洋等地有栽培。

白花夹竹桃 *Nerium indicum* Mill. 'Paihua'

常绿灌木。城区有栽培。

帘子藤属 *Pottsia* Hook. et Arn.

大花帘子藤 *Pottsia grandiflora* Markgr.

木质藤本。生于疏林或山坡路旁灌丛中。产于括苍。

毛药藤属 *Sindechites* Oliv.

毛药藤 *Sindechites henryi* Oliv.

　　木质藤本。生于山地疏林中、路旁阳处灌丛中。产于括苍。

络石属 *Trachelospermum* Lem.

紫花络石 *Trachelospermum axillare* Hook. f.

　　木质藤本。生于海拔 174～196m 的山谷及疏林中或水沟边。产于古城、邵家渡、括苍、白水洋。

乳儿绳 *Trachelospermum cathayanum* C. K. Schneid.

　　木质藤本。生于山坡林中及溪旁树上。产于括苍。

细梗络石 *Trachelospermum gracilipes* Hook. f.

　　木质藤本。生于海拔 71～297m 的林中或灌丛中。产于古城、大洋、杜桥、涌泉、沿江。

络石 *Trachelospermum jasminoides* (Lindl.) Lem.

　　木质藤本。生于海拔 0～494m 的溪边、路旁、林缘或林中。产于古城、大洋、江南、大田、邵家渡、汛桥、东塍、小芝、桃渚、上盘、杜桥、涌泉、尤溪、河头、沿江、括苍、永丰、汇溪、白水洋。

花叶络石 *Trachelospermum jasminoides* (Lindl.) Lem. 'Flame'

　　木质藤本。城区有栽培。

蔓长春花属 *Vinca* L.

花叶蔓长春花 *Vinca major* L. 'Variegata'

　　木质藤本。城区有栽培。

（一百一十二）萝藦科 Asclepiadaceae

鹅绒藤属 *Cynanchum* L.

折冠牛皮消 *Cynanchum boudieri* Lévl. et Vant.［*C. auriculatum* Royle ex Wight］

　　草质藤本。生于路旁、林缘。产于括苍。

蔓剪草 *Cynanchum chekiangense* M. Cheng

　　草质藤本。生于山谷、溪旁、密林中潮湿之地。产于括苍。

毛白前 *Cynanchum mooreanum* Hemsl.

　　草质藤本。生于海拔 186m 的山坡灌丛或疏林中。产于大洋、桃渚、上盘、括苍。

柳叶白前 *Cynanchum stauntonii*（Decne.）Schltr. ex H. Lév.

　　多年生草本。生于河滩。产于永丰。

牛奶菜属 *Marsdenia* R. Br.

牛奶菜 *Marsdenia sinensis* Hemsl.

　　木质藤本。生于疏林中。产于括苍山。

萝藦属 *Metaplexis* R. Br.

萝藦 *Metaplexis japonica*（Thunb.）Makino

　　草质藤本。生于海拔 4m 的林边荒地、河边、路旁灌丛中。产于涌泉。

黑鳗藤属 *Stephanotis* Thou.

黑鳗藤 *Stephanotis mucronata*（Blanco）Merr.

　　木质藤本。生于海拔 67～318m 的山地林中。产于古城、江南、邵家渡、杜桥、尤溪、沿江、括苍。

娃儿藤属 *Tylophora* R. Br.

七层楼 *Tylophora floribunda* Miq.

　　草质藤本。生于海拔 39～105m 的灌丛或疏林中。产于大田、括苍、白水洋。

贵州娃儿藤 *Tylophora silvestris* Tsiang

　　木质藤本。生于山地林中及路旁。产于括苍山。

（一百一十三）旋花科 Convolvulaceae

打碗花属 *Calystegia* R. Br.

打碗花 *Calystegia hederacea* Wall.

　　草质藤本。生于田边、荒地、路旁。产

于括苍。

旋花 *Calystegia sepium* (L.) R. Br.

草质藤本。生于路旁、溪边草丛、田边或山坡林缘。产于全市各地。

肾叶打碗花 *Calystegia soldanella* (L.) R. Br.

草质藤本。生于海滨沙地或海岸岩石缝中。产于上盘。

菟丝子属 *Cuscuta* L.

南方菟丝子 *Cuscuta australis* R. Br.

草质藤本。生于海拔4~111m的田边、路旁等草本或小灌木上。产于古城、大田、邵家渡、涌泉、白水洋。

菟丝子 *Cuscuta chinensis* Lam.

草质藤本。生于海拔9m的田边、路旁等草本或小灌木上。产于大洋。

金灯藤 *Cuscuta japonica* Choisy

草质藤本。生于海拔4~386m的田边、路旁等草本或小灌木上。产于古城、大洋、大田、邵家渡、汛桥、东塍、小芝、杜桥、涌泉、尤溪、沿江、括苍、汇溪、白水洋。

马蹄金属 *Dichondra* J. R. et G. Forst.

马蹄金 *Dichondra repens* J. R. Forst. et G. Forst.

多年生草本。生于海拔0~253m的山坡草地、路旁或沟边。产于古城、大田、邵家渡、汛桥、小芝、桃渚、上盘、沿江、汇溪、白水洋。

土丁桂属 *Evolvulus* L.

土丁桂 *Evolvulus alsinoides* (L.) L.

一年生草本。生于草坡、灌丛及路边。产于大洋。

番薯属 *Ipomoea* L.

蕹菜 *Ipomoea aquatica* Forssk.

多年生草本。各地广泛栽培。

番薯 *Ipomoea batatas* (L.) Lam.

多年生草本。大田、邵家渡、汛桥、桃渚、上盘、沿江、永丰、汇溪等地有栽培。

瘤梗甘薯 *Ipomoea lacunosa* L.

草质藤本。生于海拔0~164m的路旁、田边。产于古城、大洋、汛桥、小芝、涌泉、白水洋。

三裂叶薯 *Ipomoea triloba* L.

草质藤本。生于路旁、荒草地或田间。产于全市各地。

牵牛属 *Pharbitis* Choisy

牵牛 *Pharbitis nil* (L.) Choisy

草质藤本。生于海拔6~543m的山坡灌丛、路边、房屋边。产于古城、大洋、大田、汛桥、涌泉、尤溪、沿江、括苍、白水洋。

圆叶牵牛 *Pharbitis purpurea* (L.) Voigt

草质藤本。生于山坡灌丛、路边、房屋边。产于全市各地。

飞蛾藤属 *Porana* Burm. f.

飞蛾藤 *Porana racemosa* Roxb.

草质藤本。生于海拔124~139m的山坡灌丛中。产于大田、尤溪。

茑萝属 *Quamoclit* Mill.

橙红茑萝 *Quamoclit coccinea* (L.) Moench

草质藤本。城区有栽培。

茑萝松 *Quamoclit pinnata* (Desr.) Bojer

草质藤本。小芝、涌泉等地有栽培。

(一百一十四)花荵科 **Polemoniaceae**

天蓝绣球属 *Phlox* L.

针叶天蓝绣球 *Phlox subulata* L.

多年生草本。城区有栽培。

(一百一十五)紫草科 **Boraginaceae**

斑种草属 *Bothriospermum* Bge.

柔弱斑种草 *Bothriospermum tenellum* (Hornem.) Fisch. et C. A. Mey.

一年生草本。生于海拔1~411m的

山坡路边、田间草丛、山坡草地及溪边阴湿处。产于古城、大洋、大田、邵家渡、汛桥、小芝、杜桥、涌泉、河头、沿江、括苍、白水洋。

琉璃草属 Cynoglossum L.

琉璃草 *Cynoglossum zeylanicum* (Vahl ex Hornem.) Thunb. ex Lehm.

二年生草本。生于海拔 443m 的林间草地、向阳山坡及路边。产于白水洋。

厚壳树属 Ehretia L.

厚壳树 *Ehretia thyrsiflora* (Sieb. et Zucc.) Nakai

落叶乔木。生于海拔 174~187m 的林下、山坡灌丛及山谷密林中。产于邵家渡、括苍、白水洋。

皿果草属 Omphalotrigonotis W. T. Wang

皿果草 *Omphalotrigonotis cupulifera* (I. M. Johnst.) W. T. Wang

多年生草本。生于海拔 15m 的林下、山坡草丛等阴湿处。产于大洋、括苍。

盾果草属 Thyrocarpus Hance

盾果草 *Thyrocarpus sampsonii* Hance

一年生草本。生于海拔 42~411m 的山坡草丛或灌丛下。产于江南、大田、汛桥、涌泉、河头、白水洋。

附地菜属 Trigonotis Stev.

附地菜 *Trigonotis peduncularis* (Trevis.) Benth. ex Baker et S. Moore

一年生草本。生于海拔 0~353m 的平原、丘陵草地、林缘、田间及荒地。产于古城、大洋、江南、大田、邵家渡、汛桥、小芝、桃渚、杜桥、涌泉、河头、沿江、括苍、永丰、白水洋。

（一百一十六）马鞭草科 Verbenaceae

紫珠属 Callicarpa L.

紫珠 *Callicarpa bodinieri* H. Lév.

落叶灌木。生于林中、林缘及灌丛中。产于邵家渡、括苍。

华紫珠 *Callicarpa cathayana* C. H. Chang

落叶灌木。生于海拔 90~373m 的山坡林缘、林下。产于古城、大洋、江南、尤溪、括苍、汇溪、白水洋。

白棠子树 *Callicarpa dichotoma* (Lour.) K. Koch

落叶灌木。生于海拔 83m 的灌丛中。产于邵家渡、汇溪。

杜虹花 *Callicarpa formosana* Rolfe

落叶灌木。生于海拔 6~411m 的山坡和溪边的林中或灌丛中。产于古城、江南、大田、邵家渡、汛桥、桃渚、上盘、杜桥、涌泉、尤溪、沿江、括苍、汇溪、白水洋。

老鸦糊 *Callicarpa giraldii* Hesse ex Rehder

落叶灌木。生于海拔 92~450m 的疏林和灌丛中。产于大田、邵家渡、小芝、杜桥、括苍。

毛叶老鸦糊 *Callicarpa giraldii* Hesse ex Rehder var. *lyi* (H. Lév.) C. Y. Wu

落叶灌木。生于疏林和灌丛中。《台州乡土树种识别与应用》记载有分布。

全缘叶紫珠 *Callicarpa integerrima* Champ. ex Benth.

木质藤本。生于海拔 45~249m 的山坡或谷地林中。产于古城、大洋、江南、邵家渡、尤溪、括苍、白水洋。

日本紫珠 *Callicarpa japonica* Thunb.

落叶灌木。生于海拔 807m 的林下。产于括苍。

窄叶紫珠 *Callicarpa japonica* Thunb. var. *angustata* Rehder

落叶灌木。生于林下。产于括苍、汇溪。

枇杷叶紫珠 *Callicarpa kochiana* Makino

落叶灌木。生于海拔 109～175m 的山坡林中和灌丛中。产于江南、邵家渡、尤溪。

光叶紫珠 *Callicarpa lingii* Merr.

落叶灌木。生于丘陵或山坡。产于邵家渡。

红紫珠 *Callicarpa rubella* Lindl.

落叶灌木。生于海拔 206m 的山坡林中或灌丛中。产于江南、邵家渡。

莸属 *Caryopteris* Bunge

兰香草 *Caryopteris incana* (Thunb. ex Houtt.) Miq.

落叶灌木。生于海拔 34～134m 的山坡、路旁或林缘。产于大洋、邵家渡、桃渚、上盘、杜桥、括苍、汇溪、白水洋。

单花莸 *Caryopteris nepetifolia* (Benth.) Maxim.

多年生草本。生于海拔 123～135m 的山坡、路旁或林缘。产于白水洋。

大青属 *Clerodendrum* L.

臭牡丹 *Clerodendrum bungei* Steud.

落叶灌木。生于山坡、林缘、沟谷、路旁或灌丛中。产于邵家渡。

大青 *Clerodendrum cyrtophyllum* Turcz.

落叶灌木。生于海拔 7～807m 的平原、山坡林下或溪旁。产于古城、大洋、江南、大田、邵家渡、汛桥、小芝、杜桥、涌泉、尤溪、河头、沿江、括苍、永丰、汇溪、白水洋。

浙江大青 *Clerodendrum kaichianum* P. S. Hsu

落叶灌木。生于山坡阔叶林下或路

旁。产于邵家渡、括苍。

尖齿臭茉莉 *Clerodendrum lindleyi* Decne. ex Planch.

落叶灌木。生于海拔 27～353m 的山坡、沟边、林下或路边。产于江南、汛桥、河头、括苍。

海州常山 *Clerodendrum trichotomum* Thunb.

落叶灌木。生于海拔 8～308m 的山坡灌丛中。产于古城、大洋、江南、大田、小芝、上盘、杜桥。

假连翘属 *Duranta* L.

假连翘 *Duranta repens* L.

落叶灌木。城区有栽培。

马缨丹属 *Lantana* L.

马缨丹 *Lantana camara* L.

落叶灌木。涌泉有栽培。

豆腐柴属 *Premna* L.

豆腐柴 *Premna microphylla* Turcz.

落叶灌木。生于海拔 4～764m 的山坡林下或林缘。产于古城、江南、邵家渡、东塍、小芝、桃渚、上盘、杜桥、涌泉、河头、沿江、括苍、永丰、汇溪、白水洋。

马鞭草属 *Verbena* L.

柳叶马鞭草 *Verbena bonariensis* L.

多年生草本。城区有栽培。

美女樱 *Verbena hybrida* Voss

多年生草本。城区有栽培。

马鞭草 *Verbena officinalis* L.

多年生草本。生于海拔 0～337m 的路边、山坡、溪边或林旁。产于大田、邵家渡、汛桥、桃渚、上盘、涌泉、沿江、括苍。

细叶美女樱 *Verbena tenera* Spreng.

多年生草本。城区有栽培。

牡荆属 *Vitex* L.

黄荆 *Vitex negundo* L.

落叶灌木。生于山坡路旁或灌丛中。产于邵家渡。

牡荆 *Vitex negundo* L. var. *cannabifolia* (Sieb. et Zucc.) Hand. -Mazz.

落叶灌木。生于海拔 0～308m 的山坡路旁或灌丛中。产于古城、大洋、江南、大田、邵家渡、汛桥、东塍、小芝、杜桥、涌泉、河头、沿江、括苍、永丰、白水洋。

单叶蔓荆 *Vitex trifolia* L. var. *simplicifolia* Cham.

木质藤本。生于海滨沙滩、岩石缝或草坡。产于桃渚、上盘。

（一百一十七）唇形科 **Labiatae**

藿香属 *Agastache* Clayt. in Gronov

藿香 *Agastache rugosa* (Fisch. et C. A. Mey.) Kuntze

多年生草本。大田、河头等地有栽培。

筋骨草属 *Ajuga* L.

金疮小草 *Ajuga decumbens* Thunb.

多年生草本。生于海拔 111～386m 的溪边、路旁及草丛中。产于大洋、大田、涌泉、括苍。

紫背金盘 *Ajuga nipponensis* Makino

多年生草本。生于海拔 53～364m 的田边、草丛、林内及向阳山坡。产于大洋、江南、大田、桃渚、上盘、杜桥、尤溪、括苍、白水洋。

毛药花属 *Bostrychanthera* Benth.

毛药花 *Bostrychanthera deflexa* Benth.

多年生草本。生于海拔 289m 的林下阴湿处。产于古城、大田、括苍。

风轮菜属 *Clinopodium* L.

风轮菜 *Clinopodium chinense* (Benth.) Kuntze [*C. umbrosum* (Bieb.) C. Koch]

多年生草本。生于海拔 0～555m 的山坡草丛、路边、沟边、灌丛、林下。产于大洋、江南、大田、邵家渡、汛桥、桃渚、上盘、杜桥、涌泉、白水洋。

邻近风轮菜 *Clinopodium confine* (Hance) Kuntze

多年生草本。生于海拔 34m 的田边、山坡、草地。产于古城、邵家渡、括苍。

细风轮菜 *Clinopodium gracile* (Benth.) Matsum.

多年生草本。生于海拔 0～422m 的路旁、沟边、空旷草地、林缘、灌丛中。产于古城、大洋、江南、大田、邵家渡、汛桥、东塍、小芝、杜桥、涌泉、尤溪、河头、沿江、括苍、永丰、汇溪、白水洋。

鞘蕊花属 *Coleus* Lour.

五彩苏 *Coleus scutellarioides* (L.) Benth.

多年生草本。各地广泛栽培。

绵穗苏属 *Comanthosphace* S. Moore

绵穗苏 *Comanthosphace ningpoensis* (Hemsl.) Hand. -Mazz.

多年生草本。生于海拔 207m 的山坡草丛及溪旁。产于江南、括苍。

水蜡烛属 *Dysophylla* Bl. ex El-Gazzar et Watson

水虎尾 *Dysophylla stellata* (Lour.) Benth.

一年生草本。生于水边。产于尤溪。

香薷属 *Elsholtzia* Willd.

紫花香薷 *Elsholtzia argyi* H. Lév.

一年生草本。生于海拔 159～494m 的

山坡灌丛、林下、溪旁及河边草地。产于大洋、大田、邵家渡、汛桥、涌泉、尤溪、白水洋。

香薷 *Elsholtzia ciliata* (Thunb.) Hyland.

一年生草本。生于路旁、山坡、荒地、林内、河岸。产于括苍。

小野芝麻属 *Galeobdolon* Adans.

小野芝麻 *Galeobdolon chinense* (Benth.) C. Y. Wu

多年生草本。生于海拔 31 ~ 281m 的林中。产于江南、邵家渡、杜桥、沿江、括苍、白水洋。

活血丹属 *Glechoma* L.

活血丹 *Glechoma longituba* (Nakai) Kuprian.

多年生草本。生于海拔 25 ~ 318m 的林缘、林下、草地、溪边等阴湿处。产于古城、江南、大田、邵家渡、汛桥、桃渚、上盘、沿江、白水洋。

香简草属 *Keiskea* Miq.

香薷状香简草 *Keiskea elsholtzioides* Merr.

多年生草本。生于海拔 205m 的草丛或林中。产于尤溪、括苍。

中华香简草 *Keiskea sinensis* Diels

多年生草本。生于林中。《浙江植物志》记载临海有产,具体产地不明。

夏至草属 *Lagopsis* Bunge ex Benth.

夏至草 *Lagopsis supina* (Stephan ex Willd.) Ikonn. -Gal. ex Knorring

多年生草本。生于路旁。产于古城。

野芝麻属 *Lamium* L.

宝盖草 *Lamium amplexicaule* L.

二年生草本。生于海拔 32 ~ 425m 的路旁、林缘、草地、田间。产于大洋、大田、邵家渡、小芝、涌泉、河头、白水洋。

野芝麻 *Lamium barbatum* Sieb. et Zucc.

多年生草本。生于海拔 1 ~ 425m 的路边、溪旁、田埂及荒坡上。产于古城、邵家渡、涌泉、河头、括苍。

益母草属 *Leonurus* L.

白花益母草 *Leonurus artemisia* (Laur.) S. Y. Hu var. *albiflorus* (Migo) S. Y. Hu

一年生草本。生于海拔43 ~ 175m 的路旁、林缘、田间、河滩。产于邵家渡、上盘。

益母草 *Leonurus artemisia* (Lour.) S. Y. Hu

一年生草本。生于海拔 7 ~ 314m 的路旁、林缘、田间、河滩。产于古城、大洋、江南、大田、邵家渡、汛桥、小芝、桃渚、上盘、杜桥、河头、括苍、永丰、汇溪、白水洋。

地笋属 *Lycopus* L.

硬毛地笋 *Lycopus lucidus* Turcz. ex Benth. var. *hirtus* Regel

多年生草本。生于海拔 9 ~ 136m 的田间。产于古城、江南、大田、邵家渡。

龙头草属 *Meehania* Britt. ex Small et Vaill.

走茎龙头草 *Meehania fargesii* (Levl) C. Y. Wu var. *radicans* (Vant.) C. Y. Wu

多年生草本。生于林下。产于括苍。

薄荷属 *Mentha* L.

薄荷 *Mentha haplocalyx* Briq.

多年生草本。生于海拔 4 ~ 120m 的水旁潮湿地。产于桃渚、上盘、涌泉、汇溪。

留兰香 *Mentha spicata* L.

多年生草本。汛桥、白水洋等地有栽培。

美国薄荷属 *Monarda* L.

拟美国薄荷 *Monarda fistulosa* L.

一年生草本。城区有栽培。

石荠苎属 *Mosla* Buch. -Ham. ex Maxim.

小花荠苎 *Mosla cavaleriei* H. Lév.

一年生草本。生于海拔141~487m的林下、山坡草地。产于古城、江南、大田、尤溪、河头、括苍、永丰、汇溪、白水洋。

石香薷 *Mosla chinensis* Maxim.

一年生草本。生于海拔135m的草丛或林下。产于大洋、邵家渡。

小鱼仙草 *Mosla dianthera* (Buch. -Ham. ex Roxb.) Maxim.

一年生草本。生于海拔6~501m的山坡、路旁或水边。产于古城、大洋、江南、大田、邵家渡、汛桥、东塍、小芝、上盘、杜桥、涌泉、尤溪、河头、沿江、括苍、永丰、汇溪、白水洋。

杭州石荠苎 *Mosla hangchowensis* Matsuda

一年生草本。生于海拔37~970m的山坡、路旁或水边。产于上盘、杜桥。

石荠苎 *Mosla scabra* (Thunb.) C. Y. Wu et H. W. Li

一年生草本。生于海拔4~361m的山坡、路旁或灌丛中。产于古城、大洋、江南、大田、邵家渡、东塍、桃渚、上盘、杜桥、涌泉、尤溪、河头、永丰、汇溪、白水洋。

苏州荠苎 *Mosla soochowensis* Matsuda

一年生草本。生于海拔80m的草坡或路旁。产于邵家渡、括苍、白水洋。

罗勒属 *Ocimum* L.

罗勒 *Ocimum basilicum* L.

一年生草本。城区有栽培。

牛至属 *Origanum* L.

牛至 *Origanum vulgare* L.

多年生草本。生于路旁、山坡、林下及草丛中。产于邵家渡。

假糙苏属 *Paraphlomis* Prain

云和假糙苏 *Paraphlomis lancidentata* Y. Z. Sun

多年生草本。生于海拔353m的山坡。产于括苍。

紫苏属 *Perilla* L.

紫苏 *Perilla frutescens* (L.) Britton

一年生草本。生于海拔4~424m的路旁、山坡、林下及草丛中。产于古城、大洋、江南、大田、邵家渡、汛桥、小芝、上盘、杜桥、涌泉、尤溪、河头、沿江、括苍、永丰、汇溪、白水洋。

野生紫苏 *Perilla frutescens* (L.) Britton var. *acuta* (Odash.) Kudô

一年生草本。生于路旁、山坡、林下及草丛中。产于桃渚、上盘、括苍。

回回苏 *Perilla frutescens* (L.) Britton var. *crispa* (Thunb.) Hand. -Mazz.

一年生草本。各地广泛栽培。

糙苏属 *Phlomis* L.

南方糙苏 *Phlomis umbrosa* Turcz. var. *australis* Hemsl.

多年生草本。生于林下或草丛中。产于括苍山。

夏枯草属 *Prunella* L.

夏枯草 *Prunella vulgaris* L.

多年生草本。生于海拔9~182m的荒坡、草地、溪边及路旁。产于邵家渡、上盘、汇溪。

香茶菜属 *Rabdosia* (Bl.) Hassk.

香茶菜 *Rabdosia amethystoides* (Benth.) H. Hara

多年生草本。生于海拔13~521m的

林下或草丛中。产于古城、大洋、江南、大田、邵家渡、涌泉、尤溪、河头、括苍、永丰、汇溪、白水洋。

内折香茶菜 *Rabdosia inflexa* (Thunb.) H. Hara

多年生草本。生于林缘。产于永丰。

长管香茶菜 *Rabdosia longituba* (Miq.) H. Hara

多年生草本。生于山地林中。产于括苍。

大萼香茶菜 *Rabdosia macrocalyx* (Dunn) H. Hara

多年生草本。生于海拔282m的林下、灌丛、山坡或路旁。产于杜桥、括苍。

显脉香茶菜 *Rabdosia nervosa* (Hemsl.) C. Y. Wu et H. W. Li

多年生草本。生于海拔11~137m的溪边。产于邵家渡、沿江、永丰、汇溪、白水洋。

鼠尾草属 *Salvia* L.

南丹参 *Salvia bowleyana* Dunn

多年生草本。生于海拔61m的山坡、路旁、林下或沟边。产于上盘、括苍、汇溪。

近二回羽裂南丹参 *Salvia bowleyana* Dunn var. *subbipinnata* C. Y. Wu

多年生草本。生于海拔92m的山坡、山谷、路旁、林下或沟边。产于邵家渡。

华鼠尾草 *Salvia chinensis* Benth.

多年生草本。生于海拔10~494m的山坡林下阴湿处或草丛中。产于大洋、江南、大田、邵家渡、汛桥、东塍、小芝、上盘、杜桥、涌泉、尤溪、沿江、括苍、汇溪、白水洋。

朱唇 *Salvia coccinea* L. f.

多年生草本。城区有栽培。

鼠尾草 *Salvia japonica* Thunb.

多年生草本。生于海拔13~807m的

山坡、路旁、草丛、林下阴湿处。产于古城、大洋、江南、邵家渡、汛桥、桃渚、上盘、杜桥、涌泉、尤溪、河头、沿江、括苍、白水洋。

荔枝草 *Salvia plebeia* R. Br.

二年生草本。生于海拔0~305m的山坡、路旁、沟边。产于古城、大洋、江南、大田、邵家渡、汛桥、涌泉、河头、沿江、括苍、永丰、白水洋。

红根草 *Salvia prionitis* Hance

一年生草本。生于海拔4~817m的山坡、草丛及路边。产于古城、大洋、大田、邵家渡、东塍、小芝、杜桥、涌泉、尤溪、河头、括苍、永丰、汇溪、白水洋。

浙皖丹参 *Salvia sinica* Migo

多年生草本。生于山坡或溪沟旁。产于江南、杜桥。

一串红 *Salvia splendens* Ker Gawl.

二年生草本。各地广泛栽培。

佛光草 *Salvia substolonifera* E. Peter

多年生草本。生于海拔119~175m的沟边、林下阴湿处。产于邵家渡。

黄芩属 *Scutellaria* L.

安徽黄芩 *Scutellaria anhweiensis* C. Y. Wu

多年生草本。生于溪边或路边草丛中。产于江南。

半枝莲 *Scutellaria barbata* D. Don

多年生草本。生于海拔4~203m的水田边、溪边或湿润草地上。产于大洋、江南、大田、邵家渡、涌泉、括苍、白水洋。

浙江黄芩 *Scutellaria chekiangensis* C. Y. Wu

多年生草本。生于林下阴湿处。产于括苍。

韩信草 *Scutellaria indica* L.

多年生草本。生于海拔34~446m的山坡林下或林缘、路旁空地及草丛中。产于大洋、江南、大田、邵家渡、桃渚、上盘、杜桥、河头、括苍、汇溪、白水洋。

缩茎韩信草 *Scutellaria indica* L. var. *subacaulis* (Y. Z. Sun ex C. H. Hu) C. Y. Wu et C. Chen

多年生草本。生于海拔138m的山坡林下、路旁及草丛中。产于江南、括苍。

假活血草 *Scutellaria tuberifera* C. Y. Wu et C. Chen

多年生草本。生于海拔6m的林下阴湿处、溪边草丛中。产于古城。

鬈药草属 *Sinopogonanthera* (H. W. Li et X. H. Guo) H. W. Li

中间鬈药草 *Sinopogonanthera intermedia* (C. Y. Wu et H. W. Li) H. W. Li

多年生草本。生于山坡路边及林下草丛中。产于括苍。

水苏属 *Stachys* L.

蜗儿菜 *Stachys arrecta* L. H. Bailey

多年生草本。生于海拔86m的林下阴湿处。产于邵家渡。

田野水苏 *Stachys arvensis* L.

多年生草本。生于海拔6~37m的荒地及田间。产于大田、汛桥、涌泉、永丰。

水苏 *Stachys japonica* Miq.

多年生草本。生于海拔11~364m的沟边。产于古城、大洋、江南、杜桥、涌泉、沿江。

香科科属 *Teucrium* L.

穗花香科科 *Teucrium japonicum* Willd.

多年生草本。生于山坡林缘。产于邵家渡。

庐山香科科 *Teucrium pernyi* Franch.

多年生草本。生于海拔116~139m的山坡林缘。产于邵家渡、杜桥、括苍、白水洋。

血见愁 *Teucrium viscidum* Bl.

多年生草本。生于海拔10~454m的山坡林缘、路旁或草丛中。产于古城、大洋、江南、大田、邵家渡、汛桥、东塍、小芝、杜桥、尤溪、白水洋。

(一百一十八)茄科 **Solanaceae**

鸳鸯茉莉属 *Brunfelsia* L.

鸳鸯茉莉 *Brunfelsia acuminata* (Pohl.) Benth

常绿灌木。各地零星栽培。

辣椒属 *Capsicum* L.

辣椒 *Capsicum annuum* L.

一年生草本。各地广泛栽培。

朝天椒 *Capsicum annuum* L. var. *conoides* (Mill.) Irish

一年生草本。各地广泛栽培。

夜香树属 *Cestrum* L.

夜香树 *Cestrum nocturnum* L.

直立或近攀援状灌木。城区有栽培。

曼陀罗属 *Datura* L.

木本曼陀罗 *Datura arborea* L.

小乔木。城区有栽培。

毛曼陀罗 *Datura innoxia* Mill.

一年生草本。栽培。

洋金花 *Datura metel* L.

一年生草本。栽培。

曼陀罗 *Datura stramonium* L.

多年生草本。生于住宅旁、路边或草地。产于上盘。

枸杞属 *Lycium* L.

枸杞 *Lycium chinense* Mill.

落叶灌木。生于海拔4~146m的海滨山坡、荒地。产于江南、大田、邵家渡、汛桥、桃渚、上盘、涌泉、河头、沿江。

蕃茄属 *Lycopersicon* Mill.

蕃茄 *Lycopersicon esculentum* Mill.

一年生草本。各地广泛栽培。

假酸浆属 *Nicandra* Adans.

假酸浆 *Nicandra physalodes* (L.) Gaertn.

一年生草本。生于田边、荒地。产于古城、涌泉、白水洋。

烟草属 *Nicotiana* L.

烟草 *Nicotiana tabacum* L.

一年生草本。江南有栽培。

碧冬茄属 *Petunia* Juss.

碧冬茄 *Petunia* × *hybrida* hort. ex Vilm.

一年生草本。城区有栽培。

散血丹属 *Physaliastrum* Makino

江南散血丹 *Physaliastrum heterophyllum* (Hemsl.) Migo

多年生草本。生于山坡或林下阴湿处。产于括苍、尤溪。

酸浆属 *Physalis* L.

挂金灯 *Physalis alkekengi* L. var. *franchetii* (Mast.) Makino

一年生草本。生于海拔 31～116m 的荒地或山坡。产于大田、沿江。

苦蘵 *Physalis angulata* L.

一年生草本。生于海拔 0～188m 的山坡林下或路旁。产于古城、大洋、大田、邵家渡、上盘、杜桥、涌泉、括苍、永丰、白水洋。

毛苦蘵 *Physalis angulata* L. var. *villosa* Bonati

一年生草本。生于海拔 7～142m 的林缘、路旁、田边。产于古城、大田、汛桥、上盘、尤溪、沿江、白水洋。

茄属 *Solanum* L.

喀西茄 *Solanum aculeatissimum* Jacq.

一年生草本。生于海拔 42m 的路旁、田边。产于上盘。

野海茄 *Solanum japonense* Nakai

草质藤本。生于荒坡、山谷、水边、路旁。《台州乡土树种识别与应用》记载有分布。

白英 *Solanum lyratum* Thunb.

草质藤本。生于海拔 7～865m 的山谷草地或路旁、田边。产于古城、大洋、江南、大田、邵家渡、汛桥、桃渚、上盘、杜桥、涌泉、括苍、汇溪、白水洋。

乳茄 *Solanum mammosum* L.

一年生草本。城区有栽培。

茄 *Solanum melongena* L.

一年生草本。各地广泛栽培。

龙葵 *Solanum nigrum* L.

一年生草本。生于海拔 0～318m 的田边、荒地及村庄附近。产于古城、大洋、江南、大田、邵家渡、汛桥、东塍、小芝、桃渚、上盘、杜桥、涌泉、尤溪、河头、沿江、括苍、永丰、汇溪、白水洋。

少花龙葵 *Solanum photeinocarpum* Nakam. et Odash.

一年生草本。生于田边、荒地及村庄附近。产于古城、江南、大洋。

海桐叶白英 *Solanum pittosporifolium* Hemsl.

木质藤本。生于林下。产于括苍。

珊瑚樱 *Solanum pseudocapsicum* L.

常绿灌木。生于路边。产于全市各地。

牛茄子 *Solanum surattense* Burm. f.

多年生草本。生于路边荒地、林下。产于尤溪。

马铃薯 *Solanum tuberosum* L.

多年生草本。各地广泛栽培。

龙珠属 *Tubocapsicum*（Wettst.）Makino

龙珠 *Tubocapsicum anomalum*（Franch. et Sav.）Makino

多年生草本。生于海拔135～364m的山坡林下、路边湿润处。产于大洋、江南、汛桥。

（一百一十九）玄参科 Scrophulariaceae

金鱼草属 *Antirrhinum* L.

金鱼草 *Antirrhinum majus* L.

一年生草本。古城有栽培。

黑草属 *Buchnera* L.

黑草 *Buchnera cruciata* Buch. -Ham. ex D. Don

一年生草本。生于海拔9m的山坡。产于杜桥。

泽蕃椒属 *Deinostemma* Yamazaki

泽蕃椒 *Deinostemma violacea*（Maxim.）T. Yamaz.

一年生草本。生于山坡。产地不明。

虻眼属 *Dopatricum* Buch. - Ham. ex Benth.

虻眼 *Dopatricum junceum*（Roxb.）Buch. - Ham. ex Benth.

一年生草本。生于稻田中。产于括苍。

水八角属 *Gratiola* L.

白花水八角 *Gratiola japonica* Miq.

一年生草本。生于海拔45m的水边淤泥上。产于邵家渡。

石龙尾属 *Limnophila* R. Br.

石龙尾 *Limnophila sessiliflora*（Vahl）Bl.

多年生草本。生于水边淤泥上。产于邵家渡。

母草属 *Lindernia* All.

长蒴母草 *Lindernia anagallis*（Burm. f.）Pennell

一年生草本。生于海拔4～188m的林边、溪旁及田野的较湿润处。产于古城、大田、汛桥、小芝、杜桥、涌泉、白水洋。

狭叶母草 *Lindernia angustifolia*（Benth.）Wettst.

一年生草本。生于水田、河流旁等低湿处。产于邵家渡。

泥花草 *Lindernia antipoda*（L.）Alston

一年生草本。生于海拔2～188m的田边及潮湿的草地中。产于古城、大田、汛桥、小芝、杜桥、涌泉、沿江、永丰、白水洋。

母草 *Lindernia crustacea*（L.）F. Muell.

一年生草本。生于海拔5～353m的田边、草地、路边等低湿处。产于古城、大洋、江南、大田、邵家渡、东塍、小芝、杜桥、涌泉、括苍、永丰、白水洋。

宽叶母草 *Lindernia nummulariifolia*（D. Don）Wettst.

一年生草本。生于田边、草地、路边等低湿处。产于括苍山。

陌上菜 *Lindernia procumbens*（Krock.）Philcox

一年生草本。生于水边及潮湿处。产于邵家渡。

刺毛母草 *Lindernia setulosa*（Maxim.）Tuyama ex H. Hara

一年生草本。生于海拔28m的山谷、道旁、林中、草地等比较湿润的地方。产于尤溪、括苍。

通泉草属 *Mazus* Lour.

早落通泉草 *Mazus caducifer* Hance

多年生草本。生于阴湿的路旁、林下、

草坡。产于汇溪。

通泉草 *Mazus japonicus* (Thunb.) Kuntze

　　一年生草本。生于海拔 0 ~ 355m 的湿润的草坡、沟边、路旁及林缘。产于古城、大洋、江南、大田、邵家渡、汛桥、小芝、桃渚、杜桥、涌泉、河头、沿江、括苍、永丰、白水洋。

匍茎通泉草 *Mazus miquelii* Makino

　　多年生草本。生于海拔 109m 的潮湿的路旁、林下。产于尤溪。

弹刀子菜 *Mazus stachydifolius* (Turcz.) Maxim.

　　多年生草本。生于较湿润的路旁、草坡及林缘。产于邵家渡。

山罗花属 *Melampyrum* L.

圆苞山罗花 *Melampyrum laxum* Miq.

　　一年生草本。生于山坡林缘。产于括苍山。

山罗花 *Melampyrum roseum* Maxim.

　　一年生草本。生于山坡灌丛及草丛中。产于括苍山。

卵叶山罗花 *Melampyrum roseum* Maxim. var. *ovalifolium* (Nakai) Nakai ex Beauverd

　　一年生草本。生于山坡灌丛及草丛中。产于括苍。

鹿茸草属 *Monochasma* Maxim.

沙氏鹿茸草 *Monochasma savatieri* Franch. ex Maxim.

　　多年生草本。生于海拔 80 ~ 121m 的林缘或石壁上。产于大洋、邵家渡、桃渚、上盘、白水洋。

鹿茸草 *Monochasma sheareri* (S. Moore) Maxim. ex Franch. et Sav.

　　多年生草本。生于海拔 200m 的山坡及草丛中。产于白水洋。

泡桐属 *Paulownia* Sieb. et Zucc.

南方泡桐 *Paulownia australis* T. Gong

　　落叶乔木。生于山坡、林中。产于括苍。

兰考泡桐 *Paulownia elongata* S. Y. Hu

　　落叶乔木。各地零星栽培。

白花泡桐 *Paulownia fortunei* (Seem.) Hemsl.

　　落叶乔木。生于海拔 68m 的山坡、林中、山谷及荒地。产于古城、邵家渡。

台湾泡桐 *Paulownia kawakamii* T. Itô

　　落叶乔木。古城、大洋、江南、大田、邵家渡、杜桥、涌泉、河头、沿江、括苍、白水洋等地有栽培或逸生。

毛泡桐 *Paulownia tomentosa* (Thunb.) Steud.

　　落叶乔木。桃渚、上盘、河头、白水洋等地有栽培或逸为野生。

松蒿属 *Phtheirospermum* Bunge

松蒿 *Phtheirospermum japonicum* (Thunb.) Kanitz

　　一年生草本。生于山坡灌丛阴湿处。产于邵家渡。

地黄属 *Rehmannia* Libosch. ex Fisch. et Mey.

天目地黄 *Rehmannia chingii* Li

　　多年生草本。生于海拔 98 ~ 135m 的山坡、路旁草丛中。产于大洋、大田。

玄参属 *Scrophularia* L.

玄参 *Scrophularia ningpoensis* Hemsl.

　　多年生草本。生于海拔 27 ~ 159m 的林下及草丛中。产于古城、江南、大田、邵家渡。

阴行草属 *Siphonostegia* Benth.

阴行草 *Siphonostegia chinensis* Benth.

　　一年生草本。生于山坡与草地。产于括苍山。

腺毛阴行草 *Siphonostegia laeta* S. Moore

一年生草本。生于海拔 39～236m 的草丛或灌木林中较阴湿的地方。产于江南、大田、小芝、上盘、括苍、白水洋。

蝴蝶草属 *Torenia* L.

光叶蝴蝶草 *Torenia glabra* Osbeck

一年生草本。生于海拔 86～231m 的山坡、路旁阴湿处。产于邵家渡、杜桥、尤溪。

紫萼蝴蝶草 *Torenia violacea* （Azaola ex Blanco） Pennell

一年生草本。生于海拔 252～353m 的山坡林下、田边及路旁潮湿处。产于江南、汛桥、括苍。

婆婆纳属 *Veronica* L.

直立婆婆纳 *Veronica arvensis* L.

一年生草本。生于海拔 14～175m 的路边及草丛中。产于古城、江南、大田、邵家渡、桃渚、河头、括苍、白水洋。

婆婆纳 *Veronica didyma* Ten.

一年生草本。生于海拔 253m 的路边、草丛、田间。产于邵家渡、桃渚、白水洋。

多枝婆婆纳 *Veronica javanica* Bl.

一年生草本。生于海拔 0～252m 的山坡、路边、溪边的草丛中。产于江南、大田、汛桥、涌泉、沿江、括苍。

水蔓菁 *Veronica linariifolia* Pall. ex Link subsp. *dilatata* （Nakai et Kitag.） Hong

多年生草本。生于山坡、路边、溪边的草丛中。产于括苍山。

蚊母草 *Veronica peregrina* L.

一年生草本。生于海拔 10～175m 的潮湿的荒地、路边、溪流边。产于古城、江南、邵家渡、河头、括苍、永丰。

阿拉伯婆婆纳 *Veronica persica* Poir.

一年生草本。生于海拔 0～411m 的山坡、路边、田边。产于古城、大洋、大田、邵家渡、汛桥、小芝、桃渚、上盘、杜桥、涌泉、尤溪、河头、沿江、括苍、永丰、白水洋。

水苦荬 *Veronica undulata* Wall.

一年生草本。生于海拔 1～130m 的水边及沼地。产于古城、大洋、大田、邵家渡、杜桥、涌泉、河头、沿江、括苍、永丰、白水洋。

腹水草属 *Veronicastrum* Heist. ex Farbic.

爬岩红 *Veronicastrum axillare* （Sieb. et Zucc.） T. Yamaz.

多年生草本。生于海拔 7～358m 的林下、林缘及山谷阴湿处。产于古城、大洋、江南、大田、邵家渡、汛桥、小芝、杜桥、尤溪、沿江、括苍、汇溪。

硬毛腹水草 *Veronicastrum villosulum* （Miq.） T. Yamaz. var. *hirsutum* T. L. Chin et Hong

多年生草本。生于海拔 212～411m 的林下。产于涌泉、白水洋。

（一百二十）紫葳科 Bignoniaceae

凌霄属 *Campsis* Lour.

凌霄 *Campsis grandiflora* （Thunb.） Schum.

木质藤本。生于海拔 1m 的林下。产于古城、邵家渡。

厚萼凌霄 *Campsis radicans* （L.） Seem.

木质藤本。城区有栽培。

梓属 *Catalpa* Scop.

楸 *Catalpa bungei* C. A. Mey.

落叶乔木。栽培。

黄金树 *Catalpa speciosa* （Bamey） Warder ex Engelm.

落叶乔木。栽培。

硬骨凌霄属 *Tecomaria*

硬骨凌霄 *Tecomaria capensis* （Thunb.） Spach

木质藤本。城区有栽培。

（一百二十一）胡麻科 Pedaliaceae

胡麻属 Sesamum L.

芝麻 *Sesamum indicum* L.

一年生草本。各地零星栽培。

茶菱属 Trapella Oliv.

茶菱 *Trapella sinensis* Oliv.

多年生草本。生于海拔 9m 的池塘或湖泊中。产于杜桥。

（一百二十二）列当科 Orobanchaceae

野菰属 Aeginetia L.

野菰 *Aeginetia indica* L.

一年生草本。生于海拔 174m 的五节芒草丛中。产于括苍、白水洋。

（一百二十三）苦苣苔科 Gesneriaceae

旋蒴苣苔属 Boea Comm. ex Lam.

大花旋蒴苣苔 *Boea clarkeana* Hemsl.

多年生草本。生于海拔 244m 的山坡岩石缝中。产于江南。

旋蒴苣苔 *Boea hygrometrica* (Bunge) R. Br.

多年生草本。生于海拔 227m 的山坡岩石上。产于白水洋。

粗筒苣苔属 Briggsia Craib

浙皖粗筒苣苔 *Briggsia chienii* Chun

多年生草本。生于潮湿岩石上及草丛中。产于邵家渡。

苦苣苔属 Conandron Sieb. et Zucc.

苦苣苔 *Conandron ramondioides* Sieb. et Zucc.

多年生草本。生于海拔 0~313m 的山谷溪边石上或山坡林中石壁阴湿处。产于江南、邵家渡、上盘、括苍。

半蒴苣苔属 Hemiboea Clarke

半蒴苣苔 *Hemiboea henryi* C. B. Clarke

多年生草本。生于海拔 109m 的山谷林下或沟边阴湿处。产于尤溪。

降龙草 *Hemiboea subcapitata* C. B. Clarke

多年生草本。生于山谷林下或沟边阴湿处。产于尤溪、永丰。

吊石苣苔属 Lysionotus D. Don

吊石苣苔 *Lysionotus pauciflorus* Maxim.

常绿灌木。生于海拔 171~253m 的林下岩石上。产于江南、邵家渡、括苍、汇溪、白水洋。

马铃苣苔属 Oreocharis Benth.

大花石上莲 *Oreocharis maximowiczii* C. B. Clarke

多年生草本。生于山坡路旁及林下岩石上。产于括苍。

绢毛马铃苣苔 *Oreocharis sericea* (H. Lév.) H. Lév.

多年生草本。生于山坡、山谷、林下阴湿岩石上。产于括苍。

（一百二十四）狸藻科 Lentibulariaceae

狸藻属 Utricularia L.

南方狸藻 *Utricularia australis* R. Br.

一年生草本。生于湖泊、池塘及稻田中。产于东塍。

挖耳草 *Utricularia bifida* L.

一年生草本。生于海拔 376m 的湖泊、池塘及稻田中。产于大洋。

钩突耳草 *Utricularia caerulea* L.

一年生草本。生于沼泽地、湿草地。产于邵家渡、括苍。

圆叶挖耳草 *Utricularia striatula* Sm.

一年生草本。生于潮湿的岩石上。产于邵家渡。

（一百二十五）爵床科 Acanthaceae

白接骨属 *Asystasiella* Lindau

白接骨 *Asystasiella neesiana* (Wall.) Lindau

多年生草本。生于海拔 172m 的林下或溪边。产于古城、括苍。

杜根藤属 *Calophanoides* Ridl.

圆苞杜根藤 *Calophanoides chinensis* (Benth.) C. Y. Wu et Lo

多年生草本。生于海拔 82～281m 的山坡林下。产于古城、江南、邵家渡、尤溪、括苍。

黄猄草属 *Championella* Bremek.

少花黄猄草 *Championella oligantha* (Miq.) Bremek.

多年生草本。生于海拔 84～404m 的林下或阴湿草地。产于大田、邵家渡、小芝、杜桥、括苍。

菜头肾 *Championella sarcorrhiza* C. Ling

多年生草本。生于海拔 165～909m 的林下。产于古城、江南、尤溪、括苍。

水蓑衣属 *Hygrophila* R. Br.

水蓑衣 *Hygrophila salicifolia* (Vahl) Nees

一年生草本。生于海拔 8～90m 的溪沟边或洼地。产于邵家渡、汛桥、尤溪、括苍。

观音草属 *Peristrophe* Nees

九头狮子草 *Peristrophe japonica* (Thunb.) Bremek.

多年生草本。生于海拔 92～807m 的路边、草地或林下。产于古城、大田、邵家渡、汛桥、小芝、杜桥、尤溪、河头、括苍、白水洋。

爵床属 *Rostellularia* Reichenb.

爵床 *Rostellularia procumbens* (L.) Nees

一年生草本。生于海拔 4～501m 的路边草丛中。产于古城、大洋、江南、大田、邵家渡、汛桥、东塍、小芝、桃渚、上盘、杜桥、涌泉、尤溪、河头、沿江、括苍、永丰、汇溪、白水洋。

孩儿草属 *Rungia* Nees

密花孩儿草 *Rungia densiflora* Lo

多年生草本。生于海拔 309m 的林下。产于括苍、汇溪。

（一百二十六）透骨草科 Phrymaceae

透骨草属 *Phryma* L.

透骨草 *Phryma leptostachya* L. subsp. *asiatica* (Hara) Kitamura

多年生草本。生于海拔 115～179m 的林下、林缘。产于江南、大田、邵家渡、括苍。

（一百二十七）车前科 Plantaginaceae

车前属 *Plantago* L.

车前 *Plantago asiatica* L.

多年生草本。生于海拔 0～441m 的草地、沟边、田边、路旁或荒地。产于古城、大洋、江南、大田、邵家渡、汛桥、小芝、桃渚、上盘、杜桥、涌泉、尤溪、河头、沿江、括苍、永丰、汇溪、白水洋。

平车前 *Plantago depressa* Willd.

多年生草本。生于城区绿化带，产于古城。

大车前 *Plantago major* L.

多年生草本。生于海拔 7～121m 的草地、沟边、田边、路旁或荒地。产于江南、汛桥、杜桥、永丰。

北美车前 *Plantago virginica* L.

二年生草本。生于海拔 15~123m 的草地、沟边、田边、路旁或荒地。产于大洋、江南、大田、邵家渡、括苍、永丰。

（一百二十八）茜草科 Rubiaceae

水团花属 *Adina* Salisb.

水团花 *Adina pilulifera* (Lam.) Franch. ex Drake

落叶灌木。生于海拔 6~297m 的林下、路旁或溪边水畔。产于古城、大洋、江南、大田、邵家渡、汛桥、小芝、杜桥、涌泉、尤溪、河头、沿江、括苍。

细叶水团花 *Adina rubella* Hance

落叶灌木。生于海拔 52~114m 的溪边、河边。产于江南、尤溪、括苍、永丰、白水洋。

茜树属 *Aidia* Lour.

茜树 *Aidia cochinchinensis* Lour.

常绿乔木。生于海拔 65~227m 的山坡、山谷溪边的灌丛或林中。产于古城、江南、邵家渡、杜桥、括苍。

丰花草属 *Borreria* G. Mey. nom. cons.

阔叶丰花草 *Borreria latifolia* (Aubl.) K. Schum.

一年生草本。生于海拔 0~398m 的荒地。产于古城、大洋、大田、邵家渡、汛桥、小芝、杜桥、涌泉、尤溪、括苍、永丰、白水洋。

流苏子属 *Coptosapelta* Korth.

流苏子 *Coptosapelta diffusa* (Champ. ex Benth.) Steenis

木质藤本。生于海拔 67~411m 的山地林中或灌丛中。产于古城、大洋、江南、大田、邵家渡、杜桥、尤溪、沿江、括苍、汛溪、白水洋。

虎刺属 *Damnacanthus* Gaertn. f.

虎刺 *Damnacanthus indicus* C. F. Gaertn.

常绿灌木。生于海拔 67~235m 的山地林下或灌丛中。产于古城、大洋、江南、大田、邵家渡、小芝、杜桥、尤溪、沿江、括苍、永丰。

浙皖虎刺 *Damnacanthus macrophyllus* Sieb. et Miq.

常绿灌木。生于海拔 67~140m 的山地溪边林下。产于沿江、括苍。

狗骨柴属 *Diplospora* DC.

狗骨柴 *Diplospora dubia* (Lindl.) Masam.

常绿灌木。生于海拔 67~335m 的山坡、山谷沟边、丘陵的林中或灌丛中。产于古城、大洋、江南、大田、邵家渡、涌泉、尤溪、沿江、括苍、白水洋。

香果树属 *Emmenopterys* Oliv.

香果树 *Emmenopterys henryi* Oliv.

落叶乔木。生于海拔 237~1020m 的山谷林中。产于括苍、白水洋。

拉拉藤属 *Galium* L.

拉拉藤 *Galium aparine* L. var. *echinospermum* (Wallr.) Cuf.

一年生草本。生于海拔 0~314m 的林缘、路旁。产于古城、大洋、江南、大田、邵家渡、汛桥、小芝、桃渚、上盘、杜桥、涌泉、河头、沿江、括苍、白水洋。

四叶葎 *Galium bungei* Steud.

多年生草本。生于海拔 10~909m 的林缘、山坡路旁等阴湿的地方。产于大洋、江南、大田、邵家渡、杜桥、括苍、白水洋。

狭叶四叶葎 *Galium bungei* Steud. var. *angustifolium* (*Loesen.*) Cuf.

多年生草本。生于海拔 64m 的林缘、山坡路旁等阴湿的地方。产于江南。

阔叶四叶葎 *Galium bungei* Steud. var. *trachyspermum* (A. Gray) Cuif.

多年生草本。生于林缘、山坡路旁等阴湿的地方。产于桃渚、上盘、括苍。

三脉猪殃殃 *Galium kamtschaticum* Steller ex Roem. et Schult.

多年生草本。生于海拔 166m 的山地林下、沟边草丛中。产于江南。

小叶猪殃殃 *Galium trifidum* L.

多年生草本。生于海拔 25～297m 的沟边、山地林缘、草坡、灌丛中。产于大田、邵家渡、涌泉、白水洋。

栀子属 *Gardenia* Ellis, nom. cons.

栀子 *Gardenia jasminoides* J. Ellis

常绿灌木。生于海拔 10～501m 的山坡林下、林缘。产于古城、大洋、江南、大田、邵家渡、汛桥、东塍、小芝、桃渚、上盘、杜桥、涌泉、尤溪、河头、沿江、括苍、永丰、汇溪、白水洋。

白蟾 *Gardenia jasminoides* J. Ellis var. *fortuniana* (Lindl.) H. Hara

常绿灌木。各地广泛栽培。

水栀子 *Gardenia jasminoides* J. Ellis var. *radicans* (Thunb.) Makino

常绿灌木。生于海拔 109m 的山坡林下。产于尤溪。

耳草属 *Hedyotis* L.

金毛耳草 *Hedyotis chrysotricha* (Palib.) Merr.

多年生草本。生于海拔 4～512m 的林下或山坡灌丛中。产于古城、大洋、江南、大田、邵家渡、汛桥、东塍、小芝、上盘、杜桥、涌泉、尤溪、河头、括苍、永丰、汇溪、白水洋。

伞房花耳草 *Hedyotis corymbosa* (L.) Lam.

一年生草本。生于海拔 68m 的水田、田埂和湿润的草地。产于杜桥。

白花蛇舌草 *Hedyotis diffusa* Willd.

一年生草本。生于海拔 8～353m 的水田、田埂和湿润的草地。产于古城、大洋、江南、大田、邵家渡、汛桥、小芝、涌泉、尤溪、括苍、永丰、白水洋。

纤花耳草 *Hedyotis tenelliflora* Bl.

一年生草本。生于海拔 5～264m 的水田、田埂和湿润的草地。产于江南、大田、杜桥、涌泉、尤溪、括苍、白水洋。

粗叶木属 *Lasianthus* Jack, nom. cons.

日本粗叶木 *Lasianthus japonicus* Miq.

常绿灌木。生于林下。产于尤溪、江南。

榄绿粗叶木 *Lasianthus japonicus* Miq. var. *lancilimbus* (Merr.) Lo

常绿灌木。生于海拔 129～290m 的林下。产于大洋、邵家渡。

巴戟天属 *Morinda* L.

羊角藤 *Morinda umbellata* L. subsp. *obovata* Y. Z. Ruan

木质藤本。生于海拔 21～494m 的林缘、林下、路旁灌丛中。产于古城、大洋、江南、大田、邵家渡、汛桥、杜桥、涌泉、尤溪、沿江、括苍、汇溪、白水洋。

玉叶金花属 *Mussaenda* L.

楠花 *Mussaenda esquirolii* H. Lév. [*M. shikokiana* Makino]

木质藤本。生于海拔 14～365m 的山地林下或路边。产于古城、江南、邵家渡、杜桥、尤溪、沿江、括苍、永丰、汇溪、白水洋。

玉叶金花 *Mussaenda pubescens* W. T. Aiton

木质藤本。生于海拔 5～348m 的灌丛、溪谷、山坡或村旁。产于古城、江南、汛桥、杜桥、涌泉、尤溪、沿江、括苍。

新耳草属 *Neanotis* Lewis

卷毛新耳草 *Neanotis boerhaavioides* (Hance) W. H. Lewis

多年生草本。生于林下。产于括苍、涌泉。

薄叶新耳草 *Neanotis hirsuta* (L. f.) W. H. Lewis

多年生草本。生于海拔 57～164m 的林下或溪旁湿地上。产于邵家渡、沿江、括苍、永丰。

蛇根草属 *Ophiorrhiza* L.

日本蛇根草 *Ophiorrhiza japonica* Bl.

多年生草本。生于海拔 135～302m 的林下阴湿处。产于古城、大洋、江南、大田、邵家渡、汛桥、杜桥、尤溪、括苍、白水洋。

鸡矢藤属 *Paederia* L. nom. cons.

耳叶鸡矢藤 *Paederia cavaleriei* H. Lév.

木质藤本。生于海拔 21～413m 的林下、林缘、路旁。产于古城、大洋、江南、邵家渡、杜桥、括苍、永丰、白水洋。

疏花鸡矢藤 *Paederia laxiflora* Merr. ex Li

木质藤本。生于海拔 67～764m 的林下、林缘、路旁。产于大洋、江南、东塍、小芝、河头、沿江、括苍、汇溪、白水洋。

鸡矢藤 *Paederia scandens* (Lour.) Merr.

木质藤本。生于海拔 0～512m 的林下、林缘、路旁。产于古城、大洋、大田、邵家渡、汛桥、东塍、桃渚、上盘、杜桥、涌泉、

尤溪、河头、沿江、括苍、永丰、汇溪、白水洋。

滨海鸡矢藤 *Paederia scandens* (Lour.) Merr. var. *maritima* (Koidez.) Hara

木质藤本。生于林下、林缘、路旁。产于上盘。

毛鸡矢藤 *Paederia scandens* (Lour.) Merr. var. *tomentosa* (Bl.) Hand.-Mazz.

木质藤本。生于海拔 25～278m 的林下、林缘、路旁。产于古城、江南、大田、邵家渡、东塍、杜桥、永丰、白水洋。

槽裂木属 *Pertusadina* Ridsd.

海南槽裂木 *Pertusadina hainanensis* (F. C. How) Ridsdale

乔木或灌木。生于海拔 85～205m 的林下、林缘、路旁。产于江南、邵家渡、括苍。

茜草属 *Rubia* L.

金剑草 *Rubia alata* Wall.

草质藤本。生于海拔 74～412m 的山坡林缘或灌丛中。产于古城、大洋、大田、小芝、尤溪、括苍、白水洋。

东南茜草 *Rubia argyi* (H. Lév. et Vant.) H. Hara ex Lauener et D. K. Ferguson

草质藤本。生于海拔 4～353m 的林缘、灌丛中。产于古城、大洋、江南、大田、邵家渡、汛桥、东塍、小芝、杜桥、涌泉、尤溪、河头、括苍、永丰、汇溪、白水洋。

卵叶茜草 *Rubia ovatifolia* Z. Y. Zhang

草质藤本。生于山地林下。产于括苍。

白马骨属 *Serissa* Comm. ex A. L. Jussieu

六月雪 *Serissa japonica* (Thunb.) Thunb.

常绿灌木。生于海拔 138～408m 的河溪边、林下、林缘。产于邵家渡、桃渚、白水

洋。

白马骨 *Serissa serissoides* (DC.) Druce

常绿灌木。生于河溪边、林下、林缘。产于邵家渡。

乌口树属 *Tarenna* Gaertn.

白花苦灯笼 *Tarenna mollissima* (Hook. et Arn.) B. L. Rob.

落叶灌木。生于海拔 21～357m 的林下或灌丛中。产于古城、大洋、江南、大田、邵家渡、杜桥、尤溪、沿江、括苍、白水洋。

钩藤属 *Uncaria* Schreber nom. cons.

钩藤 *Uncaria rhynchophylla* (Miq.) Miq. ex Havil.

木质藤本。生于海拔 49～264m 的山谷溪边的疏林或灌丛中。产于古城、江南、邵家渡、尤溪、沿江、括苍、白水洋。

(一百二十九) 忍冬科 Caprifoliaceae

六道木属 *Abelia* R. Br.

大花六道木 *Abelia* × *grandiflora* (André) Rehd.

常绿灌木。城区有栽培。

狭叶双花六道木 *Abelia ionostachya* (Nakai) Landrein et R. L. Barrett

落叶灌木。生于海拔 260m 的山坡林缘或石壁上。产于江南、括苍。

七子花属 *Heptacodium* Rehd.

七子花 *Heptacodium miconioides* Rehder

落叶乔木。生于海拔 636～1233m 的山坡灌丛和林下。产于括苍、白水洋。

忍冬属 *Lonicera* L.

淡红忍冬 *Lonicera acuminata* Wall.

木质藤本。生于海拔 179m 的林下。产于括苍。

倒卵叶忍冬 *Lonicera hemsleyana* (Kuntze) Rehder

落叶灌木。生于林下或灌丛中。产于括苍。

菰腺忍冬 *Lonicera hypoglauca* Miq.

木质藤本。生于海拔 10～411m 的灌丛或林中。产于古城、大洋、江南、大田、邵家渡、汛桥、小芝、桃渚、上盘、杜桥、涌泉、尤溪、沿江、括苍、汇溪、白水洋。

忍冬 *Lonicera japonica* Thunb.

木质藤本。生于海拔 0～424m 的山坡灌丛、林下、林缘、路旁、田边。产于古城、大洋、江南、大田、邵家渡、汛桥、东塍、小芝、桃渚、上盘、杜桥、涌泉、尤溪、河头、沿江、括苍、汇溪、白水洋。

大花忍冬 *Lonicera macrantha* (D. Don) Spreng.

木质藤本。生于林下或灌丛中。产于括苍。

灰毡毛忍冬 *Lonicera macranthoides* Hand.-Mazz.

木质藤本。生于林下或灌丛中。产于邵家渡。

下江忍冬 *Lonicera modesta* Rehder

落叶灌木。生于海拔 671～991m 的林下或灌丛中。产于括苍、白水洋。

毛萼忍冬 *Lonicera trichosepala* (Rehder) P. S. Hsu

木质藤本。生于林下或灌丛中。产于括苍。

接骨木属 *Sambucus* L.

接骨草 *Sambucus chinensis* Lindl.

多年生草本。生于海拔 2～364m 的山坡林下、沟边和草丛中。产于古城、大洋、江南、大田、小芝、桃渚、上盘、尤溪、河头、括苍、白水洋。

西洋接骨木 *Sambucus nigra* L.

落叶乔木或灌木。各地零星栽培。

接骨木 *Sambucus williamsii* Hance

落叶乔木。生于山坡林下、灌丛、沟边、路旁等。产于括苍。

荚蒾属 *Viburnum* L.

金腺荚蒾 *Viburnum chunii* P. S. Hsu

常绿灌木。生于海拔 264 ~ 373m 的林下。产于尤溪、括苍。

荚蒾 *Viburnum dilatatum* Thunb.

落叶灌木。生于海拔 126 ~ 300m 的林下、林缘或灌丛中。产于古城、大洋、江南、大田、邵家渡、涌泉、括苍、白水洋。

宜昌荚蒾 *Viburnum erosum* Thunb.

落叶灌木。生于海拔 94 ~ 792m 的林下、林缘或灌丛中。产于大洋、大田、邵家渡、涌泉、尤溪、河头、括苍、汇溪、白水洋。

海岛荚蒾 *Viburnum japonicum* (Thunb.) Spreng.

常绿灌木。生于海拔 16 ~ 77m 的林缘。产于邵家渡、上盘。

披针叶荚蒾 *Viburnum lancifolium* P. S. Hsu

常绿灌木。生于海拔 195 ~ 446m 的林下或林缘。产于白水洋。

吕宋荚蒾 *Viburnum luzonicum* Rolfe

落叶灌木。生于林下或林缘。产于括苍。

绣球荚蒾 *Viburnum macrocephalum* Fortune

落叶灌木。城区有栽培。

琼花 *Viburnum macrocephalum* Fortune f. *keteleeri* (Carrière) Rehder

落叶灌木。城区有栽培。

珊瑚树 *Viburnum odoratissimum* Ker Gawl.

常绿乔木。大田、邵家渡、河头、白水洋等地有栽培。

日本珊瑚树 *Viburnum odoratissimum* Ker Gawl. var. *awabuki* (K. Koch) Zabel ex Rümpler

常绿乔木。生于林下或林缘。产于桃渚。

粉团荚蒾 *Viburnum plicatum* Thunb.

落叶灌木。城区有栽培。

蝴蝶戏珠花 *Viburnum plicatum* Thunb. var. *tomentosum* Miq. [*V. plicatum* Thunb. f. *tomentosum* (Thunb.) Rehd.]

落叶灌木。生于海拔 121 ~ 710m 的林下或林缘。产于江南、邵家渡、括苍、白水洋。

具毛常绿荚蒾 *Viburnum sempervirens* K. Koch var. *trichophorum* Hand. -Mazz.

常绿灌木。生于海拔 28 ~ 383m 的林下、灌丛或沟边。产于古城、邵家渡、小芝、尤溪、河头、沿江、括苍。

茶荚蒾 *Viburnum setigerum* Hance

落叶灌木。生于海拔 162m 的林下或灌丛中。产于邵家渡。

合轴荚蒾 *Viburnum sympodiale* Graebn.

落叶灌木。生于林下或灌丛中。产于括苍。

锦带花属 *Weigela* Thunb.

半边月 *Weigela japonica* Thunb. var. *sinica* (Rehder) L. H. Bailey

落叶灌木。生于海拔 10 ~ 695m 的林下、林缘或沟边。产于江南、涌泉、括苍、白水洋。

(一百三十) 败酱科 Valerianaceae

败酱属 *Patrinia* Juss.

墓头回 *Patrinia heterophylla* Bunge

多年生草本。生于山地岩缝、草丛或路边。产于上盘。

窄叶败酱 *Patrinia heterophylla* Bunge subsp. *angustifolia* (*Hemsl.*) H. J. Wang

多年生草本。生于山地岩缝、草丛或路边。产于括苍山。

斑花败酱 *Patrinia punctiflora* P. S. Hsu et H. J. Wang

二年生草本。生于海拔152m的山地岩缝、草丛或路边。产于括苍。

败酱 *Patrinia scabiosifolia* Fisch. ex Trevir.

多年生草本。生于海拔136~353m的林缘、路边。产于邵家渡、上盘、括苍。

攀倒甑 *Patrinia villosa* (Thunb.) Juss.

多年生草本。生于海拔0~501m的山地林下、林缘或灌丛、草丛中。产于古城、大洋、江南、大田、邵家渡、汛桥、东塍、小芝、桃渚、上盘、杜桥、涌泉、尤溪、河头、沿江、括苍、永丰、汇溪、白水洋。

缬草属 *Valeriana* L.

宽叶缬草 *Valeriana officinalis* L. var. *latifolia* Miq.

多年生草本。生于山坡草地、林下、沟边。

(一百三十一) 川续断科 Dipsacaceae

川续断属 *Dipsacus* L.

川续断 *Dipsacus asperoides* C. Y. Cheng et T. M. Ai

多年生草本。生于沟边、草丛、林缘和田边路旁。产于括苍山。

(一百三十二) 葫芦科 Cucurbitaceae

盒子草属 *Actinostemma* Griff.

盒子草 *Actinostemma tenerum* Griff.

草质藤本。生于海拔9~67m的水边草丛中。产于大洋、小芝。

冬瓜属 *Benincasa* Savi

冬瓜 *Benincasa hispida* (Thunb.) Cogn.

草质藤本。各地广泛栽培。

西瓜属 *Citrullus* Schrad.

西瓜 *Citrullus lanatus* (Thunb.) Matsum. et Nakai

草质藤本。各地广泛栽培。

黄瓜属 *Cucumis* L.

甜瓜 *Cucumis melo* L.

草质藤本。各地广泛栽培。

黄瓜 *Cucumis sativus* L.

草质藤本。各地广泛栽培。

南瓜属 *Cucurbita* L.

南瓜 *Cucurbita moschata* (Duchesne ex Lam.) Duchesne ex Poir.

草质藤本。各地广泛栽培。

绞股蓝属 *Gynostemma* Bl.

绞股蓝 *Gynostemma pentaphyllum* (Thunb.) Makino

草质藤本。生于林下。产于江南。

小果绞股蓝 *Gynostemma zhejiangense* X. J. Xue

草质藤本。生于海拔424m以下的林下、灌丛或路旁草丛中。产于古城、大洋、江南、大田、邵家渡、汛桥、小芝、涌泉、尤溪、沿江、括苍、白水洋。

葫芦属 *Lagenaria* Ser.

葫芦 *Lagenaria siceraria* (Molina) Standl.

草质藤本。桃渚、上盘有栽培。

瓠子 *Lagenaria siceraria* (Molina) Standl. var. *hispida* (Thunb.) H. Hara

草质藤本。各地广泛栽培。

丝瓜属 *Luffa* Mill.

广东丝瓜 *Luffa acutangula* (L.) Roxb.

草质藤本。各地广泛栽培。

丝瓜 *Luffa cylindrica* (L.) M. Roem.

草质藤本。各地广泛栽培。

苦瓜属 *Momordica* L.

苦瓜 *Momordica charantia* L.

草质藤本。各地广泛栽培。

佛手瓜属 *Sechium* P. Browne

佛手瓜 *Sechium edule* (Jacq.) Sw.

草质藤本。古城、大洋、桃渚、上盘、括苍等地有栽培。

赤瓟属 *Thladiantha* Bunge

南赤瓟 *Thladiantha nudiflora* Hemsl.

草质藤本。生于海拔222～281m的沟边、林缘或山坡灌丛中。产于邵家渡、括苍、汇溪。

台湾赤瓟 *Thladiantha punctata* Hayata

草质藤本。生于海拔243m的山坡、沟边林下阴湿处。产于江南、括苍。

栝楼属 *Trichosanthes* L.

蛇瓜 *Trichosanthes anguina* L.

草质藤本。城区有栽培。

王瓜 *Trichosanthes cucumeroides* (Ser.) Maxim.

草质藤本。生于海拔6～353m的林下、林缘、沟边路旁。产于大洋、大田、杜桥、涌泉、尤溪、河头、括苍、汇溪。

栝楼 *Trichosanthes kirilowii* Maxim.

草质藤本。生于海拔1～314m的林下、林缘、沟边路旁。产于古城、大田、邵家渡、汛桥、上盘、尤溪、沿江、括苍、白水洋。

长萼栝楼 *Trichosanthes laceribractea* Hayata

草质藤本。各地广泛栽培或逸生。

马㼎儿属 *Zehneria* Endl.

马㼎儿 *Zehneria indica* (Lour.) Keraudren

草质藤本。生于海拔6～126m的林中阴湿处以及路旁、田边及灌丛中。产于大洋、邵家渡、汛桥、东塍、涌泉。

(一百三十三)桔梗科 **Campanulaceae**

沙参属 *Adenophora* Fisch.

华东杏叶沙参 *Adenophora hunanensis* Nannf. subsp. *huadungensis* D. Y. Hong

多年生草本。生于林下。产于桃渚、上盘。

中华沙参 *Adenophora sinensis* A. DC.

多年生草本。生于河边草丛或灌丛中。产于大田。

轮叶沙参 *Adenophora tetraphylla* (Thunb.) Fisch.

多年生草本。生于草地和灌丛中。产于括苍。

荠苨 *Adenophora trachelioides* Maxim.

多年生草本。生于草地和灌丛中。《浙江植物志》记载临海有分布。

党参属 *Codonopsis* Wall.

羊乳 *Codonopsis lanceolata* (Sieb. et Zucc.) Benth. et Hook. f. ex Trautv.

草质藤本。生于海拔33～671m的林下或灌丛中。产于古城、江南、邵家渡、尤溪、河头、括苍、白水洋。

半边莲属 *Lobelia* L.

半边莲 *Lobelia chinensis* Lour.

多年生草本。生于海拔8～477m的水田边、沟边及潮湿草地上。产于江南、大田、邵家渡、汛桥、杜桥、涌泉、括苍、汇溪、白水洋。

山梗菜 *Lobelia sessilifolia* Lamb.

多年生草本。生于林缘阴湿处。产于尤溪、汛桥。

桔梗属 *Platycodon* A. DC.

桔梗 *Platycodon grandiflorus* (Jacq.) A. DC.

多年生草本。生于草丛、灌丛或林缘。产于桃渚。

异檐花属 *Triodanis* Raf.

卵叶异檐花 *Triodanis biflora* (Ruiz et Pavon) Greene

一年生草本。生于海拔 25~175m 的田边、路旁、荒地。产于江南、邵家渡、河头、白水洋。

穿叶异檐花 *Triodanis perfoliata* (L.) Nieuwland

一年生草本。生于海拔 171m 的田边、路旁、荒地。产于括苍、汇溪。

蓝花参属 *Wahlenbergia* Schrad. ex Roth

蓝花参 *Wahlenbergia marginata* (Thunb.) A. DC.

多年生草本。生于海拔 36~386m 的田边、路边和荒地。产于古城、大洋、江南、大田、邵家渡、桃渚、上盘、涌泉、括苍、汇溪、白水洋。

（一百三十四）菊科 Asteraceae

下田菊属 *Adenostemma* J. R. et G. Forst.

下田菊 *Adenostemma lavenia* (L.) O. Kuntze

一年生草本。生于海拔 57~521m 的水边、路旁、林下及山坡灌丛中。产于大洋、江南、汛桥、杜桥、涌泉、沿江、括苍、白水洋。

宽叶下田菊 *Adenostemma lavenia* (L.) O. Kuntze var. *latifolium* (D. Don) Hand.-Mazz.

一年生草本。生于海拔 4~364m 的水边、路旁、林下及山坡灌丛中。产于古城、大洋、江南、大田、邵家渡、汛桥、东塍、杜桥、涌泉、尤溪、括苍、汇溪。

藿香蓟属 *Ageratum* L.

藿香蓟 *Ageratum conyzoides* L.

一年生草本。生于海拔 0~318m 的山谷、山坡林下或林缘、河边或山坡草地、田边或荒地上。产于古城、大洋、江南、大田、邵家渡、汛桥、东塍、小芝、杜桥、涌泉、尤溪、河头、沿江、括苍、永丰、汇溪、白水洋。

兔儿风属 *Ainsliaea* DC.

杏香兔儿风 *Ainsliaea fragrans* Champ. ex Benth.

多年生草本。生于海拔 27~494m 的林下、林缘或灌丛中。产于大洋、江南、大田、邵家渡、汛桥、东塍、杜桥、涌泉、尤溪、河头、沿江、括苍、汇溪、白水洋。

灯台兔儿风 *Ainsliaea macroclinidioides* Hayata

多年生草本。生于海拔 164~411m 的林下、林缘或灌丛中。产于江南、大田、邵家渡、杜桥、涌泉。

豚草属 *Ambrosia* L.

豚草 *Ambrosia artemisiifolia* L.

一年生草本。生于海拔 95m 的路边。产于上盘。

香青属 *Anaphalis* DC.

香青 *Anaphalis sinica* Hance

多年生草本。生于海拔 353~500m 的灌丛、草地、山坡或林缘。产于邵家渡、括苍。

翅茎香青 *Anaphalis sinica* Hance f. *pterocaulon* (Franch. et Sav.) Ling

多年生草本。生于海拔 1089m 的灌丛、草地、山坡或林缘。产于白水洋。

牛蒡属 *Arctium* L.

牛蒡 *Arctium lappa* L.

二年生草本。邵家渡有栽培。

木茼蒿属 *Argyranthemum* Webb. ex Sch. -Bip.

木茼蒿 *Argyranthemum frutescens* (L.) Sch. -Bip.

灌木。城区有栽培。

蒿属 *Artemisia* L. Sensu stricto, excl. Sect. Seriphidium Bess.

黄花蒿 *Artemisia annua* L.

一年生草本。生于海拔 3～137m 的路旁、荒地、山坡、林缘等。产于古城、大洋、邵家渡、桃渚、涌泉。

奇蒿 *Artemisia anomala* S. Moore

多年生草本。生于海拔 159m 的路旁、荒地、山坡、林缘等。产于大田、括苍。

艾 *Artemisia argyi* H. Lév. et Vaniot

多年生草本。大洋、江南、邵家渡、括苍、白水洋等地有栽培。

暗绿蒿 *Artemisia atrovirens* Hand. -Mazz.

多年生草本。生于海拔 10～355m 的山坡、草地、路旁等。产于古城、大洋、大田、小芝、杜桥、涌泉、白水洋。

茵陈蒿 *Artemisia capillaris* Thunb.

多年生草本。生于海拔 10m 的河岸、海岸附近的湿润沙地、路旁。产于上盘。

青蒿 *Artemisia carvifolia* Buch. -Ham. ex Roxb.

多年生草本。生于山坡、草地、路旁等。产于古城。

南牡蒿 *Artemisia eriopoda* Bunge

多年生草本。生于林缘、路旁、草坡、灌丛中。产于上盘。

五月艾 *Artemisia indica* Willd.

多年生草本。生于海拔 126m 以下的路旁、林缘、山坡灌丛中。产于上盘、涌泉。

牡蒿 *Artemisia japonica* Thunb.

多年生草本。生于海拔 9～171m 的林缘林下、灌丛、丘陵、山坡、路旁等。产于邵家渡、上盘、括苍、汇溪。

白苞蒿 *Artemisia lactiflora* Wall.

多年生草本。生于海拔 4～411m 的林下、林缘、灌丛中。产于古城、大洋、江南、大田、邵家渡、汛桥、小芝、杜桥、涌泉、尤溪、河头、沿江、括苍、汇溪、白水洋。

矮蒿 *Artemisia lancea* Vaniot

多年生草本。生于海拔 126m 的林下、林缘、灌丛、草地。产于邵家渡、涌泉。

野艾蒿 *Artemisia lavandulifolia* DC.

多年生草本。生于海拔 4～364m 的林下、林缘、灌丛、草地。产于大洋、江南、大田、邵家渡、汛桥、东塍、桃渚、上盘、杜桥、涌泉、尤溪、沿江、括苍。

蒙古蒿 *Artemisia mongolica* (Fisch. ex Bess.) Nakai

多年生草本。生于山坡、灌丛、河湖岸边及路旁。产于江南。

红足蒿 *Artemisia rubripes* Nakai

多年生草本。生于海拔 11～56m 的荒坡、草坡、灌丛、林缘、路旁、河边等。产于大田、杜桥。

猪毛蒿 *Artemisia scoparia* Waldst. et Kit.

多年生草本。生于河岸、海岸附近的湿润沙地、路旁。产于大洋。

紫菀属 *Aster* L.

三脉紫菀 *Aster ageratoides* Turcz.

多年生草本。生于海拔 4～918m 的

林下、林缘、灌丛及山谷湿地。产于古城、大洋、江南、大田、邵家渡、汛桥、东塍、上盘、杜桥、涌泉、尤溪、河头、沿江、括苍、永丰、汇溪、白水洋。

微糙三脉紫菀 *Aster ageratoides* Turcz. var. *scaberulus* (Miq.) Ling

多年生草本。生于海拔 21 ~ 411m 的林下、林缘、灌丛及山谷湿地。产于古城、大洋、江南、小芝、桃渚、杜桥、涌泉、括苍、汇溪、白水洋。

琴叶紫菀 *Aster panduratus* Nees ex Walp.

多年生草本。生于海拔 0 ~ 296m 的山坡灌丛、草地、溪岸、路旁。产于古城、邵家渡、桃渚、上盘、汇溪、白水洋。

高茎紫菀 *Aster procerus* Hemsl.

多年生草本。生于林缘、路边。产于括苍。

夏威夷紫菀 *Aster squamatum* (Spreng.) G. L. Nesom

一年生草本。生于海拔 8 ~ 10m 的路边、荒地、田间、林缘。产于桃渚、上盘、永丰。

钻叶紫菀 *Aster subulatus* Michx.

一年生草本。生于海拔 1 ~ 137m 的路边、林缘。产于古城、大洋、江南、大田、邵家渡、汛桥、小芝、桃渚、杜桥、涌泉、尤溪、沿江。

陀螺紫菀 *Aster turbinatus* S. Moore

多年生草本。生于海拔 10 ~ 454m 的林下、林缘阴湿处。产于古城、大洋、江南、大田、邵家渡、汛桥、东塍、小芝、桃渚、上盘、杜桥、涌泉、尤溪、河头、括苍、白水洋。

仙白草 *Aster turbinatus* S. Moore var. *chekiangensis* C. Ling ex Ling

多年生草本。生于海拔 181m 的林下、林缘阴湿处。产于白水洋。

苍术属 *Atractylodes* DC.

苍术 *Atractylodes lancea* (Thunb.) DC.

多年生草本。括苍有栽培。

白术 *Atractylodes macrocephala* Koidz.

多年生草本。白水洋有栽培。

雏菊属 *Bellis* L.

雏菊 *Bellis perennis* L.

多年生草本。城区有栽培。

鬼针草属 *Bidens* L.

大花鬼针草 *Bidens alba* (L.) DC.

一年生草本。生于海拔 0 ~ 147m 的海滨路边。产于古城、大洋、汛桥、小芝、上盘、杜桥、涌泉、沿江、白水洋。

婆婆针 *Bidens bipinnata* L.

一年生草本。生于海拔 16 ~ 278m 的路边荒地、山坡及田间。产于大田、东塍、河头、沿江。

金盏银盘 *Bidens biternata* (Lour.) Merr. et Sherff

一年生草本。生于海拔 353m 的路边、村旁及荒地。产于江南、括苍。

大狼杷草 *Bidens frondosa* L.

一年生草本。生于海拔 0 ~ 355m 的田边、路边、林缘。产于古城、大洋、大田、邵家渡、汛桥、东塍、小芝、杜桥、涌泉、括苍、永丰、汇溪、白水洋。

鬼针草 *Bidens pilosa* L.

一年生草本。生于海拔 0 ~ 264m 的田边、路边、林缘。产于古城、大洋、江南、大田、邵家渡、汛桥、东塍、上盘、杜桥、涌泉、尤溪、河头、沿江、括苍、永丰、汇溪、白水洋。

狼杷草 *Bidens tripartita* L.

一年生草本。生于海拔 0 ~ 111m 的田边、路边、林缘。产于邵家渡、上盘、杜桥、涌泉。

艾纳香属 *Blumea* DC.

台北艾纳香 *Blumea formosana* Kitam.

多年生草本。生于海拔 7～373m 的山坡、草丛、溪边或林下。产于古城、大洋、江南、邵家渡、汛桥、杜桥、尤溪、括苍。

柔毛艾纳香 *Blumea mollis* (D. Don) Merr.

多年生草本。生于田边、空旷草地、林缘。产于尤溪。

长圆叶艾纳香 *Blumea oblongifolia* Kitam.

多年生草本。生于海拔 7～287m 的路边、田边、草地或山谷溪边。产于古城、大洋、汛桥、杜桥、尤溪、白水洋。

金盏花属 *Calendula* L.

金盏花 *Calendula officinalis* L.

一年生草本。各地广泛栽培。

天名精属 *Carpesium* L.

天名精 *Carpesium abrotanoides* L.

多年生草本。生于海拔 4～287m 的路边荒地及山坡、沟边等处。产于江南、大田、邵家渡、桃渚、上盘、涌泉、尤溪、括苍。

烟管头草 *Carpesium cernuum* L.

多年生草本。生于海拔 364m 的路边荒地及山坡、沟边等处。产于大洋、邵家渡。

金挖耳 *Carpesium divaricatum* Sieb. et Zucc.

多年生草本。生于海拔 42～446m 的路旁及山坡灌丛中。产于古城、大洋、江南、大田、邵家渡、东塍、小芝、上盘、尤溪、河头、沿江、括苍、永丰、汛溪、白水洋。

石胡荽属 *Centipeda* Lour.

石胡荽 *Centipeda minima* (L.) A. Braun et Asch.

一年生草本。生于海拔 5～314m 的路旁、田间阴湿地。产于古城、大田、邵家渡、汛桥、涌泉、括苍、永丰、白水洋。

沙苦荬属 *Chorisis* DC.

沙苦荬菜 *Chorisis repens* (L.) DC.

多年生草本。生于海边沙地。产于桃渚。

茼蒿属 *Chrysanthemum* L.

茼蒿 *Chrysanthemum coronarium* L.

一年生草本。各地广泛栽培。

南茼蒿 *Chrysanthemum segetum* L.

一年生草本。白水洋有栽培。

菊苣属 *Cichorium* L.

菊苣 *Cichorium intybus* L.

多年生草本。城区有栽培。

蓟属 *Cirsium* Mill. emend. Scop.

白花大蓟 *Cirsium japonicum* DC. f. *albiflora* G. Y. Li et D. D. Ma

多年生草本。江南有栽培。

蓟 *Cirsium japonicum* Fisch. ex DC.

多年生草本。生于海拔 7～297m 的山坡林中、林缘、灌丛、草地、荒地、田间、路旁或溪旁。产于江南、大田、邵家渡、汛桥、上盘、涌泉、括苍、汛溪。

线叶蓟 *Cirsium lineare* (Thunb.) Sch. -Bip.

多年生草本。生于山坡或路旁。产于上盘、括苍。

野蓟 *Cirsium maackii* Maxim.

多年生草本。生于山坡草地、林缘。产于江南、尤溪、括苍。

刺儿菜 *Cirsium setosum* (Willd.) Bess. ex M. Bieb.

多年生草本。生于海拔 4～10m 的山坡、河旁或荒地、田间。产于桃渚、上盘、涌泉、括苍。

白酒草属 *Conyza* Less.

香丝草 *Conyza bonariensis* (L.) Cronq.

一年生草本。生于海拔 79 ~ 245m 的荒地、田边、路旁。产于大田、邵家渡、汛桥、桃渚、上盘、沿江、括苍、白水洋。

小蓬草 *Conyza canadensis* (L.) Cronq.

一年生草本。生于海拔 4 ~ 411m 的荒地、田边和路旁。产于古城、大洋、江南、大田、邵家渡、汛桥、东塍、桃渚、上盘、杜桥、涌泉、河头、沿江、括苍、永丰、汇溪。

光茎飞蓬 *Conyza canadensis* (L.) Cronq. var. *pusillus* (Nutt.) Cronq.

一年生草本。生于荒地、田边和路旁。产于江南。

白酒草 *Conyza japonica* (Thunb.) Less.

一年生草本。生于海拔 83 ~ 264m 的山谷田边、山坡草地或林缘。产于江南、邵家渡、尤溪、汇溪、白水洋。

苏门白酒草 *Conyza sumatrensis* (Retz.) Walker

一年生草本。生于海拔 0 ~ 411m 的山坡草地、荒地、路旁。产于古城、大洋、江南、大田、邵家渡、汛桥、小芝、桃渚、上盘、杜桥、涌泉、尤溪、河头、沿江、永丰、汇溪、白水洋。

金鸡菊属 *Coreopsis* L.

大花金鸡菊 *Coreopsis grandiflora* Hogg ex Sweet

多年生草本。各地广泛栽培。

两色金鸡菊 *Coreopsis tinctoria* Nutt.

一年生草本。各地广泛栽培。

秋英属 *Cosmos* Cav.

秋英 *Cosmos bipinnatus* Cav.

一年生草本。各地广泛栽培。

黄秋英 *Cosmos sulphureus* Cav.

一年生草本。各地广泛栽培。

野茼蒿属 *Crassocephalum* Moench

野茼蒿 *Crassocephalum crepidioides* (Benth.) S. Moore

一年生草本。生于海拔 0 ~ 512m 的山坡草地、荒地、路旁。产于古城、大洋、江南、大田、邵家渡、汛桥、东塍、小芝、上盘、杜桥、涌泉、尤溪、河头、沿江、括苍、永丰、汇溪、白水洋。

假还阳参属 *Crepidiastrum* Nakai

假还阳参 *Crepidiastrum lanceolatum* (Houtt.) Nakai

多年生草本。生于海拔低的滨海山坡。产于桃渚、上盘。

芙蓉菊属 *Crossostephium* Less.

芙蓉菊 *Crossostephium chinense* (L.) Makino

常绿灌木。生于滨海石壁上。产于上盘。

大丽花属 *Dahlia* Cav.

大丽花 *Dahlia pinnata* Cav.

多年生草本。各地广泛栽培。

菊属 *Dendranthema* (DC.) Des Moul.

野菊 *Dendranthema indicum* (L.) Des Moul.

多年生草本。生于海拔 4 ~ 411m 的山坡草地、灌丛、田边及路旁。产于古城、大洋、江南、大田、邵家渡、汛桥、桃渚、上盘、杜桥、涌泉、河头、沿江、括苍、汇溪、白水洋。

甘菊 *Dendranthema lavandulifolium* (Fisch. ex Trautv.) Ling et Shih

多年生草本。生于海拔 51 ~ 152m 的山坡草地、灌丛、田边及路旁。产于大洋、小芝、上盘、杜桥、括苍、永丰。

菊花 *Dendranthema morifolium*（Ramat.）Tzvel.

多年生草本。各地广泛栽培。

鱼眼草属 *Dichrocephala* DC.

鱼眼草 *Dichrocephala auriculata*（Thunb.）Druce

一年生草本。生于海拔114～212m的山坡、林下、田边、荒地或沟边。产于江南、白水洋。

东风菜属 *Doellingeria* Nees

东风菜 *Doellingeria scabra*（Thunb.）Nees

多年生草本。生于海拔121～168m的山谷坡地、草地和灌丛中。产于江南、邵家渡、括苍、白水洋。

松果菊属 *Echinacea* Moench

松果菊 *Echinacea purpurea* Moench

一年生草本。城区有栽培。

鳢肠属 *Eclipta* L.

鳢肠 *Eclipta prostrata*（L.）L.

一年生草本。生于海拔0～364m的河边、田边或路旁。产于古城、大洋、江南、大田、邵家渡、汛桥、东塍、小芝、桃渚、上盘、杜桥、涌泉、括苍、永丰、白水洋。

地胆草属 *Elephantopus* L.

地胆草 *Elephantopus scaber* L.

一年生草本。生于海拔137m的山坡、路旁、或山谷林缘。产于大洋、江南。

一点红属 *Emilia* Cass.

小一点红 *Emilia prenanthoidea* DC.

一年生草本。生于山坡路旁、林缘。产于江南。

一点红 *Emilia sonchifolia*（L.）DC.

一年生草本。生于海拔0～487m的山坡荒地、田埂、路旁。产于古城、大洋、江南、大田、邵家渡、汛桥、东塍、小芝、桃渚、上盘、杜桥、涌泉、尤溪、河头、沿江、括苍、永丰、白水洋。

菊芹属 *Erechtites* Rafin

梁子菜 *Erechtites hieraciifolius*（L.）Raf. ex DC.

一年生草本。生于山坡、林下、灌丛中。

飞蓬属 *Erigeron* L.

一年蓬 *Erigeron annuus*（L.）Pers.

二年生草本。生于海拔0～353m的路边、荒地、田边或山坡林缘。产于古城、大洋、江南、大田、邵家渡、小芝、桃渚、上盘、涌泉、尤溪、河头、沿江、括苍、永丰、汇溪、白水洋。

费城飞蓬 *Erigeron philadelphicus* L.

一年生草本。生于海拔5～59m的路边、草地、林缘。产于邵家渡、永丰。

泽兰属 *Eupatorium* L.

多须公 *Eupatorium chinense* L.

多年生草本。生于海拔4～411m的山谷、山坡林缘、林下、灌丛或山坡草地。产于古城、大洋、江南、大田、邵家渡、汛桥、杜桥、涌泉、白水洋。

佩兰 *Eupatorium fortunei* Turcz.

多年生草本。大田、汛桥、括苍等地有栽培。

白头婆 *Eupatorium japonicum* Thunb.

多年生草本。生于海拔43～411m的山谷、山坡林缘、林下、灌丛或山坡草地。产于大洋、大田、邵家渡、东塍、桃渚、上盘、杜桥、尤溪、括苍、汇溪、白水洋。

三裂叶白头婆 *Eupatorium japonicum* Thunb. var. *tripartitum* Makino

多年生草本。生于海拔 29 ~ 165m 的山谷、山坡林缘、林下、灌丛或山坡草地。产于上盘、河头、括苍、白水洋。

林泽兰 *Eupatorium lindleyanum* DC.

多年生草本。生于山谷、林下阴湿处。产于括苍。

南非菊属 *Euryops* (Cass.) Cass.

黄金菊 *Euryops pectinatus* (L.) Cass.

多年生草本。城区有栽培。

大吴风草属 *Farfugium* Lindl.

大吴风草 *Farfugium japonicum* (L.) Kitam.

多年生草本。生于海拔 13 ~ 75m 的滨海山坡、田边。产于桃渚、上盘、杜桥、河头。

天人菊属 *Gaillardia* Foug.

天人菊 *Gaillardia pulchella* Foug.

一年生草本。各地广泛栽培。

牛膝菊属 *Galinsoga* Ruiz et Pav.

粗毛牛膝菊 *Galinsoga quadriradiata* Ruiz et Pav.

一年生草本。生于海拔 29 ~ 353m 的田边、路旁。产于古城、江南、大田、汛桥、桃渚、尤溪、河头、沿江、括苍、永丰、白水洋。

大丁草属 *Gerbera* Cass.

大丁草 *Gerbera anandria* (L.) Sch. -Bip. [*Leibnitzia anandria* (L.) Nakai]

多年生草本。生于林缘、荒坡、沟边或风化的岩石上。产于邵家渡、桃渚、上盘。

毛大丁草 *Gerbera piloselloides* (L.) Cass.

多年生草本。生于林缘、荒坡、沟边或风化的岩石上。《浙江植物志》记载临海有分布。

鼠麴草属 *Gnaphalium* L.

宽叶鼠麴草 *Gnaphalium adnatum* (Wall. ex DC.) Kitam.

多年生草本。生于山坡、路旁、灌丛或草地。产于括苍山。

鼠麴草 *Gnaphalium affine* D. Don

二年生草本。生于海拔 3 ~ 314m 的山坡林缘、路旁、田边。产于古城、大洋、江南、大田、邵家渡、汛桥、小芝、桃渚、上盘、杜桥、涌泉、尤溪、河头、沿江、括苍、永丰、白水洋。

秋鼠麴草 *Gnaphalium hypoleucum* DC.

一年生草本。生于海拔 6 ~ 314m 的山坡林缘、路旁、田边。产于大田、汛桥、小芝、杜桥、涌泉、尤溪、白水洋。

细叶鼠麴草 *Gnaphalium japonicum* Thunb.

多年生草本。生于海拔 4 ~ 1089m 的山坡林缘、路旁、田边。产于大洋、邵家渡、上盘、涌泉、白水洋。

匙叶鼠麴草 *Gnaphalium pensylvanicum* Willd.

一年生草本。生于海拔 0 ~ 314m 的山坡林缘、路旁、田边。产于古城、大洋、江南、大田、邵家渡、汛桥、小芝、杜桥、涌泉、河头、沿江、括苍、永丰、汇溪、白水洋。

多茎鼠麴草 *Gnaphalium polycaulon* Pers.

一年生草本。生于海拔 0 ~ 152m 的山坡林缘、路旁、田边。产于江南、大田、小芝、上盘、杜桥、涌泉、沿江、括苍、白水洋。

菊三七属 *Gynura* Cass. nom. cons.

红凤菜 *Gynura bicolor* (Roxb. ex Willd.) DC.

多年生草本。大洋、江南、大田、涌泉、沿江、白水洋等地有栽培。

白子菜 *Gynura divaricata* (L.) DC.

多年生草本。河头、白水洋等地有栽培。

菊三七 *Gynura japonica* (Thunb.) Juel［*Gynura segetum* (Lour.) Merr.］

多年生草本。各地广泛栽培。

向日葵属 *Helianthus* L.

向日葵 *Helianthus annuus* L.

一年生草本。汇溪有栽培。

菊芋 *Helianthus tuberosus* L.

多年生草本。各地广泛栽培或逸为野生。

泥胡菜属 *Hemistepta* Bunge

泥胡菜 *Hemistepta lyrata* (Bunge) Bunge

一年生草本。生于海拔 0 ~ 340m 的林缘、林下、草地、荒地、田间、河边、路旁。产于古城、大洋、江南、大田、邵家渡、汛桥、小芝、桃渚、上盘、杜桥、涌泉、河头、括苍、永丰、白水洋。

狗娃花属 *Heteropappus* Less.

普陀狗娃花 *Heteropappus arenarius* Kitam.

多年生草本。生于海拔 0 ~ 45m 的海边沙地。产于桃渚、上盘。

猫儿菊属 *Hypochaeris* L.

欧洲猫儿菊 *Hypochaeris radicata* L.

多年生草本。逸生于城区绿化带。

旋覆花属 *Inula* L.

旋覆花 *Inula japonica* Thunb.

多年生草本。生于海拔 6 ~ 7m 的山坡路旁、河岸。产于汛桥、涌泉。

线叶旋覆花 *Inula lineariifolia* Turcz.

多年生草本。生于山坡路旁、河岸。产于全市各地。

小苦荬属 *Ixeridium* (A. Gray) Tzvel.

小苦荬 *Ixeridium dentatum* (Thunb.) Tzvel.

多年生草本。生于海拔 5 ~ 142m 的山坡、山坡林下或田边。产于江南、邵家渡、涌泉、河头、括苍。

褐冠小苦荬 *Ixeridium laevigatum* (Blume) C. Shih

多年生草本。生于海拔 51 ~ 388m 的山坡林缘、林下或草丛中。产于古城、大洋、江南、大田、邵家渡、东塍、上盘、涌泉、河头、沿江、永丰、白水洋。

抱茎小苦荬 *Ixeridium sonchifolium* (Maxim.) Shih

多年生草本。生于海拔 27m 的山坡或路旁、林下、河滩地、岩石上。产于邵家渡、河头。

苦荬菜属 *Ixeris* Cass.

剪刀股 *Ixeris japonica* (Burm. f.) Nakai［*I. debelis* (Thunb.) A. Gray］

多年生草本。生于海拔 4 ~ 411m 的路边潮湿地及田边。产于邵家渡、汛桥、涌泉、括苍、永丰。

苦荬菜 *Ixeris polycephala* Cass.

二年生草本。生于海拔 41 ~ 195m 的山坡林缘、灌丛、草地、田野路旁。产于江南、邵家渡、河头、括苍、白水洋。

马兰属 *Kalimeris* Cass.

马兰 *Kalimeris indica* (L.) Sch. -Bip.

多年生草本。生于海拔 4 ~ 422m 的林缘、路旁。产于古城、大洋、江南、大田、邵家渡、东塍、桃渚、上盘、杜桥、涌泉、尤溪、河头、沿江、括苍、汇溪、白水洋。

多型马兰 *Kalimeris indica* (L.) Sch. -Bip. var. *polymorpha* (Vant.) Kitam.

多年生草本。生于海拔 0 ~ 82m 的林缘、路旁。产于邵家渡、上盘。

毡毛马兰 *Kalimeris shimadai* (Kitam.) Kitam.

多年生草本。生于林缘、草坡、溪岸。产地不明。

莴苣属 *Lactuca* L.

莴苣 *Lactuca sativa* L.

一年生草本。各地广泛栽培。

生菜 *Lactuca sativa* L. var. *ramosa* Hort.

一年生草本。各地广泛栽培。

野莴苣 *Lactuca seriola* Torner

一年生草本。生于海拔 8m 的荒地、路旁、河滩及草地。产于上盘。

六棱菊属 *Laggera* Sch. -Bip. ex Hochst.

六棱菊 *Laggera alata* (D. Don) Sch. -Bip. ex Oliv.

多年生草本。生于海拔 171m 的路旁。产于汇溪。

稻槎菜属 *Lapsana* L.

稻槎菜 *Lapsana apogonoides* Maxim.

一年生草本。生于海拔 29 ~ 309m 的田野、荒地及路边。产于古城、江南、大田、邵家渡、涌泉、河头、沿江。

橐吾属 *Ligularia* Cass.

蹄叶橐吾 *Ligularia fischeri* (Ledeb.) Turcz.

多年生草本。生于海拔 991m 的水边、山坡、灌丛、林缘及林下。产于括苍、白水洋。

大头橐吾 *Ligularia japonica* (Thunb.) Less.

多年生草本。生于水边、山坡草地及林下。产于括苍。

窄头橐吾 *Ligularia stenocephala* (Maxim.) Matsum. et Koidz.

多年生草本。生于山坡、水边、林中。产于括苍山。

黄瓜菜属 *Paraixeris* Nakai

黄瓜菜 *Paraixeris denticulata* (Houtt.) Nakai [*Ixeris denticulata* (Houtt.) Stebb.]

一年生草本。生于海拔 51 ~ 411m 的山坡林缘、林下、田边、路旁。产于大洋、江南、大田、邵家渡、汛桥、小芝、上盘、杜桥、涌泉、尤溪、河头、沿江、括苍、汇溪、白水洋。

假福王草属 *Paraprenanthes* Chang ex Shih

假福王草 *Paraprenanthes sororia* (Miq.) Shih

多年生草本。生于海拔 115 ~ 503m 的山坡、山谷灌丛、林下。产于大洋、江南、邵家渡、汛桥、杜桥、尤溪、括苍、白水洋。

蟹甲草属 *Parasenecio* W. W. Smith et J. Small

黄山蟹甲草 *Parasenecio hwangshanicus* (Ling) Y. L. Chen

多年生草本。生于海拔 764m 的山顶或山坡阴湿处。产于括苍。

矢镞叶蟹甲草 *Parasenecio rubescens* (S. Moore) Y. L. Chen

多年生草本。生于林下或林缘灌丛中。产于括苍。

瓜叶菊属 *Pericallis* D. Don

瓜叶菊 *Pericallis hybrida* (Regel) B. Nord.

二年生草本。各地零星栽培。

帚菊属 *Pertya* Sch. -Bip.

心叶帚菊 *Pertya cordifolia* Mattf.

多年生草本。生于山地林缘或灌丛中。产于括苍山。

长花帚菊 *Pertya glabrescens* Sch. -Bip.

落叶灌木。生于海拔 221m 的林缘。产于江南。

蜂斗菜属 *Petasites* Mill.

蜂斗菜 *Petasites japonicus* (Sieb. et Zucc.) Maxim.

多年生草本。生于海拔 41m 的溪流

边、草地或灌丛中。产于河头。

翅果菊属 *Pterocypsela* Shih

高大翅果菊 *Pterocypsela elata* (Hemsl.) Shih

一年生草本。生于海拔 126～151m 的林缘、林下、灌丛或路边。产于江南、邵家渡、括苍、汇溪。

台湾翅果菊 *Pterocypsela formosana* (Maxim.) Shih

一年生草本。生于海拔 13～198m 的山坡林缘及田间、路旁。产于江南、桃渚、上盘、涌泉、汇溪、白水洋。

翅果菊 *Pterocypsela indica* (L.) Shih

二年生草本。生于海拔 0～355m 的山坡林缘及林下、灌丛或沟边、田间。产于古城、大洋、江南、大田、邵家渡、汛桥、东塍、小芝、桃渚、杜桥、涌泉、尤溪、河头、沿江、括苍、永丰、汇溪、白水洋。

多裂翅果菊 *Pterocypsela laciniata* (Houtt.) Shih

二年生草本。生于山坡林缘及林下、灌丛或沟边、田间。产于桃渚。

金光菊属 *Rudbeckia* L.

黑心金光菊 *Rudbeckia hirta* L.

多年生草本。城区有栽培。

风毛菊属 *Saussurea* DC.

庐山风毛菊 *Saussurea bullockii* Dunn

多年生草本。生于海拔 923m 的山坡草地、林下及山谷溪边。产于白水洋。

心叶风毛菊 *Saussurea cordifolia* Hemsl.

多年生草本。生于林缘、山谷、山坡、灌丛中。产于括苍山。

三角叶风毛菊 *Saussurea deltoidea* (DC.) Sch. -Bip.

二年生草本。生于海拔 243m 的山坡、

草地、林下、灌丛、荒地。产于江南、括苍。

黄山风毛菊 *Saussurea hwangshanensis* Ling

多年生草本。生于林下、沟边及草地。产于尤溪、江南、括苍。

千里光属 *Senecio* L.

银叶菊 *Senecio cineraria* DC.

多年生草本。城区有栽培。

千里光 *Senecio scandens* Buch. -Ham.

草质藤本。生于海拔 4～446m 的林缘、灌丛或溪边。产于古城、大洋、江南、大田、邵家渡、汛桥、东塍、小芝、杜桥、涌泉、尤溪、河头、括苍、汇溪、白水洋。

豨莶属 *Siegesbeckia* L.

毛梗豨莶 *Siegesbeckia glabrescens* (Makino) Makino

一年生草本。生于海拔 10～386m 的路边、荒地和山坡灌丛中。产于古城、大洋、大田、邵家渡、汛桥、东塍、涌泉、河头、括苍、永丰、汇溪、白水洋。

豨莶 *Siegesbeckia orientalis* L.

一年生草本。生于海拔 13～446m 的荒地、灌丛、田边、林缘及林下。产于江南、上盘、白水洋。

腺梗豨莶 *Siegesbeckia pubescens* Makino

一年生草本。生于荒地、灌丛、田边、林缘及林下。产于邵家渡、括苍。

无腺腺梗豨莶 *Siegesbeckia pubescens* Makino f. *eglandulosa* Ling et Hwang

一年生草本。生于荒地、灌丛、田边、林缘及林下。产于全市各地。

蒲儿根属 *Sinosenecio* B. Nord.

蒲儿根 *Sinosenecio oldhamianus* (Maxim.) B. Nord.

一年生草本。生于海拔 4～425m 的

林缘、溪边、路旁及草坡、田边。产于大洋、江南、大田、邵家渡、东塍、涌泉、尤溪、河头、括苍、汇溪、白水洋。

包果菊属 *Smallanthus* Mack.

菊薯 *Smallanthus sonchifolius* (Poeppig et Endlicher) H. Robinson

多年生草本。各地零星栽培。

一枝黄花属 *Solidago* L.

加拿大一枝黄花 *Solidago canadensis* L.

多年生草本。生于海拔 0 ~ 314m 的荒地。产于古城、大洋、江南、大田、邵家渡、汛桥、小芝、上盘、杜桥、涌泉、河头、沿江、汇溪、白水洋。

一枝黄花 *Solidago decurrens* Lour.

多年生草本。生于海拔 37 ~ 1089m 的林缘、林下、灌丛及山坡草地。产于大田、上盘、括苍、白水洋。

裸柱菊属 *Soliva* Ruiz et Pavon.

裸柱菊 *Soliva anthemifolia* (Juss.) R. Br.

一年生草本。生于海拔 6 ~ 277m 的荒地、田间。产于古城、江南、大田、汛桥、小芝、杜桥、涌泉、尤溪、河头、沿江、白水洋。

苦苣菜属 *Sonchus* L.

苣荬菜 *Sonchus arvensis* L.

多年生草本。生于路旁、林缘、田边。产于大洋。

花叶滇苦菜 *Sonchus asper* (L.) Hill

一年生草本。生于海拔 1 ~ 866m 的路旁、林缘、田边。产于古城、大洋、大田、邵家渡、小芝、杜桥、涌泉、河头、永丰、汇溪、白水洋。

长裂苦苣菜 *Sonchus brachyotus* DC.

一年生草本。生于路旁、林缘、田边。产于涌泉。

苦苣菜 *Sonchus oleraceus* L.

一年生草本。生于海拔 1 ~ 357m 的路旁、林缘、田边。产于古城、大田、邵家渡、小芝、桃渚、上盘、杜桥、涌泉、河头、沿江、括苍、白水洋。

兔儿伞属 *Syneilesis* Maxim.

南方兔儿伞 *Syneilesis australis* Ling〔*S. aconitifolia* (Bunge) Maxim.〕

多年生草本。生于海拔 159 ~ 1029m 的林缘、林下。产于江南、邵家渡、括苍、白水洋。

山牛蒡属 *Synurus* Iljin

山牛蒡 *Synurus deltoides* (Ait.) Nakai

多年生草本。生于海拔 920m 的林下。产于白水洋。

万寿菊属 *Tagetes* L.

万寿菊 *Tagetes erecta* L.

一年生草本。各地广泛栽培。

蒲公英属 *Taraxacum* F. H. Wigg.

蒲公英 *Taraxacum mongolicum* Hand.-Mazz.

多年生草本。生于海拔 22 ~ 68m 的山坡草地、路边、田野、河滩。产于古城、大田、邵家渡、桃渚、上盘、杜桥、括苍、白水洋。

药用蒲公英 *Taraxacum officinale* F. H. Wigg.

多年生草本。生于田间、路边。产于括苍。

狗舌草属 *Tephroseris* (Reichenb.) Reichenb.

狗舌草 *Tephroseris kirilowii* (Turcz. ex DC.) Holub

多年生草本。生于山坡草地。产于邵

家渡。

碱菀属 *Tripolium* Nees

碱菀 *Tripolium vulgare* Nees

一年生草本。生于海拔 6～10m 的海岸沙地。产于涌泉、上盘。

斑鸠菊属 *Vernonia* Schreb.

夜香牛 *Vernonia cinerea* (L.) Less.

一年生草本。生于海拔 5～365m 的山坡、荒地、田边、路旁。产于古城、大洋、大田、汛桥、东塍、小芝、杜桥、涌泉、尤溪、括苍、白水洋。

苍耳属 *Xanthium* L.

苍耳 *Xanthium sibiricum* Patrin ex Widder

一年生草本。生于海拔 0～411m 的平原、路边、田边。产于古城、大洋、大田、邵家渡、汛桥、小芝、桃渚、上盘、杜桥、涌泉、河头、汇溪、白水洋。

黄鹌菜属 *Youngia* Cass.

红果黄鹌菜 *Youngia erythrocarpa* (Vaniot) Babcock et Stebbins

一年生草本。生于平原、路边、田边。产于古城、大田。

黄鹌菜 *Youngia japonica* (L.) DC.

一年生草本。生于海拔 4～364m 的平原、路边、田边。产于古城、大洋、江南、大田、邵家渡、汛桥、桃渚、上盘、杜桥、涌泉、尤溪、括苍、永丰、汇溪、白水洋。

卵裂黄鹌菜 *Youngia pseudosenecio* (Vaniot) Shih

一年生草本。生于海拔 0～355m 的平原、路边、田边。产于古城、大洋、江南、大田、邵家渡、汛桥、小芝、杜桥、涌泉、河头、汇溪、白水洋。

多裂黄鹌菜 *Youngia rosthornii* (Diels) Babcock et Stebbins

一年生草本。生于海拔 41m 的平原、路边、田边。产于河头。

百日菊属 *Zinnia* L.

百日菊 *Zinnia elegans* Jacq.

一年生草本。各地广泛栽培。

(一百三十五)香蒲科 **Typhaceae**

香蒲属 *Typha* L.

水烛 *Typha angustifolia* L.

多年生沼生草本。生于海拔 1～105m 的湖泊、河流、池塘浅水处。产于大田、小芝、上盘、杜桥、沿江、白水洋。

香蒲 *Typha orientalis* C. Presl

多年生草本。生于海拔 174m 的湖泊、池塘、沟渠、沼泽及河流缓流带。产于括苍。

(一百三十六)眼子菜科 **Potamogetonaceae**

眼子菜属 *Potamogeton* L.

菹草 *Potamogeton crispus* L.

多年生沉水草本。生于池塘、水沟、水稻田、灌渠及缓流河水中。产于全市各地。

鸡冠眼子菜 *Potamogeton cristatus* Regel et Maack

多年生沉水草本。生于池塘及水稻田中。产于沿江。

眼子菜 *Potamogeton distinctus* A. Benn.

多年生沉水草本。生于池塘、水田和水沟等水流缓慢处。产于大洋。

微齿眼子菜 *Potamogeton maackianus* A. Benn.

多年生沉水草本。生于湖泊、池塘。产于邵家渡、白水洋。

竹叶眼子菜 *Potamogeton malaianus* Miq.

多年生沉水草本。生于灌渠、池塘、河

流等静、流水体。产于尤溪、邵家渡。

钝脊眼子菜 *Potamogeton octandrus* Poir. var. *minduhikimo*（Makino）Hara

多年生沉水草本。生于海拔 9～67m 的灌渠、池塘、河流等静、流水体。产于小芝、杜桥。

尖叶眼子菜 *Potamogeton oxyphyllus* Miq.

多年生沉水草本。生于海拔 48～67m 的灌渠、池塘、河流等静、流水体。产于小芝、白水洋。

小眼子菜 *Potamogeton pusillus* L.

多年生沉水草本。生于灌渠、池塘、河流等静、流水体。产于杜桥、小芝。

（一百三十七）茨藻科 Najadaceae

茨藻属 *Najas* L.

纤细茨藻 *Najas gracillima*（A. Braun ex Engelm.）Magnus

多年生沉水草本。生于稻田、水沟和池塘的浅水处。产于小芝。

草茨藻 *Najas graminea* Delile

多年生沉水草本。生于稻田、水沟和池塘的浅水处。产于尤溪。

角果藻属 *Zannichellia* L.

角果藻 *Zannichellia palustris* L.

多年生沉水草本。生于稻田、水沟和池塘的浅水处。产地不明。

（一百三十八）泽泻科 Alismataceae

泽泻属 *Alisma* L.

窄叶泽泻 *Alisma canaliculatum* A. Braun et Bouché

多年生沉水草本。生于海拔 32m 的湖边、溪流、水塘、沼泽及积水湿地。产于大洋。

慈姑属 *Sagittaria* L.

矮慈姑 *Sagittaria pygmaea* Miq.

一年生草本。生于海拔 63m 的沼泽、水田、沟溪浅水处。产于汇溪。

野慈姑 *Sagittaria trifolia* L.

多年生草本。生于湖泊、池塘、沼泽、沟渠、水田等。产于尤溪、汛桥。

慈姑 *Sagittaria trifolia* L. var. *sinensis*（Sims.）Makino

多年生草本。栽培。

（一百三十九）水鳖科 Hydrocharitaceae

水筛属 *Blyxa* Thou. ex Rich.

无尾水筛 *Blyxa aubertii* Rich.

一年生草本。生于海拔 142m 的水田及水沟中。产于杜桥。

有尾水筛 *Blyxa echinosperma*（C. B. Clarke）Hook. f.

一年生草本。生于水田、沟渠中。产于邵家渡。

黑藻属 *Hydrilla* Rich.

黑藻 *Hydrilla verticillata*（L. f.）Royle

多年生草本。生于海拔 21～67m 的淡水中。产于古城、小芝、白水洋。

水鳖属 *Hydrocharis* L.

水鳖 *Hydrocharis dubia*（Bl.）Backer

多年生草本。生于静水池塘中。产于邵家渡。

水车前属 *Ottelia* Pers.

龙舌草 *Ottelia alismoides*（L.）Pers.

多年生草本。生于海拔 8m 的湖泊、沟渠、水塘、水田以及积水洼地。产于杜桥。

苦草属 *Vallisneria* L.

密刺苦草 *Vallisneria denseserrulata* (Makino) Makino

多年生草本。生于溪沟和湖泊中。产于杜桥、小芝。

苦草 *Vallisneria natans* (Lour.) H. Hara

多年生草本。生于海拔 11m 的溪沟、河流、池塘、湖泊中。产于杜桥。

(一百四十) 霉草科 Triuridaceae

喜荫草属 *Sciaphila* Bl.

大柱霉草 *Sciaphila megastyla* Fukuyama et Suzuki

腐生草本。生于毛竹林下。产于古城。

多枝霉草 *Sciaphila ramosa* Fukuyama et Suzuki

腐生草本。生于毛竹林下。产于古城。

(一百四十一) 禾本科 Gramineae

簕竹属 *Bambusa* Retz. corr. Schreber

孝顺竹 *Bambusa multiplex* (Lour.) Raeuschel ex J. A. et J. H. Schult. [*B. glaucescens* (Will.) Sieb. ex Munro]

常绿灌木。邵家渡、上盘有栽培。

观音竹 *Bambusa multiplex* (Lour.) Raeuschel ex J. A. et J. H. Schult. var. *riviereorum* R. Maire[*B. glaucescens* (Will.) Sieb. ex Munro var. *riviereorum* (R. Maire) Chia et H. L. Fung]

常绿灌木。城区有栽培。

青皮竹 *Bambusa textilis* McClure

常绿灌木。桃渚、上盘有栽培。

短穗竹属 *Brachystachyum* Keng

短穗竹 *Brachystachyum densiflorum* (Rendle) Keng [*Semiarundinaria densiflora* (Rendle) Wen]

常绿灌木。生于山坡路边。产于古

城、江南。

箬竹属 *Indocalamus* Nakai

阔叶箬竹 *Indocalamus latifolius* (Keng) McClure

常绿灌木。生于海拔 69～448m 的山坡、山谷林下。产于古城、大洋、江南、大田、邵家渡、汛桥、涌泉、尤溪、括苍、白水洋。

半耳箬竹 *Indocalamus longiauritus* Hand.-Mazz. var. *semifalcatus* H. R. Zhao

常绿灌木。生于山坡和路旁。《台州乡土树种识别与应用》记载有分布。

箬竹 *Indocalamus tessellatus* (Munro) Keng f.

常绿灌木。生于海拔 297m 的山坡路旁。产于邵家渡、小芝、涌泉。

少穗竹属 *Oligostachyum* Z. P. Wang et G. H. Ye

四季竹 *Oligostachyum lubricum* (Wen) Keng f.

常绿灌木。生于山坡林缘。产于上盘。

刚竹属 *Phyllostachys* Sieb. et Zucc.

金镶玉竹 *Phyllostachys aureosuleata* McClure 'Spectabilis'

常绿灌木。栽培。

白哺鸡竹 *Phyllostachys dulcis* McClure

常绿灌木。栽培。

毛竹 *Phyllostachys edulis* (Carrière) J. Houz. [*P. pubescens* Mazel ex H. de Lehaie]

常绿乔木。生于海拔 4～918m 的山坡。产于古城、大洋、江南、大田、邵家渡、汛桥、东塍、小芝、杜桥、涌泉、尤溪、河头、沿江、括苍、永丰、汇溪、白水洋。

淡竹 *Phyllostachys glauca* McClure

常绿灌木。生于海拔 196m 的山坡林

下、路旁。产于白水洋。

水竹 *Phyllostachys heteroclada* Oliver

常绿灌木。生于海拔 4 ~ 355m 的山坡林缘、沟边路旁。产于古城、大洋、大田、邵家渡、汛桥、小芝、上盘、杜桥、涌泉、沿江、括苍、白水洋。

台湾桂竹 *Phyllostachys makinoi* Hayata

常绿灌木。生于海拔 64 ~ 69m 的山坡。产于江南、白水洋。

光箨篌竹 *Phyllostachys nidularia* Munro f. *glabrovagina* (McClure) Wen

常绿灌木。生于海拔 17m 的山坡林下。产于古城。

紫竹 *Phyllostachys nigra* (Lodd. ex Lindl.) Munro

常绿灌木。城区有栽培。

毛金竹 *Phyllostachys nigra* (Lodd. ex Lindl.) Munro var. *henonis* (Mitford) Stapf ex Rendle

常绿灌木。生于海拔 309m 的山坡林下。产于古城、涌泉。

早竹 *Phyllostachys praecox* C. D. Chu et C. S. Chao

常绿灌木。河头有栽培。

雷竹 *Phyllostachys praecox* C. D. Chu 'Prevernalis'

常绿灌木。江南、大田、白水洋等地有栽培。

高节竹 *Phyllostachys prominens* W. Y. Xiong

常绿乔木。生于海拔 32 ~ 37m 的山坡。产于大洋、大田。

早园竹 *Phyllostachys propinqua* McClure

常绿乔木。生于海拔 28 ~ 422m 的山坡。产于大田、尤溪、汇溪、白水洋。

漫竹 *Phyllostachys stimulosa* H. R. Zhao

常绿灌木。生于山坡。《台州乡土树

种识别与应用》记载有分布。

绿皮黄筋竹 *Phyllostachys sulphurea* (Carr.) A. et C. Riv. 'Houzeau'

常绿乔木。江南有栽培。

黄皮绿筋竹 *Phyllostachys sulphurea* (Carr.) A. et C. Riv. 'Robert'

常绿乔木。江南有栽培。

刚竹 *Phyllostachys sulphurea* (Carr.) A. 'Viridis' [*P. viridis* (Young) McClure]

常绿乔木。生于山坡或平地。产于古城、江南。

乌哺鸡竹 *Phyllostachys vivax* McClure

常绿乔木。栽培。

大明竹属 *Pleioblastus* Nakai

苦竹 *Pleioblastus amarus* (Keng) Keng f.

常绿灌木。生于海拔 14 ~ 411m 的山坡。产于古城、大田、邵家渡、小芝、桃渚、上盘、杜桥、涌泉、括苍、汇溪。

剪股颖属 *Agrostis* L.

剪股颖 *Agrostis matsumurae* Hack. ex Honda

多年生草本。生于海拔 1 ~ 183m 的草地、山坡林下、路边、田边、溪旁等。产于大洋、江南、邵家渡、小芝、涌泉、尤溪、沿江、括苍、永丰、白水洋。

看麦娘属 *Alopecurus* L.

看麦娘 *Alopecurus aequalis* Sobol.

一年生草本。生于海拔 1 ~ 411m 的田边。产于古城、江南、大田、邵家渡、汛桥、小芝、桃渚、杜桥、涌泉、河头、沿江、括苍、白水洋。

日本看麦娘 *Alopecurus japonicus* Steud.

一年生草本。生于海拔 40 ~ 123m 的田边。产于江南、邵家渡、河头。

荩草属 Arthraxon Beauv.

荩草 *Arthraxon hispidus* (Thunb.) Makino

一年生草本。生于海拔 4 ~ 213m 的山坡路旁、田边、荒地。产于古城、大洋、江南、大田、邵家渡、桃渚、上盘、杜桥、涌泉、河头、括苍、永丰、白水洋。

野古草属 Arundinella Raddi

毛节野古草 *Arundinella barbinodis* Keng ex B. S. Sun et Z. H. Hu

多年生草本。生于海拔 28 ~ 107m 的山坡、路旁或灌丛中。产于东塍、尤溪、沿江。

野古草 *Arundinella hirta* (Thunb.) Tanaka

多年生草本。生于海拔 44 ~ 865m 的山坡、路旁或灌丛中。产于古城、大洋、汛桥、东塍、小芝、上盘、杜桥、涌泉、括苍、永丰、白水洋。

庐山野古草 *Arundinella hondana* (Koidz.) B. S. Sun et Z. H. Hu

多年生草本。生于海拔 127 ~ 512m 的山坡、路旁或灌丛中。产于古城、江南、杜桥、尤溪、河头、括苍、白水洋。

刺芒野古草 *Arundinella setosa* Trin.

多年生草本。生于山坡草地、灌丛、林下。产于江南、桃渚。

芦竹属 Arundo L.

芦竹 *Arundo donax* L.

多年生草本。生于海拔 10 ~ 43m 的河岸。产于大田、桃渚、涌泉、河头。

变叶芦竹 *Arundo donax* L. var. *versicolor* (Mill.) Stokes

多年生草本。古城有栽培。

燕麦属 Avena L.

野燕麦 *Avena fatua* L.

一年生草本。生于海拔 8 ~ 70m 的田间。产于邵家渡、桃渚、上盘、河头、白水洋。

菵草属 Beckmannia Host

菵草 *Beckmannia syzigachne* (Steud.) Fernald

一年生草本。生于海拔 1 ~ 105m 的沟边、田间。产于古城、大洋、邵家渡、汛桥、小芝、桃渚、杜桥、河头、沿江、括苍、白水洋。

臂形草属 Brachiaria Griseb.

毛臂形草 *Brachiaria villosa* (Lam.) A. Camus

一年生草本。生于海拔 4 ~ 162m 的田间和山坡草地。产于古城、大洋、杜桥、涌泉、永丰、汇溪、白水洋。

凌风草属 Briza L.

银鳞茅 *Briza minor* L.

一年生草本。生于草丛中。产于上盘。

雀麦属 Bromus L.

扁穗雀麦 *Bromus catharticus* Vahl

一年生草本。生于海拔 24 ~ 30m 的滨海路旁。产于江南、上盘、河头、白水洋。

雀麦 *Bromus japonicus* Thunb. ex Murray

一年生草本。生于海拔 0 ~ 39m 的山坡林缘、路旁、河漫滩湿地。产于上盘、河头、白水洋。

疏花雀麦 *Bromus remotiflorus* (Steud.) Ohwi

多年生草本。生于海拔 6 ~ 80m 的山坡林缘、路旁、河边草地。产于古城、河头、括苍。

拂子茅属 Calamagrostis Adans.

拂子茅 *Calamagrostis epigeios* (L.) Roth

多年生草本。生于海拔 100m 的田间、路旁、山坡阴湿处。产于邵家渡、上盘、括苍。

密花拂子茅 *Calamagrostis epigeios*（L.）Roth var. *densiflora* Griseb.

多年生草本。生于海拔21m的田间、路旁、山坡阴湿处。产于江南。

细柄草属 *Capillipedium* Stapf

硬秆子草 *Capillipedium assimile*（Steud.）A. Camus

多年生草本。生于河边、林缘。产于东塍。

细柄草 *Capillipedium parviflorum*（R. Br.）Stapf

多年生草本。生于海拔6～215m的山坡草地、河边、灌丛、路边。产于古城、大洋、大田、汛桥、东塍、小芝、桃渚、上盘、杜桥、涌泉、沿江、括苍、永丰、白水洋。

虎尾草属 *Chloris* Sw.

台湾虎尾草 *Chloris formosana*（Honda）Keng

一年生草本。生于海边沙地。产于大盘。

隐子草属 *Cleistogenes* Keng

朝阳隐子草 *Cleistogenes hackelii*（Honda）Honda

多年生草本。生于海拔0～151m的山坡林缘、路旁、林下。产于上盘、白水洋。

薏苡属 *Coix* L.

薏苡 *Coix lacryma-jobi* L.

多年生草本。生于海拔0～518m的水沟边、溪流边。产于大洋、大田、邵家渡、汛桥、小芝、桃渚、上盘、涌泉、尤溪、沿江、括苍、永丰、汇溪、白水洋。

蒲苇属 *Cortaderia* Stapf

蒲苇 *Cortaderia selloana*（Schult. et Schult. f.）Asch. et Graebn.

多年生草本。各地广泛栽培。

香茅属 *Cymbopogon* Spreng.

橘草 *Cymbopogon goeringii*（Steud.）A. Camus

多年生草本。生于海拔4～281m的山坡草地、林缘、石壁。产于古城、大洋、邵家渡、汛桥、东塍、小芝、桃渚、上盘、杜桥、涌泉、沿江、永丰、白水洋。

狗牙根属 *Cynodon* Rich.

狗牙根 *Cynodon dactylon*（L.）Pers.

多年生草本。生于海拔0～142m的路旁、荒地。产于古城、大洋、大田、邵家渡、汛桥、小芝、桃渚、上盘、杜桥、涌泉、河头、沿江、括苍、永丰、汇溪、白水洋。

双花狗牙根 *Cynodon dactylon*（L.）Pers. var. *biflorus* Merino

多年生草本。生于路旁、荒地。产地同狗牙根。

野青茅属 *Deyeuxia* Clarion

野青茅 *Deyeuxia arundinacea* P. Beauv.

多年生草本。生于海拔4～909m的山坡草地、林缘、灌丛、山谷溪旁、河滩草丛中。产于古城、大洋、江南、大田、邵家渡、汛桥、东塍、上盘、杜桥、涌泉、尤溪、河头、沿江、括苍、汇溪、白水洋。

北方野青茅 *Deyeuxia arundinacea* P. Beauv. var. *borealis*（Rendle）P. C. Kuo et S. L. Lu

多年生草本。生于山坡草地、林缘、灌丛、山谷溪旁、河滩草丛中。产于桃渚、上盘。

疏花野青茅 *Deyeuxia arundinacea* P. Beauv. var. *laxiflora*（Rendle）P. C. Kuo et S. L. Lu

多年生草本。生于山坡草地、林缘、灌丛、山谷溪旁、河滩草丛中。产于桃渚、上盘、括苍。

马唐属 *Digitaria* Hall.

毛马唐 *Digitaria chrysoblephara* Fig. et De Not.

一年生草本。生于海拔63m的路旁。产于括苍、汇溪。

升马唐 *Digitaria ciliaris* (Retz.) Koeler

一年生草本。生于海拔0~487m的路旁。产于古城、大洋、江南、大田、邵家渡、汛桥、东塍、小芝、桃渚、上盘、杜桥、涌泉、尤溪、河头、沿江、括苍、永丰、汇溪、白水洋。

止血马唐 *Digitaria ischaemum* (Schreb.) Muhl.

一年生草本。生于海拔63m的田间、路旁。产于汇溪。

红尾翎 *Digitaria radicosa* (J. Presl) Miq.

一年生草本。生于海拔5~194m的田间、路旁。产于古城、大洋、江南、汛桥、杜桥、涌泉、汇溪、白水洋。

紫马唐 *Digitaria violascens* Link

一年生草本。生于海拔116m的山坡草地、路边。产于邵家渡。

䅟茅属 *Dimeria* R. Br.

具脊䅟茅 *Dimeria ornithopoda* Trin. subsp. *subrobusta* (Hack.) S. L. Chen et G. Y. Sheng

一年生草本。生于海拔355m的路边、林间草地、岩石缝的较阴湿处。产于汛桥、杜桥。

油芒属 *Eccoilopus* Steud.

油芒 *Eccoilopus cotulifer* (Thunb.) A. Camus

多年生草本。生于海拔56~386m的山坡、山谷和路旁。产于古城、大田、杜桥、涌泉、括苍。

稗属 *Echinochloa* Beauv.

长芒稗 *Echinochloa caudata* Roshev. [*E. crusgalli* (L.) Beauv. var. *caudata* (Roshev.) Kitag.]

一年生草本。生于田边、路旁及河边湿处。产于尤溪。

光头稗 *Echinochloa colona* (L.) Link

一年生草本。生于海拔0~213m的田边、路旁及河边湿处。产于古城、大洋、大田、邵家渡、汛桥、小芝、涌泉、河头、沿江、永丰、汇溪、白水洋。

稗 *Echinochloa crusgalli* (L.) P. Beauv.

一年生草本。生于田边、路旁及河边湿处。产于邵家渡。

无芒稗 *Echinochloa crusgalli* (L.) P. Beauv. var. *mitis* (Pursh) Peterm.

一年生草本。生于田边、路旁及河边湿处。产于邵家渡、汛桥。

西来稗 *Echinochloa crusgalli* (L.) P. Beauv. var. *zelayensis* (Kunth) Hitchc.

一年生草本。生于海拔0~32m的田边、路旁及河边湿处。产于大洋、上盘。

旱稗 *Echinochloa hispidula* (Retz.) Nees [*E. crusgalli* (L.) Beauv. var. *hispidula* (Retz.) Honda]

一年生草本。生于海拔6~355m的田边、路旁及河边湿处。产于大洋、江南、邵家渡、汛桥、小芝、杜桥、涌泉。

穇属 *Eleusine* Gaertn.

牛筋草 *Eleusine indica* (L.) Gaertn.

一年生草本。生于海拔0~252m的田边、路旁及河边湿处。产于古城、大洋、江南、大田、邵家渡、汛桥、东塍、小芝、桃渚、上盘、杜桥、涌泉、尤溪、沿江、永丰、汇溪、白水洋。

画眉草属 *Eragrostis* Wolf

珠芽画眉草 *Eragrostis bulbillifera* Steud.

多年生草本。生于海拔 37m 的路边、田边。产于桃渚、上盘。

知风草 *Eragrostis ferruginea* (Thunb.) Beauv.

多年生草本。生于海拔 1～376m 的路边、山坡草地。产于古城、大洋、大田、邵家渡、桃渚、上盘、杜桥、涌泉、沿江、括苍、汇溪、白水洋。

乱草 *Eragrostis japonica* (Thunb.) Trin.

一年生草本。生于海拔 7～111m 的田边路旁、河边及潮湿地。产于大田、汛桥、东塍、括苍。

画眉草 *Eragrostis pilosa* (L.) Beauv.

一年生草本。生于海拔 376m 的路旁、荒地、田边。产于大洋。

蜈蚣草属 *Eremochloa* Buse

假俭草 *Eremochloa ophiuroides* (Munro) Hack.

多年生草本。生于海拔 4～1194m 的潮湿草地及河岸、路旁。产于江南、邵家渡、上盘、涌泉、括苍、白水洋。

野黍属 *Eriochloa* Kunth

野黍 *Eriochloa villosa* (Thunb.) Kunth

一年生草本。生于海拔 78～189m 的山坡、路旁。产于江南、汇溪。

黄金茅属 *Eulalia* Kunth

金茅 *Eulalia speciosa* (Debeaux) Kuntze

一年生草本。生于山坡草地。产于邵家渡、括苍。

羊茅属 *Festuca* L.

小颖羊茅 *Festuca parvigluma* Steud.

多年生草本。生于海拔 25m 的山坡草地、林下、河边草丛、灌丛、路旁。产于括苍、白水洋。

甜茅属 *Glyceria* R. Br.

甜茅 *Glyceria acutiflora* Torr. subsp. *japonica* (Steud.) T. Koyama et Kawano

多年生草本。生于海拔 19m 的田边、路旁。产于江南。

牛鞭草属 *Hemarthria* R. Br.

牛鞭草 *Hemarthria altissima* (Poir.) Stapf et C. E. Hubb.

多年生草本。生于海拔 83m 的田边、水沟、河滩等湿处。产于汇溪。

茅香属 *Hierochloe* R. Br.

光稃香草 *Hierochloe glabra* Trin.

多年生草本。生于山坡或湿润草地。产于东塍。

大麦属 *Hordeum* L.

大麦 *Hordeum vulgare* L.

二年生草本。白水洋有栽培。

白茅属 *Imperata* Cyrillo

白茅 *Imperata koenigii* (Retz.) P. Beauv. [*I. cylindrica* (L.) Beauv. var. *major* (Nees) C. E. Hubb.]

多年生草本。生于海拔 6～411m 的田边、山坡草地、路旁、荒地。产于古城、大洋、江南、大田、邵家渡、汛桥、东塍、小芝、桃渚、上盘、杜桥、涌泉、河头、沿江、括苍、永丰、白水洋。

柳叶箬属 *Isachne* R. Br.

二型柳叶箬 *Isachne dispar* Trin.

多年生草本。生于山谷或山坡潮湿草地。产于古城。

柳叶箬 *Isachne globosa* (Thunb. ex Murray) Kuntze

多年生草本。生于山谷或山坡潮湿草地。产于大田、邵家渡、括苍、永丰。

日本柳叶箬 *Isachne nipponensis* Ohwi

多年生草本。生于海拔62m的山坡、路旁等阴湿处。产于古城、大田、杜桥。

鸭嘴草属 *Ischaemum* L.

毛鸭嘴草 *Ischaemum anthephoroides* (Steud.) Miq.

多年生草本。生于海滩沙地和近海河岸。产于上盘。

有芒鸭嘴草 *Ischaemum aristatum* L.

多年生草本。生于海拔44~512m的山坡路旁。产于古城、江南、邵家渡、汛桥、杜桥、涌泉、尤溪、括苍、永丰、汇溪。

鸭嘴草 *Ischaemum aristatum* L. var. *glaucum* (Honda) T. Koyama

多年生草本。生于海拔37~157m的山坡路旁。产于大田、东塍、上盘。

落草属 *Koeleria* Pers.

落草 *Koeleria cristata* Pers.

多年生草本。生于山坡、草地或路旁。产于上盘。

假稻属 *Leersia* Soland. ex Swartz.

假稻 *Leersia japonica* (Makino ex Honda) Honda

多年生草本。生于海拔5~137m的池塘、水田、溪沟湖旁水湿地。产于大田、小芝、杜桥、涌泉、永丰、白水洋。

秕壳草 *Leersia sayanuka* Ohwi

多年生草本。生于海拔1~151m的林下或溪旁、湖边水湿草地。产于古城、大田、邵家渡、汛桥、杜桥、沿江、白水洋。

千金子属 *Leptochloa* Beauv.

千金子 *Leptochloa chinensis* (L.) Nees

一年生草本。生于海拔1~137m的田间、路旁。产于古城、大田、汛桥、东塍、小芝、杜桥、涌泉、河头、沿江、永丰、白水洋。

黑麦草属 *Lolium* L.

多花黑麦草 *Lolium multiflorum* Lam.

多年生草本。生于海拔10m的路旁。产于古城。

黑麦草 *Lolium perenne* L.

多年生草本。各地广泛栽培。

淡竹叶属 *Lophatherum* Brongn.

淡竹叶 *Lophatherum gracile* Brongn.

多年生草本。生于海拔10~764m的山坡、林下或林缘、路旁阴湿处。产于古城、大洋、江南、大田、邵家渡、汛桥、东塍、小芝、桃渚、上盘、杜桥、涌泉、尤溪、河头、沿江、括苍、永丰、汇溪、白水洋。

臭草属 *Melica* L.

大花臭草 *Melica grandiflora* Koidz.

多年生草本。生于林下、灌丛、山坡或路旁草地。产于括苍。

莠竹属 *Microstegium* Nees

日本莠竹 *Microstegium japonicum* (Miq.) Koidz.

一年生草本。生于林缘沟边、山坡路旁。产地不明。

竹叶茅 *Microstegium nudum* (Trin.) A. Camus

一年生草本。生于海拔4~918m的林下、山坡沟边、田间或路旁。产于古城、大洋、江南、大田、邵家渡、汛桥、东塍、小芝、杜桥、涌泉、尤溪、河头、沿江、括苍、永丰、汇溪、白水洋。

柔枝莠竹 *Microstegium vimineum*（Trin.）A. Camus

一年生草本。生于海拔 6～501m 的林下、山坡沟边、田间或路旁。产于古城、大洋、江南、大田、邵家渡、汛桥、东塍、小芝、桃渚、上盘、杜桥、涌泉、尤溪、河头、沿江、括苍、永丰、汇溪、白水洋。

粟草属 *Milium* L.

粟草 *Milium effusum* L.

多年生草本。生于林下。产于大雷山。

芒属 *Miscanthus* Anderss.

五节芒 *Miscanthus floridulus*（Labill.）Warb. ex K. Schum. et Lauterb.

多年生草本。生于海拔 0～512m 的荒地、丘陵谷地、山坡或草地。产于古城、大洋、江南、大田、邵家渡、汛桥、东塍、小芝、桃渚、上盘、杜桥、涌泉、尤溪、河头、沿江、括苍、永丰、汇溪、白水洋。

芒 *Miscanthus sinensis* Anderss.

多年生草本。生于海拔 4～817m 的荒地、丘陵谷地、山坡或草地。产于古城、大洋、江南、大田、邵家渡、汛桥、东塍、小芝、桃渚、上盘、杜桥、涌泉、尤溪、河头、沿江、括苍、永丰、白水洋。

麦氏草属 *Molinia* Schrank

日本麦氏草 *Molinia japonica* Hack.

多年生草本。生于海拔 127～733m 的林缘或山坡草丛中。产于古城、杜桥、白水洋。

乱子草属 *Muhlenbergia* Schreb.

乱子草 *Muhlenbergia huegelii* Trin.

多年生草本。生于海拔 32～44m 的山坡林缘。产于古城、大洋、永丰。

日本乱子草 *Muhlenbergia japonica* Steud.

多年生草本。生于山坡林缘。产地不明。

类芦属 *Neyraudia* Hook. f.

山类芦 *Neyraudia montana* Keng

多年生草本。生于海拔64～807m的山坡路旁。产于古城、大洋、江南、大田、邵家渡、杜桥、涌泉、尤溪、沿江、括苍、白水洋。

类芦 *Neyraudia reynaudiana*（Kunth）Keng ex Hitchc.

多年生草本。生于海拔 7～323m 的河边、山坡或草地。产于古城、大洋、邵家渡、汛桥、杜桥、沿江、括苍。

求米草属 *Oplismenus* Beauv.

竹叶草 *Oplismenus compositus*（L.）Beauv.

一年生草本。生于林下。产于尤溪、江南。

求米草 *Oplismenus undulatifolius*（Ard.）P. Beauv.

一年生草本。生于海拔 19～918m 的林下。产于古城、大洋、江南、邵家渡、东塍、小芝、上盘、杜桥、尤溪、河头、沿江、括苍、永丰、汇溪、白水洋。

双穗求米草 *Oplismenus undulatifolius*（Ard.）P. Beauv. var. *binatus* S. L. Chen et Y. X. Jin

一年生草本。生于林下。产于尤溪。

日本求米草 *Oplismenus undulatifolius*（Ard.）P. Beauv. var. *japonicus*（Steud.）Koidz.

一年生草本。生于海拔 42～295m 的林下。产于江南、上盘、括苍。

稻属 *Oryza* L.

稻 *Oryza sativa* L.

一年生草本。各地广泛栽培。

黍属 *Panicum* L.

糠稷 *Panicum bisulcatum* Thunb.

一年生草本。生于海拔 0 ~ 501m 的田间、路旁。产于古城、大洋、江南、大田、邵家渡、汛桥、东塍、小芝、杜桥、涌泉、尤溪、河头、沿江、括苍、永丰、白水洋。

细柄黍 *Panicum psilopodium* Trin.

一年生草本。生于海拔 4 ~ 194m 的丘陵灌丛或荒野路旁。产于大洋、杜桥、涌泉、尤溪、白水洋。

铺地黍 *Panicum repens* L.

多年生草本。生于海拔 4 ~ 297m 的海边、溪边。产于桃渚、上盘、涌泉。

假牛鞭草属 *Parapholis* C. E. Hubb.

假牛鞭草 *Parapholis incurva* (L.) C. E. Hubb.

一年生草本。生于海拔 278m 的海滨、海堤下盐土中。产于东塍。

雀稗属 *Paspalum* L.

南雀稗 *Paspalum commersonii* Lam.

多年生草本。生于山坡草地。产地不明。

毛花雀稗 *Paspalum dilatatum* Poir.

多年生草本。生于路旁。产于古城。

长叶雀稗 *Paspalum longifolium* Roxb.

多年生草本。生于海拔 73 ~ 355m 的田边。产于大洋、邵家渡、汛桥、杜桥、涌泉、白水洋。

圆果雀稗 *Paspalum orbiculare* G. Forst.

多年生草本。生于海拔 37 ~ 512m 的荒坡、草地、路旁及田间。产于大洋、江南、邵家渡、桃渚、上盘、杜桥、涌泉、尤溪、括苍、汇溪、白水洋。

双穗雀稗 *Paspalum paspaloides* (Michx.) Scribn.

多年生草本。生于海拔 5 ~ 194m 的田边路旁。产于大洋、邵家渡、汛桥、涌泉、括苍。

雀稗 *Paspalum thunbergii* Kunth ex steud.

多年生草本。生于海拔 5 ~ 361m 的田边路旁、山坡路旁。产于古城、大洋、邵家渡、汛桥、东塍、杜桥、涌泉、永丰、白水洋。

丝毛雀稗 *Paspalum urvillei* Steud.

多年生草本。生于海拔 5 ~ 194m 的村旁路边和荒地。产于大洋、大田、涌泉。

狼尾草属 *Pennisetum* Rich.

狼尾草 *Pennisetum alopecuroides* (L.) Spreng.

多年生草本。生于海拔 0 ~ 411m 的田边、荒地、路旁。产于古城、大洋、江南、大田、邵家渡、汛桥、东塍、小芝、桃渚、上盘、杜桥、涌泉、括苍、永丰、白水洋。

显子草属 *Phaenosperma* Munro ex Benth. et Hook. f.

显子草 *Phaenosperma globosa* Munro ex Benth.

多年生草本。生于海拔 37 ~ 412m 的山坡林下、山谷溪旁及路边草丛中。产于古城、大田、邵家渡、杜桥、河头、括苍、白水洋。

虉草属 *Phalaris* L.

虉草 *Phalaris arundinacea* L.

多年生草本。生于海拔 27m 的林下、潮湿草地或水湿处。产于白水洋。

芦苇属 *Phragmites* Adans.

芦苇 *Phragmites australis* (Cav.) Trin. ex Steud.

多年生草本。生于海拔 0 ~ 68m 的湖泊、池塘、沟渠沿岸和低湿地。产于古城、大洋、邵家渡、汛桥、小芝、桃渚、上盘、涌泉、沿江、永丰、白水洋。

早熟禾属 *Poa* L.

白顶早熟禾 *Poa acroleuca* Steud.

二年生草本。生于海拔 25～192m 的田边、路旁。产于江南、邵家渡、杜桥、河头、括苍、汇溪、白水洋。

早熟禾 *Poa annua* L.

二年生草本。生于海拔 0～411m 的田边、路旁。产于古城、江南、大田、邵家渡、汛桥、小芝、上盘、杜桥、涌泉、河头、沿江、括苍、汇溪、白水洋。

法氏早熟禾 *Poa faberi* Rendle

多年生草本。生于海拔 0～21m 的田边、路旁。产于上盘、河头、白水洋。

金发草属 *Pogonatherum* Beauv.

金丝草 *Pogonatherum crinitum* (Thunb.) Kunth

多年生草本。生于海拔 45～448m 的山坡、路旁、田边及石缝。产于邵家渡、汛桥、小芝、杜桥、括苍、白水洋。

棒头草属 *Polypogon* Desf.

棒头草 *Polypogon fugax* Nees ex Steud.

一年生草本。生于海拔 0～71m 的山坡、田边。产于古城、江南、邵家渡、小芝、涌泉、河头、括苍、永丰、白水洋。

长芒棒头草 *Polypogon monspeliensis* (L.) Desf.

一年生草本。生于海拔 5～43m 的路边、堤旁及林缘较潮湿处。产于邵家渡、永丰。

鹅观草属 *Roegneria* C. Koch.

竖立鹅观草 *Roegneria japonensis* (Honda) Keng

多年生草本。生于海拔 25～297m 的

山坡、路边。产于江南、涌泉、河头、括苍、白水洋。

鹅观草 *Roegneria kamoji* (Ohwi) Keng et S. L. Chen

多年生草本。生于海拔 0～125m 的山坡、路边。产于古城、江南、邵家渡、汛桥、上盘、涌泉、括苍、汇溪、白水洋。

东瀛鹅观草 *Roegneria mayebarana* (Honda) Ohwi ex Keng et S. L. Chen

多年生草本。生于路边或山坡草地。产于桃渚、上盘。

甘蔗属 *Saccharum* L.

斑茅 *Saccharum arundinaceum* Retz.

多年生草本。生于海拔 0～231m 的山坡和河岸两侧。产于古城、大洋、江南、大田、邵家渡、汛桥、杜桥、涌泉、尤溪、河头、沿江、括苍、永丰、汇溪、白水洋。

竹蔗 *Saccharum sinense* Roxb.

多年生草本。大田、沿江有栽培。

囊颖草属 *Sacciolepis* Nash

囊颖草 *Sacciolepis indica* (L.) Chase

一年生草本。生于海拔 81～501m 的田边、林下。产于古城、大洋、大田、邵家渡、东塍、尤溪、永丰。

裂稃草属 *Schizachyrium* Nees

裂稃草 *Schizachyrium brevifolium* (Sw.) Nees ex Buse

一年生草本。生于海拔 381m 的阴湿山坡、草地。产于邵家渡、河头。

狗尾草属 *Setaria* Beauv.

大狗尾草 *Setaria faberi* R. A. W. Herrm.

一年生草本。生于海拔 0～479m 的林边、山坡、路边和荒地。产于古城、大洋、

江南、大田、邵家渡、汛桥、东塍、小芝、桃渚、上盘、杜桥、涌泉、尤溪、河头、沿江、括苍、汇溪、白水洋。

金色狗尾草 *Setaria glauca* (L.) P. Beauv.

一年生草本。生于海拔 0 ~ 411m 的林边、山坡、路边和荒地。产于古城、大洋、江南、大田、邵家渡、汛桥、东塍、小芝、桃渚、杜桥、涌泉、尤溪、河头、沿江、括苍、永丰、汇溪、白水洋。

粱 *Setaria italica* (L.) P. Beauv.

一年生草本。白水洋有栽培。

粟 *Setaria italica* (L.)P. Beauv. var. *germanica* (Mill.) Schrad.

一年生草本。各地零星栽培。

棕叶狗尾草 *Setaria palmifolia* (J. König) Stapf

多年生草本。生于海拔 4 ~ 309m 的山坡林下或路旁阴湿处。产于古城、大洋、江南、大田、邵家渡、杜桥、涌泉、沿江、括苍、白水洋。

皱叶狗尾草 *Setaria plicata* (Lam.) T. Cooke

多年生草本。生于海拔 20 ~ 411m 的山坡林下或路旁阴湿处。产于古城、江南、大田、邵家渡、杜桥、涌泉、尤溪、沿江、括苍、永丰、白水洋。

狗尾草 *Setaria viridis* (L.) P. Beauv.

一年生草本。生于海拔 0 ~ 487m 的林边、山坡、路边和荒地。产于古城、大洋、大田、邵家渡、汛桥、小芝、桃渚、上盘、杜桥、涌泉、尤溪、河头、沿江、括苍、永丰、白水洋。

高粱属 *Sorghum* Moench

高粱 *Sorghum bicolor* (L.) Moench

一年生草本。大田有栽培。

米草属 *Spartina* Schreb. ex J. F. Gmel.

互花米草 *Spartina alterniflora* Lois.

多年生草本。生于海边。产于桃渚、涌泉。

稗荩属 *Sphaerocaryum* Nees ex Hook. f.

稗荩 *Sphaerocaryum malaccense* (Trin.) Pilger

一年生草本。生于灌丛或草丛阴湿处。产于江南。

大油芒属 *Spodiopogon* Trin.

大油芒 *Spodiopogon sibiricus* Trin.

多年生草本。生于山坡、路旁。产于邵家渡。

鼠尾粟属 *Sporobolus* R. Br.

鼠尾粟 *Sporobolus fertilis* (Steud.) W. D. Clayt.

多年生草本。生于海拔 4 ~ 448m 的田边、路边、山坡草地、山谷湿处和林下。产于古城、大洋、江南、大田、邵家渡、汛桥、小芝、桃渚、上盘、杜桥、涌泉、沿江、括苍、永丰、汇溪、白水洋。

毛鼠尾粟 *Sporobolus pilifer* (Trin.) Kunth

多年生草本。生于海拔 1353m 以下的田边、路边、山坡草地、山谷湿处和林下。产于括苍。

盐地鼠尾粟 *Sporobolus virginicus* (L.) Kunth

多年生草本。生于海拔 6m 的沿海的海滩盐地上、河岸或石缝间。产于上盘。

菅属 *Themeda* Forssk.

苞子草 *Themeda caudata* (Nees) A. Camus

多年生草本。生于海拔 26m 的山坡草丛、林缘等处。产于涌泉。

黄背草 *Themeda japonica* (Willd.) Tanaka

多年生草本。生于沿海山坡、草地、路旁、林缘。产于上盘。

荻属 *Triarrhena* Nakai

南荻 *Triarrhena lutarioriparia* L. Liu

多年生草本。生于海拔 8m 的山坡草地、平原荒地、河岸湿地。产于汛桥。

荻 *Triarrhena sacchariflora* (Maxim.) Nakai [*M. sacchariflorus* (Maxim.) Bcnth.]

多年生草本。生于山坡草地、平原荒地、河岸湿地。产于邵家渡。

草沙蚕属 *Tripogon* Roem. et Schult.

线形草沙蚕 *Tripogon filiformis* Nees ex Steud.

多年生草本。生于海拔 134m 的山坡草地、河滩灌丛、路边。产于杜桥。

三毛草属 *Trisetum* Pers.

三毛草 *Trisetum bifidum* (Thunb.) Ohwi

多年生草本。生于海拔 22～70m 的山坡路旁、林缘及沟边湿草地。产于古城、江南、邵家渡、河头、括苍。

小麦属 *Triticum* L.

普通小麦 *Triticum aestivum* L.

二年生草本。江南、桃渚、上盘、河头等地有栽培。

玉蜀黍属 *Zea* L.

玉蜀黍 *Zea mays* L.

一年生草本。各地广泛栽培。

菰属 *Zizania* L.

菰 *Zizania latifolia* (Griseb.) Turcz. ex Stapf [*Z. caduciflora* (Turcz.) Hand.-Mazz.]

多年生草本。常生于湖沼、水田或水塘中。产于古城、大洋、江南、大田、邵家渡、汛桥、小芝、桃渚、上盘、涌泉、河头、永丰、汇溪、白水洋。

结缕草属 *Zoysia* Willd.

细叶结缕草 *Zoysia tenuifolia* Willd. ex Trin.

多年生草本。生于海拔 0～318m 的荒地、田边、山坡草丛中。产于古城、大田、汛桥、涌泉、沿江。

(一百四十二)莎草科 Cyperaceae

球柱草属 *Bulbostylis* C. B. Clarke

球柱草 *Bulbostylis barbata* (Rottb.) Kunth

一年生草本。生于海拔 7～38m 的田边、路旁、滨海沙地。产于涌泉。

丝叶球柱草 *Bulbostylis densa* (Wall.) Hand.-Mazz.

一年生草本。生于海边、河边沙地、荒坡、路边及林下。产于邵家渡。

薹草属 *Carex* L.

滨海薹草 *Carex bodinieri* Franch.

多年生草本。生于海拔 10m 的滨海岩石上、山坡林缘。产于桃渚、上盘。

青绿薹草 *Carex breviculmis* R. Br. [*C. leucochlora* Bge.]

多年生草本。生于海拔 25～163m 的山坡草地、路边、山谷沟边。产于江南、邵家渡、河头、括苍、白水洋。

短尖薹草 *Carex brevicuspis* C. B. Clarke

多年生草本。生于海拔 147m 以下的山坡林下、溪旁。产于江南、邵家渡。

褐果薹草 *Carex brunnea* Thunb.

多年生草本。生于海拔 1～817m 的林下或灌丛、河边、路边阴湿处。产于古城、大洋、江南、大田、邵家渡、汛桥、东塍、小芝、上盘、杜桥、涌泉、尤溪、河头、沿江、括苍、永丰、汇溪、白水洋。

发秆薹草 *Carex capillacea* Boott

多年生草本。生于山坡林缘、溪旁。产于括苍。

中华薹草 *Carex chinensis* Retz.

多年生草本。生于海拔 28 ~ 764m 的山谷阴湿处、溪边岩石和草丛中。产于邵家渡、东塍、小芝、尤溪、沿江、括苍、白水洋。

仲氏薹草 *Carex chungii* Z. P. Wang

多年生草本。生于海拔 944m 的山坡林下、路旁。产于白水洋。

十字薹草 *Carex cruciata* Wahlenb.

多年生草本。生于林边或沟边草地、路旁、火烧迹地。产于江南。

二形鳞薹草 *Carex dimorpholepis* Steud.

多年生草本。生于海拔 20m 的沟边湿处及路边、草地。产于邵家渡、括苍。

签草 *Carex doniana* Spreng.

多年生草本。生于海拔 25 ~ 299m 的溪边、沟边、林下、灌丛或草丛阴湿处。产于大田、邵家渡、汛桥、杜桥、涌泉、沿江、白水洋。

线柄薹草 *Carex filipes* Franch. et Sav.

多年生草本。生于林下、路边阴湿处或草丛中。产于括苍山。

穿孔薹草 *Carex foraminata* C. B. Clarke

多年生草本。生于海拔 138 ~ 769m 的林下、路边阴湿处或草丛中。产于江南、邵家渡、白水洋。

穹隆薹草 *Carex gibba* Wahlenb.

多年生草本。生于海拔 135 ~ 264m 的山谷湿地、山坡草地或林下。产于邵家渡、尤溪、括苍、白水洋。

禾秆薹草 *Carex graminiculmis* T. Koyama

多年生草本。生于海拔 7 ~ 114m 的

路旁、山坡阴湿处。产于江南、永丰。

长囊薹草 *Carex harlandii* Boott

多年生草本。生于海拔 141m 的林下或灌丛、溪边湿地或岩石上。产于大田。

狭穗薹草 *Carex ischnostachya* Steud.

多年生草本。生于海拔 14 ~ 454m 的山坡路旁。产于古城、大洋、江南、大田、邵家渡、汛桥、东塍、小芝、上盘、杜桥、涌泉、尤溪、河头、沿江、括苍、汇溪、白水洋。

大披针薹草 *Carex lanceolata* Boott

多年生草本。生于海拔 748 ~ 1200m 的林下、林缘。产于括苍、白水洋。

弯喙薹草 *Carex laticeps* C. B. Clarke ex Franch.

多年生草本。生于山坡林下、路旁、水沟边。产于江南。

舌叶薹草 *Carex ligulata* Nees

多年生草本。生于海拔 6 ~ 221m 的山坡林下或草地、山谷沟边或河边湿地。产于古城、江南、邵家渡、括苍。

卵果薹草 *Carex maackii* Maxim.

多年生草本。生于海拔 17 ~ 33m 的溪边或湿地。产于江南、河头。

斑点果薹草 *Carex maculata* Boott

多年生草本。生于海拔 45m 的沟边湿地、林下湿地、路边草地。产于邵家渡。

弯柄薹草 *Carex manca* Boott

多年生草本。生于海拔 45m 的山坡林下。产于邵家渡。

套鞘薹草 *Carex maubertiana* Boott

多年生草本。生于海拔 161 ~ 182m 的山坡林下或路边阴湿处。产于古城、江南、邵家渡。

锈果薹草 *Carex metallica* H. Lév.

多年生草本。生于海拔 45 ~ 162m 的山坡林下或路边阴湿处。产于邵家渡、杜桥。

条穗薹草 *Carex nemostachys* Steud.

多年生草本。生于海拔 62 ~ 264m 的溪旁、沼泽地、林下阴湿处。产于江南、大田、汛桥、杜桥、尤溪、括苍、白水洋。

镜子薹草 *Carex phacota* Spreng.

多年生草本。生于海拔 15 ~ 364m 的沟边草丛、水边或路旁潮湿处。产于大洋、汛桥、河头。

豌豆形薹草 *Carex pisiformis* Boott

多年生草本。生于山坡林下、路边。产于括苍。

粉被薹草 *Carex pruinosa* Boott

多年生草本。生于海拔 24m 的山谷、溪旁潮湿处、草地。产于古城、邵家渡、括苍。

松叶薹草 *Carex rara* Boott

多年生草本。生于林下、林缘、溪旁、阴湿草地。产于括苍。

反折果薹草 *Carex retrofracta* Kük.

多年生草本。生于林下阴湿处。产地不明。

书带薹草 *Carex rochebrunii* Franch. et Sav.

多年生草本。生于海拔 33 ~ 38m 的溪边。产于河头、括苍。

大理薹草 *Carex rubrobrunnea* C. B. Clarke var. *taliensis* (Franch.) Kük.［*C. taliensis* Franch.］

多年生草本。生于海拔 271 ~ 991m 的山坡草地、林下。产于邵家渡、汛桥、括苍、白水洋。

糙叶薹草 *Carex scabrifolia* Steud.

多年生草本。生于海拔 4 ~ 297m 的海滩沙地或沿海地区的湿地与田边。产于涌泉、括苍、永丰。

花葶薹草 *Carex scaposa* C. B. Clarke

多年生草本。生于海拔 290m 的林下、水旁、山坡阴湿处。产于古城、大洋。

宽叶薹草 *Carex siderosticta* Hance

多年生草本。生于林下或林缘。产于括苍山。

相仿薹草 *Carex simulans* C. B. Clarke

多年生草本。生于海拔 51 ~ 145m 的山坡路旁、林下或溪边。产于古城、大洋、江南、白水洋。

武义薹草 *Carex subcernua* Ohwi

多年生草本。生于海拔 45m 的山坡路旁。产于邵家渡。

长柱头薹草 *Carex teinogyna* Boott

多年生草本。生于海拔 73 ~ 297m 的山坡林下、溪旁。产于大洋、涌泉、尤溪。

藏薹草 *Carex thibetica* Franch.

多年生草本。生于海拔 764 ~ 807m 的林下、或阴湿石隙中。产于括苍。

横果薹草 *Carex transversa* Boott

多年生草本。生于海拔 25m 的山坡林下或草丛或阴湿处。产于白水洋。

三穗薹草 *Carex tristachya* Thunb.

多年生草本。生于海拔 13 ~ 918m 的山坡路边、林下潮湿处。产于大洋、江南、大田、邵家渡、东塍、小芝、杜桥、涌泉、尤溪、河头、括苍、永丰、汇溪、白水洋。

截鳞薹草 *Carex truncatigluma* C. B. Clarke

多年生草本。生于海拔 138 ~ 264m 的林中、山坡草地或溪旁。产于江南、邵家渡、尤溪。

单性薹草 *Carex unisexualis* C. B. Clarke

多年生草本。生于海拔 25m 的湖边、池塘、沼泽地。产于白水洋。

莎草属 *Cyperus* L.

风车草 *Cyperus alternifolius* L. subsp. *flabelliformis* (Rottb.) KüKenth.

多年生草本。城区有栽培。

扁穗莎草 *Cyperus compressus* L.

一年生草本。生于海拔 194～353m 的田间。产于大洋、括苍。

异型莎草 *Cyperus difformis* L.

一年生草本。生于海拔 14～188m 的稻田中或水边潮湿处。产于古城、大田、邵家渡、上盘、杜桥、括苍、汇溪、白水洋。

头状穗莎草 *Cyperus glomeratus* L.

一年生草本。生于水边沙土或路旁阴湿的草丛中。产于大田、江南。

畦畔莎草 *Cyperus haspan* L.

多年生草本。生于海拔 188～398m 的水田或浅水塘等多水的地方。产于大洋、江南、汛桥、白水洋。

碎米莎草 *Cyperus iria* L.

多年生草本。生于海拔 0～353m 的田间、山坡、路旁阴湿处。产于古城、大洋、大田、邵家渡、汛桥、东塍、小芝、桃渚、杜桥、涌泉、沿江、括苍、永丰、白水洋。

短叶茳芏 *Cyperus malaccensis* Lam. var. *brevifolius* Boeckeler

多年生草本。生于海拔 3～64m 的田间、山坡、路旁阴湿处。产于汛桥、涌泉、白水洋。

旋鳞莎草 *Cyperus michelianus* (L.) Link

一年生草本。生于水边潮湿空旷的地方、路旁。产于古城。

具芒碎米莎草 *Cyperus microiria* Steud.

多年生草本。生于海拔 6～278m 的河岸边、路旁湿处。产于古城、大洋、汛桥、东塍、涌泉、尤溪、沿江、汇溪。

毛轴莎草 *Cyperus pilosus* Vahl

多年生草本。生于海拔 56m 的水田边、河边潮湿处。产于杜桥。

香附子(莎草) *Cyperus rotundus* L.

多年生草本。生于海拔 2～188m 的山坡草丛、水边潮湿处或荒地。产于大洋、大田、小芝、桃渚、上盘、涌泉、括苍、白水洋。

窄穗莎草 *Cyperus tenuispica* Steud.

多年生草本。生于海拔 95m 的荒地或林下。产于杜桥。

飘拂草属 *Fimbristylis* Vahl

复序飘拂草 *Fimbristylis bisumbellata* (Forssk.) Bubani

一年生草本。生于海拔 28m 的在河边、沟旁、溪边、沙地。产于杜桥。

扁鞘飘拂草 *Fimbristylis complanata* (Retz.) Link

多年生草本。生于海拔 39m 的路旁湿处。产于江南、上盘。

矮扁鞘飘拂草 *Fimbristylis complanata* (Retz.) Link var. *kraussiana* C. B. Clarke

多年生草本。生于海拔 7～376m 的路旁湿处。产于大洋、江南、汛桥、涌泉、白水洋。

两歧飘拂草 *Fimbristylis dichotoma* (L.) Vahl

一年生草本。生于海拔 0～215m 的田间或空旷草地上。产于古城、大洋、江南、东塍、小芝、上盘、杜桥、括苍、永丰、白水洋。

拟二叶飘拂草 *Fimbristylis diphylloides* Makino

一年生草本。生于海拔 6～92m 的路边、溪旁、山沟潮湿地、水塘或稻田中。产于杜桥、涌泉。

水虱草 *Fimbristylis miliacea* (L.) Vahl

一年生草本。生于海拔 0～194m 的路边、溪旁、山沟潮湿地、水塘或稻田中。产于古城、大洋、大田、汛桥、东塍、小芝、涌泉、沿江、括苍、永丰、白水洋。

烟台飘拂草 *Fimbristylis stauntonii* Debeaux et Franch.

一年生草本。生于河岸、沙地或湿地。产于大田。

双穗飘拂草 *Fimbristylis subbispicata* Nees

一年生草本。生于山坡、沼泽地、溪边、沟旁近水处。产于邵家渡。

黑莎草属 *Gahnia* J. R. et G. Forst.

黑莎草 *Gahnia tristis* Nees

多年生草本。生于海拔 63～96m 的山坡或路边灌丛中。产于古城、江南、杜桥、括苍、汇溪、白水洋。

荸荠属 *Heleocharis* R. Br.

荸荠 *Heleocharis dulcis*（Burm. f.）Trin. ex Hensch.［*Eleocharis tuberosa*（Roxb.）Roem. et Schult.］

多年生草本。古城有栽培。

透明鳞荸荠 *Heleocharis pellucida* C. Presl

一年生草本。生于海拔 14m 的稻田、水塘和湖边湿地。产于古城、白水洋。

龙师草 *Heleocharis tetraquetra* Nees［*Eleocharis tetraquetra* Nees］

多年生草本。生于海拔 197m 的水塘边或沟旁水边。产于江南括苍。

牛毛毡 *Heleocharis yokoscensis*（Franch. et Sav.）Tang et F. T. Wang

多年生草本。生于海拔 4～175m 的水田、池塘边、或湿黏土中。产于大田、邵家渡、涌泉、括苍。

水莎草属 *Juncellus*（Griseb.） C. B. Clarke

水莎草 *Juncellus serotinus*（Rottb.）C. B. Clarke

多年生草本。生于浅水中、水边沙土上，有时也见于路旁。产于大洋。

水蜈蚣属 *Kyllinga* Rottb.

短叶水蜈蚣（水蜈蚣） *Kyllinga brevifolia* Rottb.

多年生草本。生于海拔 0～501m 的山坡荒地、路旁草丛、田边草地、溪边、海边沙地。产于古城、大洋、江南、大田、邵家渡、汛桥、东塍、小芝、上盘、杜桥、涌泉、尤溪、括苍、永丰、汇溪、白水洋。

砖子苗属 *Mariscus* Gaertn.

砖子苗 *Mariscus umbellatus* Vahl

多年生草本。生于海拔 9～221m 的山坡阳处、路旁草地、溪边及林下。产于邵家渡、上盘、括苍、汇溪、白水洋。

扁莎属 *Pycreus* P. Beauv.

球穗扁莎 *Pycreus globosus* Rchb.

一年生草本。生于海拔 151m 的田边、沟旁潮湿处或溪边湿润的沙土上。产于白水洋。

直球穗扁莎 *Pycreus globosus* Rchb. var. *strictus*（Roxb.）C. B. Clarke

多年生草本。生于田边、沟旁潮湿处或溪边湿润的沙土上。产地不明。

多穗扁莎 *Pycreus polystachyos*（Rottb.）P. Beauv.

一年生草本。生于海滨或湿地。产于上盘。

红鳞扁莎 *Pycreus sanguinolentus*（Vahl）Nees

一年生草本。生于海拔 151m 的田边、河旁潮湿处。产于古城、大田、白水洋。

刺子莞属 *Rhynchospora* Vahl

华刺子莞 *Rhynchospora chinensis* Nees et Meyen

多年生草本。生于沼泽或潮湿的地

方。产于古城、江南、邵家渡。

细叶刺子莞 *Rhynchospora faberi* C. B. Clarke

多年生草本。生于海拔 353m 的沼泽或潮湿的地方。产于括苍。

刺子莞 *Rhynchospora rubra* (Lour.) Makino

多年生草本。生于海拔 34～355m 的田边、路旁、林缘。产于古城、邵家渡、杜桥、括苍、永丰。

藨草属 *Scirpus* L.

海三棱藨草 *Scirpus × mariqueter* Tang et Wang

多年生草本。生于海拔 6m 的江边或海边沙滩。产于涌泉。

茸球藨草 *Scirpus asiaticus* Beetle〔*S. lushanensis* Ohwi〕

多年生草本。生于路旁、阴湿草丛、溪旁。产于括苍。

萤蔺 *Scirpus juncoides* Roxb.

多年生草本。生于路旁、荒地潮湿处、田边、池塘边、溪旁、沼泽中。产于大田。

三棱秆藨草 *Scirpus mattfeldianus* Kük.

多年生草本。生于海拔 84～297m 的林缘湿地。产于古城、大洋、江南、邵家渡、杜桥、涌泉、括苍、白水洋。

百球藨草 *Scirpus rosthornii* Diels

多年生草本。生于林中、林缘、山坡、路旁、湿地、溪边及沼泽地。产于邵家渡、永丰。

类头状花序藨草 *Scirpus subcapitatus* Thwaites et Hook.

多年生草本。生于海拔 6～190m 的湿地、溪旁、山坡路旁湿地上。产于大田、汛桥、涌泉、尤溪、括苍、永丰、白水洋。

水葱 *Scirpus validus* Vahl

多年生草本。城区有栽培。

珍珠茅属 *Scleria* Berg.

毛果珍珠茅 *Scleria hebecarpa* Nees〔*S. levis* Retz.〕

多年生草本。生于海拔 7～178m 的山坡。产于古城、大洋、江南、汛桥、上盘、杜桥、尤溪、括苍、永丰、汇溪。

垂序珍珠茅 *Scleria rugosa* R. Br.

多年生草本。生于山坡。产于邵家渡。

网果珍珠茅 *Scleria tessellata* Willd.

多年生草本。生于荒地、田边。产于古城。

(一百四十三) 棕榈科 **Palmae**

蒲葵属 *Livistona* R. Br.

蒲葵 *Livistona chinensis* (Jacq.) R. Br.

常绿乔木。城区有栽培。

刺葵属 *Phoenix* L.

加拿利海枣 *Phoenix canariensis* Chabaud

常绿乔木。城区有栽培。

海枣 *Phoenix dactylifera* L.

常绿乔木。城区有栽培。

棕竹属 *Rhapis* L. f. ex Ait.

棕竹 *Rhapis excelsa* (Thunb.) Henry ex Rehd.

常绿灌木。城区有栽培。

棕榈属 *Trachycarpus* H. Wendl.

棕榈 *Trachycarpus fortunei* (Hook.) H. Wendl.

常绿乔木。古城、大洋、江南、大田、邵家渡、汛桥、东塍、小芝、桃渚、上盘、杜桥、涌泉、沿江、括苍、白水洋等地有栽培。

丝葵属 *Washingtonia* H. Wendl.

丝葵 *Washingtonia filifera* (Lind. ex Andre) H. Wendl.

常绿乔木。城区有栽培。

（一百四十四）天南星科 Araceae

菖蒲属 Acorus L.

菖蒲 *Acorus calamus* L.

　　多年生草本。江南、大田、汛桥、桃渚、上盘、涌泉、括苍、永丰等地野生或栽培。

金钱蒲 *Acorus gramineus* Sol.

　　多年生草本。生于海拔 73 ~ 1050m 的湿地或溪旁石上。产于括苍、汇溪。

石菖蒲 *Acorus tatarinowii* Schott

　　多年生草本。生于海拔 4 ~ 807m 的湿地或溪旁石上。产于古城、大洋、江南、大田、邵家渡、汛桥、杜桥、涌泉、尤溪、沿江、括苍、汇溪、白水洋。

广东万年青属 Aglaonema Schott

广东万年青 *Aglaonema modestum* Schott ex Engl.

　　多年生草本。各地广泛栽培。

海芋属 Alocasia (Schott) G. Don

海芋 *Alocasia macrorrhizos* (L.) Schott
　　多年生草本。大洋有栽培。

磨芋属 Amorphophallus Blume

疏毛磨芋 *Amorphophallus sinensis* Belval
　　多年生草本。生于林下、灌丛或林缘。产于上盘。

花烛属 Anthurium Schott

花烛 *Anthurium roseum* Hort. Makoy et Coson 'Roseum'

　　多年生草本。城区有栽培。

天南星属 Arisaema Mart.

云台南星 *Arisaema dubois-reymondiae* Engl.
　　多年生草本。生于林下。产于尤溪、括苍。

一把伞南星 *Arisaema erubescens* (Wall.) Schott

　　多年生草本。生于海拔 444 ~ 503m 的林下、灌丛、草坡。产于括苍、白水洋。

天南星 *Arisaema heterophyllum* Blume

　　多年生草本。生于海拔 36 ~ 450m 的林下、灌丛、草坡。产于古城、桃渚、上盘、括苍、白水洋。

灯台莲 *Arisaema sikokianum* Franch. et Sav. var. *serratum* (Makino) Hand.-Mazz.

　　多年生草本。生于海拔 970m 的林下、灌丛、草坡。产于白水洋。

芋属 Colocasia Schott

野芋 *Colocasia antiquorum* Schott

　　多年生草本。生于海拔 11m 的林下阴湿处。产于杜桥。

芋 *Colocasia esculenta* (L.) Schott

　　多年生草本。古城、大洋、江南、大田、邵家渡、汛桥、小芝、桃渚、上盘、涌泉、河头、沿江、永丰、汇溪、白水洋等地有栽培。

紫芋 *Colocasia tonoimo* Nakai

　　多年生草本。邵家渡有栽培。

麒麟叶属 Epipremnum Schott

绿萝 *Epipremnum aureum* (Linden et André) G. S. Bunting

　　木质藤本。城区有栽培。

龟背竹属 Monstera Adans.

龟背竹 *Monstera deliciosa* Liebm.

　　攀援灌木。城区有栽培。

半夏属 Pinellia Tenore

滴水珠 *Pinellia cordata* N. E. Br.

　　多年生草本。生于海拔 152 ~ 312m 的林下溪旁、潮湿草地、岩石边、岩隙或岩壁上。产于江南、括苍、白水洋。

半夏 *Pinellia ternata* (Thunb.) Ten. ex Breitenb.

多年生草本。生于海拔 25～349m 的草坡、荒地、田边或林下。产于江南、邵家渡、桃渚、上盘、河头、括苍、白水洋。

大薸属 *Pistia* L.

大薸 *Pistia stratiotes* L.

多年生草本。涌泉有栽培。

犁头尖属 *Typhonium* Schott

犁头尖 *Typhonium divaricatum* Blume

多年生草本。古城绿化带有逸生。

(一百四十五)浮萍科 Lemnaceae

浮萍属 *Lemna* L.

浮萍 *Lemna minor* L.

一年生草本。生于海拔 6～188m 的稻田、池沼或其他静水水域。产于古城、大洋、大田、邵家渡、汛桥、小芝、上盘、杜桥、涌泉、永丰、汇溪、白水洋。

品藻 *Lemna trisulca* L.

一年生草本。生于稻田、池沼或其他静水水域。《浙江植物志》记载临海有分布。

紫萍属 *Spirodela* Schleid.

紫萍 *Spirodela polyrrhiza* (L.) Schleid.

一年生草本。生于稻田、池沼或其他静水水域。产于油溪、河头、江南、大田。

(一百四十六)谷精草科 Eriocaulaceae

谷精草属 *Eriocaulon* L.

谷精草 *Eriocaulon buergerianum* Körn.

一年生草本。生于海拔 297m 的稻田、水边。产于邵家渡、涌泉。

长苞谷精草 *Eriocaulon decemflorum* Maxim.

一年生草本。生于海拔 353m 的稻田、水边。产于江南、括苍。

疏毛谷精草 *Eriocaulon nantoense* Hayata var. *parviceps* (Hand.-Mazz.) W. L. Ma

一年生草本。生于稻田、水边。产地不明。

(一百四十七)鸭跖草科 Commelinaceae

鸭跖草属 *Commelina* L.

饭包草 *Commelina benghalensis* L.

多年生草本。生于海拔 1～137m 的路边、荒地、田边。产于古城、大洋、大田、邵家渡、汛桥、小芝、桃渚、上盘、杜桥、涌泉、括苍、永丰、汇溪、白水洋。

鸭跖草 *Commelina communis* L.

一年生草本。生于海拔 0～501m 的路边、荒地、田边。产于古城、大洋、江南、大田、邵家渡、东塍、小芝、桃渚、上盘、杜桥、涌泉、尤溪、河头、沿江、括苍、永丰、汇溪、白水洋。

紫鸭跖草 *Commelina purpurea* C. B. Clarke

一年生草本。白水洋有栽培。

蓝耳草属 *Cyanotis* D. Don

蛛丝毛蓝耳草 *Cyanotis arachnoidea* C. B. Clarke

多年生草本。生于溪边、山谷湿地及湿润岩石上。产于桃渚、杜桥。

聚花草属 *Floscopa* Lour.

聚花草 *Floscopa scandens* Lour.

多年生草本。生于水边、沟边草地及林中。产于尤溪。

水竹叶属 *Murdannia* Royle

疣草 *Murdannia keisak* (Hassk.) Hand.-Mazz.

一年生草本。生于路边阴湿处。产于括苍。

裸花水竹叶 *Murdannia nudiflora*（L.）Brenan

一年生草本。生于海拔 22～309m 的水边潮湿处、草丛中。产于古城、大洋、小芝、涌泉、永丰、白水洋。

水竹叶 *Murdannia triquetra*（Wall.）Bruckn.

一年生草本。生于海拔 78～98m 的稻田边或湿地上。产于大田、永丰。

杜若属 *Pollia* Thunb.

杜若 *Pollia japonica* Thunb.

多年生草本。生于海拔 186～287m 的林下、林缘。产于大洋、尤溪、括苍。

紫竹梅属 *Setcreasea* K. Schum. et Syd.

紫竹梅 *Setcreasea purpurea* Boom.

多年生草本。各地广泛栽培。

紫露草属 *Tradescantia* L.

白花紫露草 *Tradescantia fluminensis* Vell

多年生草本。城区有栽培。

紫露草 *Tradescantia reflexa* Raf.

多年生草本。城区有栽培。

吊竹梅属 *Zebrina* Schnizl.

吊竹梅 *Zebrina pendula* Schnizl.

多年生草本。城区有栽培。

（一百四十八）雨久花科 **Pontederiaceae**

凤眼莲属 *Eichhornia* Kunth

凤眼莲 *Eichhornia crassipes*（Mart.）Solms

多年生草本。古城、大田、小芝、杜桥、涌泉、沿江等地有逸生。

雨久花属 *Monochoria* Presl

鸭舌草 *Monochoria vaginalis*（Burm. f.）C. Presl

多年生草本。生于海拔 14～174m 的平稻田、沟旁、浅水池塘等水湿处。产于古城、括苍、汇溪、白水洋。

梭鱼草属 *Pontederia* L.

梭鱼草 *Pontederia cordata* L.

多年生草本。城区有栽培。

（一百四十九）灯心草科 **Juncaceae**

灯心草属 *Juncus* L.

翅茎灯心草 *Juncus alatus* Franch. et Savat.

多年生草本。生于海拔 10～376m 的水边、田边、湿草地和山坡林下阴湿处。产于大洋、大田。

星花灯心草 *Juncus diastrophanthus* Buchen.

多年生草本。生于海拔 4～188m 的水边、田边、湿草地和山坡林下阴湿处。产于古城、大洋、江南、大田、邵家渡、汛桥、小芝、杜桥、涌泉、括苍、白水洋。

灯心草 *Juncus effusus* L.

多年生草本。生于海拔 6～807m 的水边、田边、湿草地和山坡林下阴湿处。产于古城、大洋、江南、大田、邵家渡、小芝、上盘、杜桥、涌泉、河头、沿江、括苍、白水洋。

笄石菖 *Juncus prismatocarpus* R. Br.［*J. leschenaultii* Gay］

多年生草本。生于海拔 39～658m 的水边、田边、湿草地和山坡林下阴湿处。产于上盘、括苍、白水洋。

野灯心草 *Juncus setchuensis* Buchen.

多年生草本。生于海拔 4～364m 的水边、田边、湿草地和山坡林下阴湿处。产于古城、大洋、江南、大田、邵家渡、汛桥、小芝、桃渚、上盘、杜桥、涌泉、括苍、白水洋。

（一百五十）百部科 Stemonaceae

黄精叶钩吻属 *Croomia* Torr. ex Torr. et Gray

黄精叶钩吻 *Croomia japonica* Miq.

多年生草本。生于山坡林下。产于江南、括苍。

百部属 *Stemona* Lour.

百部 *Stemona japonica* (Bl.) Miq.

草质藤本。生于海拔 71~408m 的林下。产于邵家渡、东塍、杜桥、白水洋。

大百部 *Stemona tuberosa* Lour.

草质藤本。生于海拔 72m 的山坡林下、溪边、路旁。产于邵家渡、括苍。

（一百五十一）百合科 Liliaceae

粉条儿菜属 *Aletris* L.

短柄粉条儿菜 *Aletris scopulorum* Dunn

多年生草本。生于荒地或草坡上。产于上盘。

粉条儿菜 *Aletris spicata* (Thunb.) Franch.

多年生草本。生于海拔 658m 的山坡、路边、灌丛或草地上。产于邵家渡、桃渚、上盘、括苍、白水洋。

葱属 *Allium* L.

洋葱 *Allium cepa* L.

多年生草本。各地广泛栽培。

薤头 *Allium chinense* G. Don

多年生草本。生于海拔 95~386m 的山坡、路边、灌丛或草地上。产于古城、江南、桃渚、上盘、涌泉、括苍。

葱 *Allium fistulosum* L.

多年生草本。各地广泛栽培。

宽叶韭 *Allium hookeri* Thwaites

多年生草本。各地广泛栽培。

薤白 *Allium macrostemon* Bunge

多年生草本。生于海拔 6~501m 的山坡、丘陵、山谷或草地。产于古城、江南、大田、邵家渡、汛桥、小芝、桃渚、上盘、杜桥、涌泉、尤溪、括苍、永丰、白水洋。

蒜 *Allium sativum* L.

多年生草本。各地广泛栽培。

韭 *Allium tuberosum* Rottler ex Spreng.

多年生草本。各地广泛栽培。

茖葱 *Allium victorialis* L.

多年生草本。生于山坡阴湿处、沟边。产于括苍。

芦荟属 *Aloe* L.

芦荟 *Aloe vera* (L.) Burm. f. var. *chinensis* (Haw.) A. Berger

多年生草本。各地广泛栽培。

天门冬属 *Asparagus* L.

天门冬 *Asparagus cochinchinensis* (Lour.) Merr.

草质藤本。生于海拔 53~357m 的山坡、路旁、林下。产于古城、大洋、江南、大田、邵家渡、汛桥、桃渚、上盘、杜桥、括苍、白水洋。

羊齿天门冬 *Asparagus filicinus* Buch.-Ham. ex D. Don

多年生草本。生于海拔 45m 的山坡、路旁、林下。产于上盘。

石刁柏 *Asparagus officinalis* L.

多年生草本。各地广泛栽培。

文竹 *Asparagus setaceus* (Kunth) Jessop

多年生草本。各地广泛栽培。

蜘蛛抱蛋属 *Aspidistra* Ker-Gawl.

蜘蛛抱蛋 *Aspidistra elatior* Blume

多年生草本。各地广泛栽培。

大百合属 *Cardiocrinum*（Endl.）Lindl.

荞麦叶大百合 *Cardiocrinum cathayanum*（E. H. Wilson）Stearn

　　多年生草本。生于海拔 200m 的山坡林下阴湿处。产于江南、邵家渡、括苍。

吊兰属 *Chlorophytum* Ker-Gawl.

吊兰 *Chlorophytum comosum*（Thunb.）Baker

　　多年生草本。各地广泛栽培。

山菅属 *Dianella* Lam.

山菅 *Dianella ensifolia*（L.）DC.

　　多年生草本。生于海拔 9～111m 的林下、山坡或草丛中。产于桃渚、上盘、杜桥、沿江。

万寿竹属 *Disporum* Salisb.

宝铎草 *Disporum sessile* D. Don

　　多年生草本。生于海拔 607～671m 的林下或灌丛中。产于括苍、白水洋。

贝母属 *Fritillaria* L.

浙贝母 *Fritillaria thunbergii* Miq.

　　多年生草本。栽培。

十二卷属 *Haworthia* Duval

条纹十二卷 *Haworthia fasciata*（Willd.）Haw

　　多年生草本。城区有栽培。

萱草属 *Hemerocallis* L.

黄花菜 *Hemerocallis citrina* Baroni

　　多年生草本。各地广泛栽培。

萱草 *Hemerocallis fulva*（L.）L.

　　多年生草本。生于海拔 14～671m 的路旁、沟边、溪边。产于古城、大洋、江南、大田、邵家渡、白水洋。

玉簪属 *Hosta* Tratt.

紫玉簪 *Hosta albomarginata*（Hook.）Ohwi

　　多年生草本。各地广泛栽培。

玉簪 *Hosta plantaginea*（Lam.）Asch.

　　多年生草本。各地广泛栽培。

紫萼 *Hosta ventricosa* Stearn

　　多年生草本。生于海拔 865～879m 的林下、草坡或路旁。产于邵家渡、括苍、白水洋。

风信子属 *Hyacinthus* L.

风信子 *Hyacinthus orientalis* L.

　　多年生草本。城区有栽培。

百合属 *Lilium* L.

野百合 *Lilium brownii* F. E. Br. ex Miellez

　　多年生草本。生于山坡、林下、路边、溪旁或石缝中。产于上盘、括苍。

百合 *Lilium brownii* F. E. Br. ex Miellez var. *viridulum* Baker

　　多年生草本。生于海拔 9～306m 的山坡、林下、路边、溪旁或石缝中。产于江南、上盘、尤溪、河头、括苍、白水洋。

卷丹 *Lilium lancifolium* Thunb.

　　多年生草本。生于海拔 94m 的山坡、林下、路边、溪旁或石缝中。产于江南、邵家渡、括苍。

药百合 *Lilium speciosum* Thunb. var. *gloriosoides* Baker

　　多年生草本。生于山坡、林下、路边、溪旁或石缝中。产于邵家渡、括苍。

山麦冬属 *Liriope* Lour.

禾叶山麦冬 *Liriope graminifolia*（L.）Baker

　　多年生草本。生于海拔 84～521m 的山坡、林下、路边、溪旁、林缘。产于大田、邵家渡、小芝、桃渚、上盘、尤溪、白水洋。

金边阔叶山麦冬 *Liriope muscari* (Decne.) Bailey 'Variegata'

多年生草本。各地广泛栽培。

阔叶山麦冬 *Liriope platyphylla* F. T. Wang et Tang [*L. muscari* (Decne.) Bailey]

多年生草本。生于海拔 67～807m 的林下。产于古城、大洋、江南、大田、邵家渡、桃渚、上盘、杜桥、尤溪、沿江、括苍、白水洋。

山麦冬 *Liriope spicata* (Thunb.) Lour.

多年生草本。生于海拔 4～671m 的林下。产于古城、大洋、江南、大田、邵家渡、汛桥、小芝、桃渚、上盘、杜桥、涌泉、尤溪、沿江、括苍、永丰、汇溪、白水洋。

沿阶草属 *Ophiopogon* Ker-Gawl.

间型沿阶草 *Ophiopogon intermedius* D. Don

多年生草本。各地广泛栽培。

麦冬 *Ophiopogon japonicus* (Thunb.) Ker Gawl.

多年生草本。生于海拔 6～448m 的山坡阴湿处、林下或溪旁。产于古城、大洋、大田、邵家渡、汛桥、东塍、小芝、杜桥、涌泉、尤溪、沿江、汇溪、白水洋。

重楼属 *Paris* L.

华重楼 *Paris polyphylla* Sm. var. *chinensis* (Franch.) Hara

多年生草本。生于林下。产于邵家渡、括苍。

狭叶重楼 *Paris polyphylla* Sm. var. *stenophyllla* Franch.

多年生草本。生于林下。产于括苍。

北重楼 *Paris verticillata* M. Bieb.

多年生草本。生于山坡林下、草丛、阴

湿地或沟边。产于括苍山。

黄精属 *Polygonatum* Mill.

多花黄精 *Polygonatum cyrtonema* Hua

多年生草本。生于海拔 95～475m 的林下、灌丛或山坡阴湿处。产于江南、大田、邵家渡、括苍、白水洋。

长梗黄精 *Polygonatum filipes* Merr. ex C. Jeffrey et McEwan

多年生草本。生于海拔 139～920m 的林下、灌丛或山坡阴湿处。产于江南、邵家渡、括苍、白水洋。

玉竹 *Polygonatum odoratum* (Mill.) Druce

多年生草本。城区有栽培。

吉祥草属 *Reineckia* Kunth

吉祥草 *Reineckia carnea* (Andr.) Kunth

多年生草本。古城、大田有栽培。

万年青属 *Rohdea* Roth

万年青 *Rohdea japonica* (Thunb.) Roth

多年生草本。大洋、江南、大田、邵家渡、汛桥、桃渚、上盘、涌泉、尤溪、河头、沿江、括苍、白水洋等地有栽培。

假叶树属 *Ruscus* L.

假叶树 *Ruscus aculeatus* L.

多年生草本。城区有栽培。

虎尾兰属 *Sansevieria* Thunb.

虎尾兰 *Sansevieria trifasciata* Prain

多年生草本。城区有栽培。

绵枣儿属 *Scilla* L.

绵枣儿 *Scilla scilloides* (Lindl.) Druce

多年生草本。生于海拔 116～185m 的山坡、草地、路旁或林缘。产于东塍、上盘、杜桥、括苍。

鹿药属 Smilacina Desf.

鹿药 *Smilacina japonica* A. Gray

多年生草本。生于林下阴湿处或岩缝中。产于括苍。

菝葜属 Smilax L.

尖叶菝葜 *Smilax arisanensis* Hayata

木质藤本。生于海拔 264~274m 的林中、灌丛或山谷溪边。产于尤溪、白水洋。

浙南菝葜 *Smilax austro-zhejiangensis* Q. Lin

常绿灌木。生于海拔 1000m 的林下、林缘。产于邵家渡、括苍。

菝葜 *Smilax china* L.

木质藤本。生于海拔 6~918m 的林下、灌丛、路旁。产于古城、大洋、江南、大田、邵家渡、汛桥、东塍、小芝、上盘、杜桥、涌泉、尤溪、河头、沿江、括苍、永丰、汇溪、白水洋。

小果菝葜 *Smilax davidiana* A. DC.

木质藤本。生于海拔 5~764m 的林下、灌丛或山坡、路边阴湿处。产于古城、大洋、江南、大田、邵家渡、汛桥、小芝、杜桥、涌泉、尤溪、河头、括苍、永丰、汇溪、白水洋。

土茯苓 *Smilax glabra* Roxb.

木质藤本。生于海拔 5~501m 的林中、灌丛、林缘。产于古城、大洋、江南、大田、邵家渡、汛桥、东塍、小芝、桃渚、上盘、杜桥、涌泉、尤溪、河头、括苍、永丰、汇溪、白水洋。

黑果菝葜 *Smilax glaucochina* Warb. ex Diels

木质藤本。生于海拔 72~255m 的林下、灌丛或山坡。产于大洋、江南、大田、邵家渡、括苍、白水洋。

暗色菝葜 *Smilax lanceifolia* Roxb. var. *opaca* A. DC.

木质藤本。生于海拔 67~448m 的林下、灌丛或山坡阴湿处。产于古城、大洋、江南、大田、邵家渡、汛桥、杜桥、尤溪、沿江、括苍。

微齿菝葜 *Smilax microdonta* Z. S. Sun et C. X. Fu

木质藤本。生于海拔 273~368m 的林下、灌丛或山坡阴湿处。产于古城、大洋、汛桥。

缘脉菝葜 *Smilax nervomarginata* Hayata

木质藤本。生于海拔 112~494m 的林中、灌丛或路旁。产于大洋、江南、大田、邵家渡、尤溪、括苍、白水洋。

白背牛尾菜 *Smilax nipponica* Miq.

草质藤本。生于林下、水旁或山坡草丛中。产于括苍。

牛尾菜 *Smilax riparia* A. DC.

草质藤本。生于海拔 26~909m 的林下、灌丛、山沟或山坡草丛中。产于江南、邵家渡、涌泉、括苍。

华东菝葜 *Smilax sieboldii* Miq.

木质藤本。生于海拔 1200m 以下的林下、灌丛或山坡草丛中。产于括苍。

油点草属 Tricyrtis Wall.

油点草 *Tricyrtis macropoda* Miq.

多年生草本。生于海拔 119~865m 的林下、草丛、林缘。产于大洋、江南、大田、邵家渡、杜桥、涌泉、尤溪、括苍、永丰、白水洋。

郁金香属 Tulipa L.

老鸦瓣 *Tulipa edulis* (Miq.) Baker

多年生草本。生于海拔 175~239m 的山坡路旁。产于邵家渡、白水洋。

二叶郁金香 *Tulipa erythronioides* Baker

多年生草本。生于海拔 141m 的山坡路旁。产于江南、括苍。

郁金香 *Tulipa gesneriana* L.

多年生草本。城区有栽培。

括苍山老鸦瓣 *Tulipa kuocangshanica* D. Y. Tan et D. Y. Hong

多年生草本。生于海拔 600～1100m 的山坡路旁。产于括苍。

开口箭属 *Tupistra* Ker-Gawl.

开口箭 *Tupistra chinensis* Baker

多年生草本。生于林下、溪边或路旁。产于括苍。

藜芦属 *Veratrum* L.

黑紫藜芦 *Veratrum japonicum*（Baker）Loes.

多年生草本。生于山坡林下。产于括苍。

牯岭藜芦 *Veratrum schindleri* Loes.

多年生草本。生于海拔 764～905m 的山坡林下阴湿处。产于括苍、白水洋。

丝兰属 *Yucca* L.

凤尾丝兰 *Yucca gloriosa* L.

常绿灌木。大洋、大田、桃渚、上盘、河头等地有栽培。

（一百五十二）石蒜科 Amaryllidaceae

君子兰属 *Clivia* Lindl.

君子兰 *Clivia miniata* Regel

多年生草本。各地广泛栽培。

文殊兰属 *Crinum* L.

文殊兰 *Crinum asiaticum* L. var. *sinicum*（Roxb. ex Herb.）Baker

多年生草本。城区有栽培。

仙茅属 *Curculigo* Gaern.

仙茅 *Curculigo orchioides* Gaertn.

多年生草本。生于林下、草地或荒坡上。产于大洋、江南。

朱顶红属 *Hippeastrum* Herb.

花朱顶红 *Hippeastrum vittatum*（L′Hér.）Herb.

多年生草本。大田、河头、沿江、括苍

等地有栽培。

小金梅草属 *Hypoxis* L.

小金梅草 *Hypoxis aurea* Lour.

多年生草本。生于山坡路旁。产于上盘。

石蒜属 *Lycoris* Herb.

中国石蒜 *Lycoris chinensis* Traub

多年生草本。生于山坡阴湿处。产于邵家渡。

石蒜 *Lycoris radiata*（L′Hér.）Herb.

多年生草本。生于海拔 0～225m 的阴湿山坡和溪沟边。产于古城、大洋、江南、大田、邵家渡、汛桥、小芝、桃渚、上盘、杜桥、涌泉、尤溪、括苍、白水洋。

换锦花 *Lycoris sprengeri* Comes ex Baker

多年生草本。生于滨海山坡。产于上盘。

稻草石蒜 *Lycoris straminea* Lindl.

多年生草本。生于阴湿山坡。产于涌泉、杜桥。

水仙属 *Narcissus* L.

长寿花 *Narcissus jonquilla* L.

多年生草本。城区有栽培。

水仙 *Narcissus tazetta* L. var. *chinensis* M. Roem.

多年生草本。桃渚、上盘等地有栽培。

紫娇花属 *Tulbaghia* L.

紫娇花 *Tulbaghia violacea* Harv.

多年生草本。城区有栽培。

葱莲属 *Zephyranthes* Herb.

葱莲 *Zephyranthes candida*（Lindl.）Herb.

多年生草本。各地广泛栽培。

韭莲 *Zephyranthes grandiflora* Lindl.

多年生草本。各地广泛栽培。

（一百五十三）薯蓣科 Dioscoreaceae

薯蓣属 *Dioscorea* L.

参薯 *Dioscorea alata* L.

　　草质藤本。大田、汛桥、涌泉等地有栽培。

黄独 *Dioscorea bulbifera* L.

　　草质藤本。生于海拔 0 ~ 355m 的沟边、林缘、路旁。产于古城、大洋、江南、大田、邵家渡、汛桥、杜桥、尤溪、括苍、永丰、汇溪、白水洋。

薯莨 *Dioscorea cirrhosa* Lour.

　　木质藤本。生于海拔 37 ~ 196m 的山坡路旁、河边林缘。产于古城、大洋、江南、邵家渡、杜桥、尤溪、沿江、括苍、白水洋。

粉背薯蓣 *Dioscorea collettii* Hook. f. var. *hypoglauca*（Palibin）Pei et C. T. Ting

　　草质藤本。生于山坡和沟谷的林下和灌丛中。产于邵家渡。

纤细薯蓣 *Dioscorea gracillima* Miq.

　　草质藤本。生于山坡林下、山谷阴湿处。产于括苍山。

日本薯蓣 *Dioscorea japonica* Thunb.

　　草质藤本。生于海拔 25 ~ 918m 的向阳山坡、山谷、溪沟边、路旁林下或草丛中。产于古城、大洋、江南、大田、邵家渡、小芝、杜桥、涌泉、尤溪、河头、沿江、括苍、白水洋。

穿龙薯蓣 *Dioscorea nipponica* Makino

　　草质藤本。生于林下或林缘。产于邵家渡、括苍。

薯蓣 *Dioscorea opposita* Thunb.

　　草质藤本。生于海拔 13 ~ 309m 的山坡林下、溪边、路旁灌丛或草丛中。产于古城、江南、大田、邵家渡、东塍、小芝、桃渚、上盘、涌泉、河头、括苍、汇溪、白水洋。

绵萆薢 *Dioscorea septemloba* Thunb.

　　草质藤本。生于海拔 179m 的林下或灌丛中。产于括苍。

细柄薯蓣 *Dioscorea tenuipes* Franch. et Sav.

　　草质藤本。生于林下、林缘或灌丛中。产于括苍山、江南。

山草薢 *Dioscorea tokoro* Makino

　　草质藤本。生于林下或林缘。产于括苍山。

（一百五十四）鸢尾科 Iridaceae

射干属 *Belamcanda* Adans.

射干 *Belamcanda chinensis*（L.）DC.

　　多年生草本。桃渚、上盘、括苍等地有栽培。

番红花属 *Crocus* L.

番红花 *Crocus sativus* L.

　　多年生草本。城区有栽培。

香雪兰属 *Freesia* Klatt

香雪兰 *Freesia refracta*（Jacq.）Klatt

　　多年生草本。城区有栽培。

唐菖蒲属 *Gladiolus* L.

唐菖蒲 *Gladiolus gandavensis* Van Houtte

　　多年生草本。城区有栽培。

鸢尾属 *Iris* L.

蝴蝶花 *Iris japonica* Thunb.

　　多年生草本。生于海拔 82m 的林下或林缘。产于邵家渡。

白蝴蝶花 *Iris japonica* Thunb. f. *pallescens* P. L. Chiu et Zhao

　　多年生草本。生于林下或林缘。产于永丰。

黄菖蒲 *Iris pseudacorus* L.

　　多年生草本。各地广泛栽培。

小花鸢尾 *Iris speculatrix* Hance

　　多年生草本。生于海拔 120 ~ 865m 的山地、路旁、林缘或林下。产于古城、江南、邵家渡、尤溪、括苍、白水洋。

鸢尾 *Iris tectorum* Maxim.

多年生草本。城区有栽培。

（一百五十五）芭蕉科 Musaceae

芭蕉属 *Musa* L.

芭蕉 *Musa basjoo* Sieb. et Zucc. ex Iinuma

多年生草本。生于海拔 2～147m 的路旁、溪边。产于古城、大洋、江南、大田、河头、汇溪、白水洋。

（一百五十六）姜科 Zingiberaceae

山姜属 *Alpinia* Roxb.

山姜 *Alpinia japonica* (Thunb.) Miq.

多年生草本。生于海拔76～295m的林下阴湿处。产于古城、江南、邵家渡、括苍。

姜花属 *Hedychium* Koen.

姜花 *Hedychium coronarium* Koen.

多年生草本。大洋、大田、涌泉等地有栽培。

姜属 *Zingiber* Boehm.

襄荷 *Zingiber mioga* (Thunb.) Rosc.

多年生草本。生于林下或林缘阴湿处。产于括苍。

姜 *Zingiber officinale* Rosc.

多年生草本。各地广泛栽培。

（一百五十七）美人蕉科 Cannaceae

美人蕉属 *Canna* L.

大花美人蕉 *Canna generalis* L. H. Bailey et E. Z. Bailey

多年生草本。邵家渡、桃渚等地有栽培。

美人蕉 *Canna indica* L.

多年生草本。古城、江南、大田、邵家渡、桃渚、白水洋等地有栽培。

黄花美人蕉 *Canna indica* L. var. *flava* Roxb.

多年生草本。桃渚有栽培。

兰花美人蕉 *Canna orchioides* Bailey

多年生草本。城区有栽培。

紫叶美人蕉 *Canna warscewiezii* A. Dietr.

多年生草本。各地广泛栽培。

（一百五十八）竹芋科 Marantaceae

塔利亚属 *Thalia* L.

再力花 *Thalia dealbata* Fraser ex Roscoe

多年生草本。城区有栽培。

（一百五十九）水玉簪科 Burmanniaceae

水玉簪属 *Burmannia* L.

石山水玉簪 *Burmannia fadouensis* H. Li

多年生草本。生于山坡路旁、林缘。产于括苍。

（一百六十）兰科 Orchidaceae

无柱兰属 *Amitostigma* Schltr.

无柱兰 *Amitostigma gracile* (Bl.) Schltr.

多年生草本。生于林下阴湿处覆有土的岩石上或山坡灌丛下。产于括苍。

大花无柱兰 *Amitostigma pinguiculum* (Rchb. f. et S. Moore) Schltr.

多年生草本。生于海拔65～607m的林下阴湿处覆有土的岩石上或山坡灌丛下。产于江南、邵家渡、括苍、汇溪、白水洋。

开唇兰属 *Anoectochilus* Bl.

金线兰 *Anoectochilus roxburghii* (Wall.) Lindl.

多年生草本。生于林下或沟边阴湿处。产于汛桥。

竹叶兰属 *Arundina* Bl.

竹叶兰 *Arundina graminifolia* (D. Don) Hochr.

多年生草本。生于草坡、溪旁、灌丛或

林中。产于大田。

白及属 *Bletilla* Rchb. f.

白及 *Bletilla striata* (Thunb. ex A. Murray) Rchb. f.

多年生草本。生于林下、路边草丛或岩石缝中。产于桃渚、上盘、括苍。

石豆兰属 *Bulbophyllum* Thou.

广东石豆兰 *Bulbophyllum kwangtungense* Schltr.

多年生草本。生于海拔 77 ~ 296m 的岩石上。产于江南、邵家渡、杜桥、尤溪、白水洋。

齿瓣石豆兰 *Bulbophyllum levinei* Schltr.

多年生草本。生于海拔 227m 的树干或沟谷岩石上。产于邵家渡。

毛药卷瓣兰 *Bulbophyllum omerandrum* Hayata

多年生草本。生于海拔 169 ~ 200m 的沟谷岩石上。产于江南。

虾脊兰属 *Calanthe* R. Br.

钩距虾脊兰 *Calanthe graciliflora* Hayata

多年生草本。生于山谷溪边、林下等阴湿处。产于括苍。

头蕊兰属 *Cephalanthera* L. C. Rich

金兰 *Cephalanthera falcata* (Thunb. ex A. Murray) Bl.

多年生草本。生于林下、灌丛中。产于括苍。

隔距兰属 *Cleisostoma* Bl.

蜈蚣兰 *Cleisostoma scolopendrifolium* (Makino) Garay

多年生草本。生于海拔 6 ~ 217m 的崖石上或树干上。产于古城、邵家渡、汛桥、上盘、括苍、汇溪、白水洋。

兰属 *Cymbidium* Sw.

建兰 *Cymbidium ensifolium* (L.) Sw.

多年生草本。江南、括苍、汇溪等地有栽培。

蕙兰 *Cymbidium faberi* Rolfe

多年生草本。生于海拔 53 ~ 858m 的林下。产于江南、大田、杜桥、括苍、白水洋。

多花兰 *Cymbidium floribundum* Lindl.

多年生草本。生于海拔 156 ~ 260m 的岩石或岩壁上。产于江南、括苍、白水洋。

春兰 *Cymbidium goeringii* (Rchb. f.) Rchb. f.

多年生草本。生于海拔 69 ~ 858m 的林下。产于江南、涌泉、沿江、括苍、白水洋。

寒兰 *Cymbidium kanran* Makino

多年生草本。括苍有栽培。

石斛属 *Dendrobium* Sw.

细茎石斛 *Dendrobium moniliforme* (L.) Sw.

多年生草本。城区有栽培。

铁皮石斛 *Dendrobium officinale* Kimura et Migo

多年生草本。江南有栽培。

火烧兰属 *Epipactis* Zinn

尖叶火烧兰 *Epipactis thunbergii* A. Gray

多年生草本。生于林下。产于括苍山。

毛兰属 *Eria* Lindl.

高山毛兰 *Eria reptans* (Franch. et Sav.) Makino

多年生草本。生于海拔 578 ~ 598m 的岩壁上。产于白水洋。

斑叶兰属 *Goodyera* R. Br.

大花斑叶兰 *Goodyera biflora* (Lindl.) Hook. f.

多年生草本。生于林下阴湿处。产于括苍。

斑叶兰 *Goodyera schlechtendaliana* Rchb. f.

多年生草本。生于山坡或沟谷林下。产于括苍。

绿花斑叶兰 *Goodyera viridiflora* (Bl.) Bl.

多年生草本。生于海拔 10~394m 的林下、沟边阴湿处。产于古城、大洋、大田、汛桥、括苍。

玉凤花属 *Habenaria* Willd.

鹅毛玉凤花 *Habenaria dentata* (Sw.) Schltr.

多年生草本。生于山坡林下或沟边。产于括苍。

十字兰 *Habenaria schindleri* Schltr.

多年生草本。生于山坡林下或沟谷草丛中。产于括苍山。

角盘兰属 *Herminium* Guett.

叉唇角盘兰 *Herminium lanceum* (Thunb. ex Sw.) Vuijk

多年生草本。生于山坡林下、灌丛或草丛中。产于大田。

羊耳蒜属 *Liparis* L. C. Rich.

见血青 *Liparis nervosa* (Thunb. ex A. Murray) Lindl.

多年生草本。生于海拔 264~454m 的林下、溪旁、草丛阴湿处或覆土岩石上。产于江南、尤溪。

长唇羊耳蒜 *Liparis pauliana* Hand. -Mazz.

多年生草本。生于林下阴湿处或岩石缝中。产于邵家渡、括苍。

钗子股属 *Luisia* Gaud.

纤叶钗子股 *Luisia hancockii* Rolfe

多年生草本。生于海拔 6~500m 的树干上。产于汛桥、括苍、汇溪。

沼兰属 *Malaxis* Soland. ex Sw.

浅裂沼兰 *Malaxis acuminata* D. Don

多年生草本。生于溪谷旁或阴湿岩石

上。产于尤溪。

小沼兰 *Malaxis microtatantha* (Schltr.) T. Tang et F. T. Wang

多年生草本。生于海拔 80~607m 的溪谷旁或阴湿岩石上。产于江南、邵家渡、括苍、白水洋。

葱叶兰属 *Microtis* R. Br.

葱叶兰 *Microtis unifolia* (Forst.) Rchb. f.

多年生草本。生于草坡。产于上盘、桃渚。

风兰属 *Neofinetia* H. H. Hu

风兰 *Neofinetia falcata* (Thunb. ex A. Murray) H. H. Hu

多年生草本。生于树干上。产于邵家渡。

兜被兰属 *Neottianthe* Schltr.

二叶兜被兰 *Neottianthe cucullata* (L.) Schltr.

多年生草本。生于海拔 1196m 的山坡林下或草地。产于括苍。

阔蕊兰属 *Peristylus* Bl.

长须阔蕊兰 *Peristylus calcaratus* (Rolfe) S. Y. Hu

多年生草本。生于山坡草地或林下。产于大洋、永丰。

石仙桃属 *Pholidota* Lindl. ex Hook.

细叶石仙桃 *Pholidota cantonensis* Rolfe

多年生草本。生于海拔 10~260m 的岩石上。产于古城、江南、邵家渡、汛桥、杜桥、尤溪、括苍、汇溪。

舌唇兰属 *Platanthera* L. C. Rich.

大明山舌唇兰 *Platanthera damingshanica* K. Y. Lang et H. S. Guo

多年生草本。生于山坡林下或沟边阴

湿处。产地不明。

小舌唇兰 *Platanthera minor* (Miq.) Rchb. f.

多年生草本。生于山坡林下或草地。产于邵家渡、上盘、括苍。

独蒜兰属 *Pleione* D. Don

台湾独蒜兰 *Pleione formosana* Hayata〔*P. bulbocodioides* (Franch.) Rolfe〕

多年生草本。生于海拔 241m 的林下或林缘腐殖质丰富的土壤和岩石上。产于江南、邵家渡、括苍。

绶草属 *Spiranthes* L. C. Rich.

香港绶草 *Spiranthes hongkongensis* S. Y. Hu et Barretto

多年生草本。生于水沟边、林缘。产于括苍。

绶草 *Spiranthes sinensis* (Pers.) Ames

多年生草本。生于山坡林下、灌丛、草地。产于括苍。

带唇兰属 *Tainia* Bl.

带唇兰 *Tainia dunnii* Rolfe

多年生草本。生于海拔 129~494m 的林下或溪边。产于江南、邵家渡、尤溪、括苍。

蜻蜓兰属 *Tulotis* Rafin.

小花蜻蜓兰（东亚舌唇兰） *Tulotis ussuriensis* (Reg. et Maack) H. Hara

多年生草本。生于海拔 173~334m 的山坡林下、林缘或沟边。产于古城、江南。

参考文献

[1] 池方河,刘西,张芬耀,等.浙江种子植物资料增补(X)[J].浙江林业科技,2021,41(3): 79-84.

[2] 高学敏.中药学[M].北京:中国中医药出版社,2007.

[3] 国家林业和草原局,农业农村部.国家重点保护野生植物名录[EB/OL].(2021-09-08) [2023-09-07].http://www.forestry.gov.cn/main/3954/20210908/163949170374051.html.

[4] 国家药典委员会.中华人民共和国药典:2020 年版.一部[M].北京:中国医药科技出版社,2020.

[5] 康廷国.中药鉴定学[M].北京:中国中医药出版社,2003.

[6] 李根有,陈征海,陈高坤,等.浙江野生色叶树 200 种精选图谱[M].北京:科学出版社,2017.

[7] 李根有,陈征海,桂祖云.浙江野果 200 种精选图谱[M].北京:科学出版社,2013.

[8] 李根有,陈征海,杨淑贞.浙江野菜 100 种精选图谱[M].北京:科学出版社,2011.

[9] 李景侠,康永祥.观赏植物学[M].北京:中国林业出版社,2005.

[10] 临海市志编纂委员会.临海县志[M].杭州:浙江人民出版社,1989.

[11] 刘菊莲,徐跃良,陈锋,等.中国东南部忍冬属一新种[J].杭州师范大学学报(自然科学版),2020,19(3):253-257.

[12] 陆树刚.蕨类植物学[M].北京:高等教育出版社,2007.

[13] 南京中医药大学.中药大辞典(上、下册)[M].上海:上海科学技术出版社,2006.

[14] 秦仁昌.中国蕨类植物科属的系统排列和历史来源[J].中国科学院大学学报,1978,16(4):16-37.

[15] 生态环境部,中国科学院.关于发布《中国生物多样性红色名录—脊椎动物卷(2020)》和《中国生物多样性红色名录—高等植物卷(2020)》的公告[EB/OL].(2023-05-22)[2023-09-01].https://www.mee.gov.cn/xxgk2018/xxgk/xxgk01/202305/t20230522_1030745.html.

[16] 王冬米,陈征海.台州乡土树种识别与应用[M].杭州:浙江科学技术出版社,2010.

[17] 王秋实,汪远,闫小玲,等.假刺苋——中国大陆一新归化种[J].热带亚热带植物学报,2015,23(3):284-288.

[18] 王羽梅.中国芳香植物资源[M].北京:中国林业出版社,2020.

[19] 吴征镒,周浙昆,孙航,等.种子植物分布区类型及其起源和分化[M].昆明:云南科

学技术出版社,2006.

[20]吴征镒.《世界种子植物科的分布区类型系统》的修订[J].云南植物研究,2003(5):535-538.

[21]吴征镒.中国种子植物属的分布区类型[J].云南植物研究,1991,13(增刊Ⅳ):1-139.

[22]姚振生,熊耀康.浙江药用植物资源志要[M].上海:上海科学技术出版社,2016.

[23]浙江省人民政府.浙江省人民政府关于公布省重点保护野生植物名录(第一批)的通知[EB/OL].(2012-05-08)[2024-02-07].http://lyj.zj.gov.cn/art/2012/5/28/art_1275955_4716477.html.

[24]浙江省食品药品监督管理局.浙江省中药炮制规范[M].北京:中国医药科技出版社,2016.

[25]浙江药用植物编写组.浙江药用植物志[M].杭州:浙江科学技术出版社,1980.

[26]浙江植物志编辑委员会.浙江植物志:总论[M].杭州:浙江科学技术出版社,1993.

[27]郑朝宗.浙江种子植物鉴定检索表[M].杭州:浙江科学技术出版社,2005.

[28]中国科学院植物研究所.中国珍稀濒危植物[M].上海:上海教育出版社,1989.

[29]中国科学院中国植物志编辑委员会.中国植物志[M].北京:科学出版社,1959-2004.

[30]朱太平,刘亮,朱明.中国资源植物[M].北京:科学出版社,2007.